CongLing KaiShi DuDong
XinLiXue

揭开行为背后的动机，
以及你不知道的心理学真相。

从零开始读懂
心理学

| 文真明◎编著 |

立信会计 出版社
LIXIN ACCOUNTING PUBLISHING HOUSE

图书在版编目（CIP）数据

从零开始读懂心理学／文真明编著. —上海：立
信会计出版社，2014.6
　　（去梯言）
　　ISBN 978-7-5429-4201-2

Ⅰ. ①从…　Ⅱ. ①文…　Ⅲ. ①心理学–通俗读物
Ⅳ. ①B84-49
　　中国版本图书馆CIP数据核字（2014）第065411号

策划编辑　　蔡伟莉
责任编辑　　蔡伟莉　　彭秋龙
封面设计　　久品轩

从零开始读懂心理学

出版发行	立信会计出版社	
地　　址	上海市中山西路2230号	邮政编码　200235
电　　话	(021) 64411389	传　　真　(021) 64411325
网　　址	www.lixinaph.com	电子邮箱　lxaph@sh163.net
网上书店	www.shlx.net	电　　话　(021) 64411071
经　　销	各地新华书店	

印　　刷	固安县保利达印务有限公司	
开　　本	720毫米×1000毫米	1/16
印　　张	18.5	插　页　1
字　　数	243千字	
版　　次	2014年6月第1版	
印　　次	2017年9月第7次	
书　　号	ISBN 978-7-5429-4201-2/B	
定　　价	36.00元	

如有印订差错，请与本社联系调换

前 言

最近社会上涌动着一股关注心理学的热潮，在报纸杂志、电视媒体和我们的耳边经常都会出现"心理学"这个名词。然而我们发现在大街小巷风靡一时的似乎只是各种各样的心理测试和因心理危机而引发的自杀、抑郁、变态等热点事件，而这并非完全科学意义上的心理学。

诚然，那些基于心理学常识的小测试往往带给我们意想不到的惊喜，为我们的生活增添了不少乐趣。然而娱乐并不是心理学的主题，那些自杀、变态狂之类的新闻报道往往可以给普通人带来好奇心的满足，为媒体机构吸引更多的读者和收视人群，但疾病心理学也只是心理学广阔研究领域中的一个分支。

就心理学本质而言，它是一门帮助我们正确处理认知与行为、自身与环境、工作与人际关系等问题的实践科学。1879年，心理学从哲学、神学、医学等其他科学中分离出来，正式诞生为一门真正独立的科学。之后经过100多年的研究和探索，心理学的知识大厦已经金碧辉煌，并且为经营学、人生学、医学、军事学等提供日益丰富的科学视角和研究工具。

目前，在欧美发达国家特别是在以强调应用科学而著称的美国，心理学作为一门实践科学被摆在了相当重要的位置上，并已经渗透到了政治、经济、军事、疾病康复、日常生活等方方面面。在这些国家，不仅是公众人物，几乎所有的人都对心理学抱有浓厚的兴趣。在欧美国家的大小书店里，都有很多心理学方面的手册出售，这些为非专业人士准备的小册子从如何理解人的心理入手，深入浅出地讲解了与社会现象、组织运营、人际关系、自我情绪控制等相关的心理学知识，它们几乎涉及了生活的所有层面。

　　遗憾的是对于那些与日常生活关系密切的心理学现象的研究以及心理学常识的推广普及，在今天的中国尚未得到应有的重视。笔者和专业圈内的几位志同道合者，希望能在此方面有所作为，为社会的进步和心理学知识的传播作出力所能及的贡献。

　　编者们在写作中力求角度平实、叙述生动、事例丰富、方法实用，真诚地希望能带给读者朴实无华而心有灵犀的阅读感受，也真诚地盼望本书能带给每一个人幸福美满、和谐圆通的人生！愿望是良好的，但水平是有限的，不当之处，敬请读者诸君指正。

目　录

第一章　心理学是什么

——入门篇

 心理活动实际上是大脑的功能——心理

一提起"心理"这个词，许多人会眨眨眼、摇摇头，"挺深奥的，不懂啊！"

"心理学？"说起这个来，一股神秘莫测的感觉便会传遍人们的全身。人们会想起许多所谓诡异的东西来试图勾勒心理学的大概模样：魔术？算命？意念控制？乾坤大挪移？黑洞……

心理和心理学对许多人来说，的确是一种神秘诡异的印象，人们觉得这些东西看不见、摸不着，离自己的生活很遥远。实际上，这些都是人们的误解。心理和心理现象是所有人每时每刻都在体验着的，是人类生活和生存必需的。可以说，复杂的心理活动正是人区别于动物的一个本质特征。恩格斯曾将人的心理意识赞誉为"地球上最美丽的花朵"。心理学是研究心理的学说，也是紧紧围绕着我们的生活的。

心理活动虽然隐藏在人们的内心深处，但它可以通过行为、语言来表现，并且可以通过一定的方式、方法和途径来猜测。心理活动对人体的影响是非同小可的。那么，究竟什么是心理呢？

心理是心理活动的简称，实质上是人脑的一种功能，即人脑对客观事物主观的反映。认知活动是心理过程的基础。认知开始于感觉，之后是知觉、记忆和思维等活动或过程。比如眼前有一个苹果，人脑对这个苹果的颜色、气味等个别特征的反映就是感觉；人脑对这个苹果的颜色、形状、质感、味道等多种特征的整体、综合反映即为知觉。种种感觉、知觉的信息在人脑中的储存就成为记忆。在记忆的基础上，再借助语言，人脑就可以对客观的事物进行抽象和概括的反映，即思维。上述过程就是人的整个认知过程。人在认知中所接受的信息经过大脑的加工，传导至下丘脑及其边缘系统，就产生了对这些信息的内心体验，表现在外就成为了人的情绪。根据这些信息，大脑还会产生一个意志过程，即建立意图、编制活动程序、确定目标，然后调节和控制人体行为以实现目标。

人的心理的产生必须具备三个基本条件：大脑、客观现实和人的实践活动。其中，大脑是产生心理活动的物质基础或者说硬件，客观现实则是产生心理活动的决定性因素或者说软件；而人的实践活动则是把上述两者联系起来的桥梁。

"灵魂之科学"——心理学

心理学用英文讲叫"psychlolgy"，源于古希腊语，意思是"灵魂之科学"。心理学的历史虽然最早可以追溯到古希腊时代，但心理学作为一个专门的术语出现却是在1502年。有一个塞尔维亚人叫马如利克，在这一年首次用"psychlolgy"一词发表了一篇讲述大众心理的文章。此后过了70年，一位名为歌克的德国人又用这个词出版了《人性的提高，这就是心理学》一书。

这也是人类历史上最早记载的以心理学这一术语发表的书。

在希腊文中，"灵魂"一词也有呼吸的意思。因为古希腊人认为人的生命依靠呼吸，呼吸一旦停止，生命也就完结。随着心理探索的发展，心理学的研究对象由灵魂改为心灵，心理学也就变成了心灵哲学。在我们中国，人们习惯上认为思想和感情来源于"心"，又把条理和规则叫做"理"，所以用"心理"来总称心思、思想、感情等，而心理学则是关于心思、思想、感情等规律的学问。

总之，心理学是研究心理活动及其发生、发展规律的科学。人的任何行为都离不开心理活动，通常所说的感觉、知觉、记忆、思维、想象、情感、意志以及个性特征等都可称为心理现象。可以说心理学与我们的生活密切相关。

什么时候有了心理学——心理科学的诞生

心理学的真正历史，是在1879年心理学从哲学、神学、医学等其他科学中分离出来，正式成为一门真正独立的科学后才开始的。

心理科学的独立，除了要满足外在的社会、政治、经济条件与当时的自然科学技术水平条件外，还要满足与促进其复杂的内在条件。在这方面作出重要贡献的有赫尔姆霍茨、韦伯、费希纳和冯特，其中冯特的贡献尤为突出。

赫尔姆霍茨关于颜色视觉的"三色说"、听觉的"共鸣说"，以及以蛙的肌肉为实验材料对神经冲动传导速度每秒为30米的测定等开创性的实验研究工作，对感觉心理学的形成、发展以及当时刚刚发展起来的采用实验法研究心理学的工作，起到了极其重要的推动作用。

韦伯在感觉器官心理学方面作出了杰出贡献。这主要表现在：第一，他首次利用实验测定法确定了皮肤觉"两点阈"的存在，所谓"两点阈"，是指能清楚感觉到有两点刺激存在的两点间距离的最小值，这种第一次用阈限值来说明感觉问题的概念，后来在心理研究中一直被广泛地应用着；第二，他首次采用数量法则证明了感觉差别阈限和标准刺激之间的关系。能确定两个刺激之间差异的最小差异数，称为最小觉差，也称为差别阈限。韦伯的实验发现，两个刺激之间的可觉最小差异，并不取决于它们各自本身的数量，而取决于它们之间相对量的差别。这就是著名的韦伯定律。韦伯的研究证明了可以对感觉进行测量，可以用实验方法来研究心理学问题，这是一个重要的发现。而他关于感觉阈限的测量研究则成为现代心理学的一个重要的组成部分；他的数量法则实验方法，则实际地影响着心理研究的各个方面，加速了心理学独立的进程。

费希纳提出了心理学是研究心理现象与物理现象之间有规律的相互关系的科学的构想，且对此做了大量实质性的工作。他提出的感觉强度与刺激强度的对数成正比的基本心理物理规律，已经成为心理学中运用精确方法的典范。这一规律揭示了，刺激的效果不是绝对的，而是相对的。例如，在100支点燃的蜡烛中再加上一支蜡烛，我们不会感到它的亮度发生了明显的变化。但是，如果在点燃一支蜡烛的基础上再加上一支蜡烛，就会感觉到亮度发生了明显的变化。要使感觉强度有所增加，就必须使刺激强度按照一定的比例增加。一般来说，刺激强度增加10倍，感觉强度可以增加1倍。另外，费希纳在心理学的研究中还发展了心理测量方法、最小可觉法、正误法以及均差法。费希纳在他近60岁时还发表了名为《心理物理学纲要》的名著，奠定了心理学的基础学科——实验心理学的基础。

但是，遗憾的是，赫尔姆霍茨、韦伯、费希纳虽都在客观上为心理科学的真正独立进行了一系列开拓性的研究工作，为心理科学的独立作出了极其重要的贡献，但在主观意识上，却并没有去建立一门独立的心理科学的愿望或明确的意识，致使他们都失去了成为心理学独立学科开创者的资格。

冯特，是公认的把心理学转变成一门正式独立学科的真正奠基者，也是心理学史上第一位真正的心理学家。与赫尔姆霍茨、韦伯和费希纳不同，冯特一开始就有创建新心理学的明确意识。创建一门独立心理学的最早建议见之于他写的《对感官知觉学说的贡献》一书。在这本书里，他明确而系统地阐述了建立独立心理学的思想与方法。后来，冯特又出版了一本题为《生理心理学原理》的重要著作。在这本书里，冯特系统地总结了19世纪中叶以前的所有心理学成果，并详细地阐述了各种心理过程以及神经系统和感觉器官的生理解剖。在这本书第一版的序言里，冯特一开始就写道："我在这里献给大家的这本书是想规划一门新的科学领域。"可见，冯特把心理学发展成为一门独立学科的思想是极其明确的。在这本著作中，冯特把心理学牢固地确立为一门有明确研究对象、任务和实验方法的科学。因此，《生理心理学原理》是心理学史上第一本真正的心理学专著。

1875年，冯特被德国莱比锡大学聘为教授。1879年，他在莱比锡大学开创了一项具有伟大历史意义的事业——创建了世界上有史以来的第一个心理实验室。这就使得心理学有史以来第一次像其他学科一样被当做一门正式科学来进行研究。在这所心理实验室里，他领导一大批来自世界各国的心理学研究者有效地完成了100多项心理学实验研究，同时，也造就了一大批心理学专门人才。这些人后来回到他们各自的国家，在他们的国家里都成为了心理学研究的中坚力量，其中许多人后来都成为了世界知名的心理学家，如美国的荷尔、卡特尔、安吉尔，英国的铁钦纳，以及欧洲其他国家的克勒佩林、阅斯特伯格、马尔比、基苏、朗格、马修斯等，在世界范围内建立起了一支训练有素的心理学专业队伍，为心理学的建立与发展作出了巨大的历史贡献。

至此，心理科学的独立，无论在研究对象、任务、方法上，还是在严密的心理理论体系上，以及在专业队伍的组织上，都完全具备了条件。为了给事实上已经完全成熟独立的心理科学树立一个区别于19世纪中叶以前的"心理学"的界碑，人们一致认为，冯特于1879年在德国莱比锡大学建立的世界上第一个心理实验室应作为心理学开始正式成为一门独立的真正科学的标志。因此，1879年也就成了心理科学真正历史开始的时间。

从1879年到今天，心理学的真正历史只有短暂的100余年，但由于它又有着一段长久的历史，因此，人们往往认为心理学既是一门古老的科学，又是一门年轻的科学。

作为一门真正独立的科学，虽然只有短暂的百余年的历史，但是，在这百余年的历史中，它却获得了惊人的发展。

在100多年的历程中，整个心理学界出现了它从来没有出现过的学术探讨方面的繁荣局面。在冯特的心理理论体系形成以后，又接二连三地出现了许多理论，或继承了冯特的理论，或反对冯特的理论，或独树一帜、另辟蹊径的，各种各样、大大小小的心理学派多达几十个。而且，这些学派分布也广泛，遍布世界各国。真可谓是学派林立、学说各异、百家争鸣、万帆争先。

在100多年的历程中，人类对心理现象探索研究的深度和广度，也都达到了前所未有的程度。在众多学派中，有从内在的意识去研究的、有从外在的行为去研究的；有从静态去研究的，有从动态去研究的；还有从生物学、数理学、几何学、物理学、拓扑学、民族学、文化学等种种不同角度去研究的。所有的学派，包括相互承继的学派，在它们的心理研究对象、范围、性质、内容以及方法上都既有联系，又各不相同。这百余年心理学发展的速度以及研究成果，可以说远远超过了在此之前的人类历史上心理科学研究成果的总和。

心理科学这100多年的历史，主要集中体现在一些重要的学派及其发展历程中，这些流派在世界范围内，都曾代表过一个时期的心理学发展的历史，都曾对心理学本身产生过极其深远的影响，都曾客观地影响过心理学的发展进程。心理科学100余年来所取得的成果，也主要反映在这些心理学学派的研

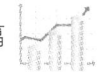

究成果上。公认的七大心理学派包括：内容心理学、行为主义心理学、格式塔心理学、精神分析心理学、皮亚杰心理学、神经生理学和认知心理学。

心理元素是心理构成的最小单位——内容心理学派

内容心理学派产生于19世纪中叶的德国，代表人物是冯特。该学派主张对人的直接经验进行研究。所谓直接经验，就是人在具体的心理过程中可以直接体验到的，如感觉、知觉、情感等。不过，冯特这里研究的并不是感觉、知觉等心理活动的本身，而是感觉或知觉到的心理内容，即感觉到了什么，知觉到了什么。冯特认为，人的这种直接经验（心理或意识）是可以进行分析的。他将心理被分析到最后不能再进行分析的成分称为心理元素。他认为，心理元素是心理构成的最小单位，而人的心理是通过联想或感觉才把这些心理元素综合为人的直接经验的。因此，冯特认为，心理学的任务就是要分析心理的结构和内容，发现心理元素复合成复杂观念的内在原理与规律。为此，冯特的心理学体系被称为内容心理学。

冯特的内容心理理论观点，后来被他的学生铁钦纳带到美国，并于19世纪末在美国发展形成一个在主要的心理思想上与冯特观点相似但又有所区别的较大学派——构造主义心理学派。由于"内容"与"构造"两个学派在主体思想上是一致的，故后人一般都倾向将它们视为一个整体的学派。该学派的理论兴盛了二三十年。

刺激与反应之间的规律——行为主义学派

行为主义学派产生于20世纪初的美国，代表人物是华生和斯金纳。这是针对冯特学派理论的不足而在美国进行的一场心理学革命。它一反传统心理学主张对人的意识进行研究的观点，认为心理学不应只是研究人脑中的那种无形的像"鬼火"一样不可捉摸的东西——意识，而应该去研究那些从人的意识中折射出来的看得见、摸得着的客观的东西，即人的行为。他们认为，行为就是有机体用于适应环境变化的各种身体反应的组合。这些反应不外乎是肌肉的收缩和腺体的分泌，它们有的表现在身体外部，有的则隐藏于身体内部，强度也有大有小。行为主义学派认为，具体的行为反应取决于具体的刺激强度，因此，他们把"S—R"（刺激—反应）作为解释人的一切行为的公式。行为主义理论认为，心理学的任务就在于发现刺激与反应之间的规律性的联系，从而根据刺激推知反应，或是反过来通过反应推知刺激，最终达到预测和控制行为的目的。

行为主义心理学派的主体思想是对19世纪末土生土长于美国的另一个心理学派——詹姆士的机能主义学派的心理理论观点的进一步发展。行为主义心理学在20世纪20年代发展到顶峰，从20世纪20年代至20世纪50年代的整整30年间，行为主义学派在美国心理学研究中一直处于统治地位。这在美国心理学史甚至世界心理学史上都绝无仅有。

反对把心理现象分解为心理元素——格式塔学派

20世纪初，格式塔学派产生于德国，代表人物有韦特海默、卡夫卡和苛勒。这是在冯特本国因反对冯特的理论观点而产生的一大学派。"格式塔"这一古怪的名称，是由表示"形状、完形、整体"等意思的德文音译而来。

格式塔心理学认为：构造主义把心理活动分割成一个个独立元素进行研究的方法并不合理，因为人对事物的认识具有整体性，心理、意识不等同于感觉元素的机械总和。因此，它主张要从整体的角度来研究整个心理现象以

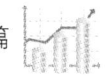

及心理过程。

格式塔心理学既反对冯特把心理现象分析为各个元素，也反对行为主义用来表示刺激与反应的"S—R"公式。他们认为，任何一个心理现象都是一个完整的整体。整体具有特殊的内在规律的完整的历程，具有具体的整体原则的结构。整体并不简单地等于各部分的和。他们有一句名言："整体总比部分相加还要多。"比如，把许多单个的音符放在一起，从它们的组合中会出现新东西（一支曲调），而这种新东西并不存在于任何个别的音符中；把四根线段组成一个正方形，它就已是一种具有新的性质的新形式，它的含义比四根线段本身的含义要多得多。

格式塔心理学派强调整体的观点，重视各部分之间的综合。这对心理学的研究是一个较大的贡献。但其不足是，其研究只局限于感知觉的领域。另外，它的一些原则究竟是否能适用于心理学的全面研究，还有待进一步探讨。这一学派在20世纪30年代达到顶峰。

弗洛伊德究竟说了些什么——精神分析学派

精神分析学派产生于20世纪20年代，代表人物是奥地利精神病医生弗洛伊德。精神分析学派是弗洛伊德在毕生的精神医疗实践中，对人的病态心理经过无数次的总结和多年的累积而逐渐形成的。它对传统的心理学课题，如意识、感知觉、注意等不感兴趣，主要着重于精神分析和治疗，并由此提出了人的心理和人格的新的独特的解释。它认为，人内心的生物方面的冲动、情欲等原始本能的东西，是人的个体复杂生存活动和传宗接代的种族生存的主导驱动力。

弗洛伊德认为，外部的一些社会伦理道德的要求在一定程度上约束了人的这种原始冲动的自由表现，所以，弗洛伊德进一步认为，人的心理可以分成两部分：一部分是意识；另一部分是潜意识（无意识）。意识包括个人现在意识到的和现在虽意识不到但却可以记忆的。无意识是不能被本人意识到的，它包括原始的盲目冲动、各种本能以及出生后被压抑的欲望。无意识的东西并不会因压抑而消失，它一直存在并伺机改头换面表现出来。这就是精神分析理论。

弗洛伊德精神分析学说的最大特点，就是强调人的本能的、情欲的、自然性的一面，它首次阐述了无意识的作用，肯定了非理性因素在行为中的作用，开辟了潜意识研究的新领域；它重视人格的研究、重视心理应用。在精神病治疗方面，该学说不仅提供了一整套治疗的理论和方法，而且成为现代医学心理学之先声。另外，精神分析学说还在艺术创造、教育及其他人文科学方面得到了广泛的应用。弗洛伊德精神分析学说的消极方面主要表现为，它过分夸大了人的自然性而贬低了人的社会性。后来，由弗洛伊德的一些学生又发展形成了新弗洛伊德主义，表现为不再那么强调人的本能作用，而开始重视人和人之间关系的社会因素。

弗洛伊德的精神分析学派，是心理学百余年史中唯一的一个经久不衰的心理学派，它的许多理论至今仍在心理学研究中发挥着重要的作用。

从儿童到老年纵向研究人的心理——皮亚杰学派

皮亚杰学派产生于20世纪20年代的瑞士，代表人物是皮亚杰。该学派主要研究儿童的认知活动、探索智慧的结构和机能及其形成发展的规律。该学派认为，人类智慧的本质就是适应。而适应主要是因为有机体内的同化和异化两种机能的协调，从而使得有机体与环境取得了平衡的结果。

皮亚杰学派理论的核心是"发生认识论"。这一理论主要就是从纵向来研究人的各种认知的起源以及不同层次的发展形式的规律。在皮亚杰学派以

前的各个学派，都是停留在成人正常的意识或病态的意识，以及行为的横断面的研究上，而从未由儿童到老年纵向地、全面地、发展地去考察、去研究人类的智慧的产生和发展规律。

因此，皮亚杰学派对心理的研究，不能不说是心理史上的一个空前创举，它丰富和发展了科学的认识论，拓展了心理学研究的领域，促进了儿童心理学和认知心理学的发展。同时，对其他一些学科如认识论、逻辑学、语言学和教育学等的产生也有很大的影响。它的不足主要表现在对人的社会性和实践性活动的重视不够，对环境特别是对教育的作用估计偏低，对人类智慧的结构化有些牵强、武断。

生理机制决定心理活动——神经生理学派

神经生理学派产生于20世纪40年代前后，代表人物有加拿大的潘菲尔德、瑞典的海登等一大批学者。该学派主要强调对心理的生理机制的研究。它主要从解剖结构、生物化学组成、电活动等三个方面对脑及神经系统结构与功能进行研究。例如，对脑的蛋白质、核糖核酸化学物质的研究；对大脑皮层机能定位的研究；对大脑的记忆过程的研究，等等。目前国际上有相当多的学者，包括生理学家、心理学家、神经生理学家、生物学家、化学家，他们有的甚至不惜放弃原来已研究多年的课题转而投入对神经生理的研究之中。

德国解剖学家加尔提出了大脑皮层功能定位的观点；法国生理学家弗洛仑斯用精确的切除法研究了人脑，发现了脑机能的整体性；法国医生布洛卡通过对患"失语症"的病人的尸体进行解剖，发现了左侧大脑皮层专管"语言"的机能区域的存在；德国医生弗立奇以及法国生理学家形齐格用电流刺激大脑皮层而发现了大脑皮层上的专管人体肢体动作的"运动"机能区的存在；加拿大医生潘菲尔德用微电极探查大脑皮层得到了更精确的机能定位，并首次发现了"记忆"机能区的存在；诺贝尔奖获得者柯贝通过对记忆的研究发现，记忆是通过大量的神经元的触突变化储存在中枢神经的大片网络上的，这种储存是扩布性的，很像全息照相；诺贝尔奖获得者斯佩里通过长期对"裂脑人"的研究，发现人的左右两个脑半球有分工，左半球主管语言、数理和逻辑等抽象思维，右半球主管空间形式、音乐和艺术等形象思维；瑞典生物学家海登在生物学上的DNA和RNA的发现之后，通过对动物的实验发现RPJA是记忆物质；美国哈佛大学医学院神经生理学教授休贝尔和威塞尔通过脑电的研究发现，大脑皮层的细胞还有进一步的分工，有的管看线条，有的管看角，有的管看运动等，这项研究于1981年获得了诺贝尔奖。

当前，国际上的神经生理学研究非常活跃。研究队伍不断扩大，研究手段越来越现代化。神经生理学派的根本任务，就是要揭开人脑这个"黑匣子"中的秘密，从而最终彻底揭示人的心理活动的全部内在奥秘。该学派方兴未艾，具有广阔的前景。

意识支配行为——认知心理学派

认知心理学派产生于20世纪70年代初，目前正处于高潮。一般认为，该学派的奠基者是美国的耐塞和西蒙。认知心理学是在行为主义失败，而信息论、控制论、系统论以及计算机科学发展起来的条件下产生的。

该学派反对行为主义，认为应承认人的主观意识，并认定，人的行为主要决定于认识活动，包括感性认识和理性认识，人的意识支配人的行为。强调人是进行信息加工的生命机体，人对外界的认知实际上就是一种信息的接受、编码、操作、提取和使用的过程。为此他们认为，认知心理学就是要研究人类认识的信息加工的过程，提供信息加工的模型。

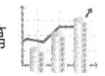

认知心理学强调了意识（理性）在行为上的重要作用，强调了人的主动性，重视了各心理过程的联系、制约，基本上博采了几大学派的长处，尤其是认知心理学的研究成果对计算机科学的发展有较大的贡献。认知心理学已表现出来的缺陷是忽视了人的客观现实生活条件和人的实践活动的意义，而集中于人的主观经验世界。

从古到今，全貌速读——心理学大事记

约公元前510年　孔子提出性习论、学知论、发展观和差异观等教育心理学思想。

约公元前450年　古希腊的恩培多克勒认为人体由四根（土、水、火、空气）构成；人的心理特性依赖于身体的特殊构造；身体上的四根的配合比例不同造成心理上的差异。

约公元前429年　古希腊的德谟克利特认为生活和心理活动都是灵魂的功能，也都是机械的作用，认定心理是物质的派生的存在。

约公元前400年　古希腊的希波克拉底认为脑是心理的器官，他将恩培多克勒的人体四根说发展为人体四液说，在《论人的本性》一书中认为正是这四种体液形成了人的性质，他将心理疾病分为狂躁、忧郁和痴呆三类。

约公元前380年　古希腊的柏拉图承认物与观念两种现象，观念除生而具有者外，皆为感官观察的结果。这是心物二元论的基础。

约公元前350年　古希腊的亚里士多德提出五种感觉的理论和三条联想律。误认为心脏是心理的器官。他著有《论灵魂》。

约公元前320年　孟子主张"性善论"，重视环境和教育在人性发展中的作用，在情意心理方面提出"寡欲"、"尚志"等。

约公元前260年　荀子认为："形具而神生"，主张"性恶论"，注重

"化性起伪"，所著《劝学》、《解蔽》、《正名》等专篇，对学习、认识人性和思维等心理问题有较为全面、系统的论述。

约公元70年 王充著《论衡》，其中论述有关感知觉、思维、注意、情欲和人性等心理学思想。

约公元100年 刘劭著《人物志》，提出人的才性与其鉴定问题。

约公元500年 范缜著《神灭论》，阐明形神关系问题。

公元1650年 英国哲学家霍布斯的《人性论》出版，主张机械主义的决定论；法国哲学家、数学家笛卡尔的《论情欲》出版，提出心身交互作用论及"反射"的概念。

公元1677年 英国哲学家、教育家斯宾诺莎的《伦理学》出版，提倡心物平行论。

公元1689年 洛克的《人类理解论》出版，创术语"观念的联结"，即"联想"。他提出"白板说"。

公元1695年 莱布尼茨提出心身平行论，创术语"统觉"。

公元1709年 贝克莱的《视觉新论》出版。

公元1734年 沃尔夫的《经验心理学》出版，创术语"官能心理学"，世界上首次出现"心理学"一词。

公元1739年 休谟的《人性论》出版。他用联想主义、现象主义及科学因果论阐明自然现象的规律。

公元1754年 孔狄亚克的《感觉论》出版。

公元1760年 麦斯麦发表动物磁性论，并提出麦斯麦术用于治疗精神病患者。

公元1765年 莱布尼茨的《人类理解新论》出版。

公元1807年 贝尔和马让迪发现感觉神经和运动神经在结构和功能上的差异；扬提出色觉论，即后由赫尔姆霍茨发展成三色说。

公元1808年 加尔建立颅相学说。

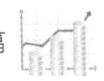

公元1816年　赫尔巴特的《心理学教科书》出版。

公元1821年　弗卢朗第一次进行脑功能定位实验。

公元1822年　贝塞耳首先在天文观测上发现反应速度的个别差异。

公元1825年　"普尔金耶现象"被发现。

公元1826年　缪勒发表《视觉比较生理学》，提出神经特殊能量学说。

公元1832年　贝内克提出心理学为自然科学，他的《心理学教科书》出版。

公元1834年　加尔和施普尔茨海姆提出官能分区的假设，推动了脑功能的研究；韦伯发表《触觉论》，提出韦伯定律。

公元1838年　法国精神病学创始人埃斯基罗尔创术语"幻觉"；惠斯通发明实体镜。

公元1840年　达尔文发表自然选择学说。

公元1843年　布雷德出版《神经病学》，创术语"催眠术"。

公元1844年　洛采提出动的视觉的部位标记说。

公元1850年　赫尔姆霍茨首创测量神经冲动传导速率的方法。他最早进行反应时的实验。

公元1852年　赫尔姆霍茨发表色觉论。

公元1855年　麦克斯韦首创混色器。

公元1868年　费希钠的《心理物理学纲要》出版。

公元1861年　布罗卡发现大脑言语中枢的部位。

公元1863年　冯特的《论人类和动物的心理学讲演录》出版；谢切诺夫的《脑的反射》出版，他用新的反射学说解释各种心理现象。

公元1865年　密尔提出联想四法则，即类似律、接近律、多次律和不可分律。

公元1869年　高尔顿的《遗传的天才：它的规律与后果》出版。

公元1872年　达尔文的《人和动物的表情》出版。他强调人类意识和动物心理在发展上的连续性。

公元1874年　布伦塔诺的《从经验的观点看心理学》出版，为意动心理学的创立奠定了基础；韦尼克研究失语症，发现大脑听觉言语中枢；冯特的《生理心理学纲要》出版。

公元1876年　世界上第一种心理学杂志《心》在英国创刊，由培因主编。

公元1878年　缪勒的《论心理物理学的基础》出版。

公元1879年　冯特在莱比锡大学建立世界上第一个心理学实验室，标志着现代心理学的诞生。

公元1881年　冯特主编世界上第一种实验心理学杂志《哲学研究》；泰勒最先应用心理学方法研究增强工效问题，创立"泰勒制"。

公元1882年　普赖尔的《儿童心灵》出版，这是心理学史上第一部用观察和实验方法研究儿童心理发展的较系统的著作；霍尔在霍普金斯大学建立美国第一个心理学实验室；别赫捷列夫在喀山建立俄国第一个心理学实验室，后来出版《脊髓和脑的传导通路》；罗马尼斯的《动物的智慧》出版。

公元1885年　艾宾浩斯的《记忆》出版。发表"保持曲线"，创立"节省法"；朗格提出情绪学说，即"詹姆斯—朗格情绪理论"；马赫的《感觉的分析》出版。

公元1887年　霍尔创办了美国第一种心理学期刊《美国心理学杂志》。

公元1889年　颜永京的《心灵学》出版，这是中国最早的哲学心理学译著；第一届国际心理学会议于8月6至8月10日在巴黎召开，夏尔科任主席。

公元1890年　詹姆斯的《心理学原理》出版；卡特尔出版《心理测验及其测量》，创术语"心理测验"。

公元1892年　美国心理学会成立，霍尔为第一任会长；铁钦纳首次发表心理学研究《关于认识的时间测量》和博士论文《单视刺激的双视的结果》，后在康奈尔大学创立构造心理学；詹姆斯的《心理学简编》出版。

公元1893年　美国《心理学评论》创刊，卡特尔任主编。

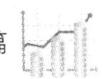

公元1894年　屈尔佩建立符兹堡学派。

公元1895年　法国第一种心理学杂志《心理学年报》创刊。

公元1896年　勒邦的《群众心理学》出版，他提出群体心理与群体"暗示说"；铁钦纳的《心理学大纲》出版；杜威的重要论文《心理学中的反射强概念》发表。

公元1897年　英国第一个心理学实验室由沃德在剑桥大学建立。

公元1898年　阿根廷第一个心理学实验室由皮涅罗建立，它也是拉丁美洲国家的第一个心理学实验室；桑代克的博士论文《动物智慧：动物联想过程的实验研究》发表，最先用客观法研究动物行为。

公元1900年　冯特的社会心理学巨著《民族心理学》第一卷出版，1920年10月全书完成；弗洛伊德的《梦的释义》出版；摩根的《动物的行为》出版，他创术语"尝试错误"。

公元1901年　法国心理学会成立。

公元1902年　英国心理学会成立，迈尔斯为第一任会长。

公元1903年　德国实验心理学会成立；澳大利亚第一个心理学实验室由史密斯建立。

公元1904年　《英国心理学杂志》创刊；美国《心理学公报》创刊，由卡特尔和鲍德温主持；斯皮尔曼发表著名论文《一般智力》，首次提出能力的二因素说。

公元1905年　《比奈—西蒙量表》问世。

公元1907年　王国维译丹麦霍夫丁的《心理学概论》的中译本出版；别赫捷列夫的《客观心理学》出版。

公元1908年　国际精神分析协会第一次会议在奥地利的萨尔茨堡举行；麦独孤的《社会心理学导论》出版；罗斯的《社会心理学》出版；艾宾浩斯的《心理学纲要》出版。

公元1909年　蔡元培留德期间在莱比锡大学从师冯特，回国后积极提倡和发展心理科学。

公元1911年　斯特恩提出"智商"概念。

公元1912年　韦特海默研究似动现象，发表《运动视觉的实验研究》，标志格式塔心理学的建立；俄国第一个心理研究所由切尔帕诺夫在莫斯科大学建立；日本《心理研究》创刊，1926年改为《心理学研究》；阿德勒在《精神病的组成》中提出个体心理学的名称，并创建个体心理学派。

公元1913年　华生发表《行为主义者心目中的心理学》，标志着行为主义心理学的建立；闵斯特伯格的《心理学与工业效率》出版；桑代克的《教育心理学》出版，他提出练习律和效果律。

公元1916年　美国《实验心理学杂志》创刊；弗洛伊德的《精神分析引论》出版；特曼修订比奈—西蒙测验，称为斯坦福—比奈智力量表。

公元1917年　陈大齐在北京大学创建中国第一个心理学实验室；克勒的《人猿的智慧》出版。

公元1918年　陈大齐的《心理学大纲》出版，为中国最早的大学心理学教科书。

公元1919年　华生的《在行为主义者看来的心理学》出版。

公元1920年　中国第一个心理学系在南京东南大学建立；国际应用心理学会成立，克拉帕雷德为首任会长。

公元1921年　中华心理学会在南京成立，它是中国心理学会的前身，首任会长张耀翔；廖世承、陈鹤琴合著《智力测验法》；郭任远在美国《哲学杂志》第18期上发表论文《取消心理学的本能说》；克雷奇默的《体格与性格》出版。

公元1922年　中国第一本心理学专业杂志《心理》创刊，张耀翔主编。

公元1923年　艾伟在美国东乔治·华盛顿大学开始从事汉字心理研究；刘廷芳在美国哥伦比亚大学发表博士论文《汉字心理研究》；皮亚杰的《儿童的语言和思维》出版；弗洛伊德的《自我与本我》出版，探讨人格的结构——本我、自我和超我。

公元1924年　陆志韦修订比奈—西蒙智力测验；奥尔波特的《社会心理学》出版。

公元1926年　北京大学建立心理学系；清华大学建立教育心理学系，后改为心理学系；日本心理学会成立；印度心理学会成立。

公元1927年　巴甫洛夫的《大脑两半球机能讲义》出版。

公元1929年　波林的《实验心理学史》出版；克勒的《格式塔心理学》出版；拉什利发表大脑皮层功能等学说。

公元1930年　国际心理卫生协会成立。

公元1931年　中国测验学会6月21日在北平（今北京）举行第一次年会并宣告正式成立。

公元1932年　中国《测验》杂志创刊，为中国测验学会之会刊；巴特利特的《记忆：一个实验的与社会的心理学研究》出版，提出图式的概念；维戈茨基的《思维和言语》出版。

公元1936年　中国心理卫生协会4月19日在南京举行成立大会。

公元1937年　中国心理学会1月24日在南京举行成立大会。

公元1941年　英海尔德与皮亚杰合著的《儿童数量观念的发展：守恒与原子论》出版。

公元1945年　澳大利亚心理学会成立。

公元1947年　艾森克的《人格的维度》出版；墨菲的《人格》出版，发展了人格的生物社会的理论；赫布在《行为的组织》一书中提出新行为论；韦克斯勒发表《儿童智力量表》。

公元1951年　罗杰斯的《患者中心治疗》出版；国际心理科学联合会成立，皮埃隆为主席。

公元1953年　斯金纳的《科学和人类行为》出版。

公元1954年　马斯洛的《动机与人格》出版，提出他的需要层次论。

公元1967年　奈瑟的《认知心理学》出版。

公元1973年　鲁利亚的《神经心理学原理》出版。

公元1981年　休伯尔和维厄瑟的"感受野"研究及与斯佩里关于割裂脑的研究获诺贝尔医学和生理学奖。

第二章 人怎样感知外部世界和环境

——认知篇

水滴的声音也能杀死人——心理暗示

第二次世界大战的时候，凶残的德军曾经用俘虏做过一个实验。他们把一个俘虏绑起来，蒙住他的眼睛，告诉他要把他的血放光。然后，德军在俘虏的手腕处施加一点刺痛，再让水龙头一滴一滴地放水，持续发出滴答的声音。

他们也许只是想捉弄他，但没想到的是，过了一段时间，这个俘虏竟然真的死掉了！当然他并没有被施加任何致命的措施，那为什么会死掉呢？

心理学家告诉我们，这是心理暗示产生的作用。所谓心理暗示，是指在无对抗的条件下，通过语言、行动、表情或某种特殊符号，对他人的心理和行为施加影响，从而使他人接受暗示者的某一观点、意见，或者按照被暗示的方式活动。

在这个事例中，德军给俘虏的暗示是：他的血会被放光。而他相信了他们的话，就是接受了暗示，继而影响了自己的身体机能，最终导致死亡。

暗示施行起来是非常简单的。暗示者只要给一些现成的信息，并使被暗示者无对抗地接受，暗示就会发生作用。

暗示不需要讲道理，只靠直接的提示。比如美国有一种戒烟电话，当一个人烟瘾上来难以抑制时，就可以拨打它，然后便会听到难听的气喘声和咳嗽声。这就是一种暗示：如果不戒烟，下场也会是这样！这种暗示，往往比大堆的说教更要有效，也许是因为它能给人很直接的感受吧。

那么，人为什么会接受别人的暗示呢？难道人们没有所谓的"主见"吗？

人格心理学家告诉我们，任何人作出判断，都是由人格中的"自我"部分，在综合了个人需要和环境限制之后而进行的。我们把这样的决定和判断称为"主见"。

一个"自我"比较健康、发达的人，是比较"有主见"的。但是，我们知道，人毕竟不是神，世上并没有万能的和完美的人，任何"自我"都不可能在所有情况下都正确。这就使得"完全有主见"的人是不存在的。正是"自我"在客观上的缺陷，才为别人的影响和心理暗示提供了机会。

当然我们对心理暗示不要一概地恐惧和排斥，因为心理暗示并不都是消极的，还有很多是积极的。前面提到的戒烟电话就是一例。另外，我们的古人也早已学会了这个方法。

《三国演义》中有一段"望梅止渴"的故事。有一次曹操率兵马远途跋涉，天气炎热，官兵们又累又渴，偏偏又找不到一口水井或是一条小溪。于是曹操告诉士兵们前面山上有一片梅林，马上就能吃上梅子了，到时就不渴了！

梅子是酸的，一提到"酸"，因为条件反射的作用，身体就会分泌大量唾液，这样就可以暂时解渴了。士兵们听说有梅子，一下子分泌出许多唾液（当然他们自己意识不到），便感觉不那么渴了，大家来了精神，不自觉地加快了脚步。

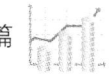

在这里，曹操就巧妙地使用了心理暗示。

生活中也有许多利用积极心理暗示的例子。比如有一名运动员，他的成绩已经非常接近世界纪录了，这时，他的教练在旁边轻轻暗示道："你能行，你一定能得第一！"这一暗示，激发出了他全部的潜能，使他发挥出最好水平，真的在比赛中得了第一。

其实积极的心理暗示，不必一定要等待别人给予我们，我们自己就可以给予自己。许多成功学家提出的"人要有积极的心态，要善于自我激励"说的就是这个意思。

如果你经常对自己说："我能行，我是最好的！"你就能调动起更大的积极性。这就是自我暗示的作用。

大象被细竹竿拴住了——定势思维

我们都知道大象是一种力大无比的动物，可我们不知道的是，那样的庞然大物，只用一根细细的竹竿就可以被拴住。许多的驯象人都是这么做到的。这是为什么呢？

原来，象在很小的时候，就被拴在上面，那时小象虽然会拼命挣扎，却是无力逃脱的。最后它们只好放弃努力，并形成了一种观念：这竹竿是我无法挣脱的。渐渐地，象长大了，虽然它已经有了很大的力量，别说是竹竿，就是一棵树也可能被它连根拔起，但它自己却不知道！它仍然以为这根细细的竹竿是他无法挣脱的，甚至连试都不会试一次。

这就是因为它把小时候形成的印象一直保持到长大，却没有通过尝试去发现情况已经发生了变化。或者说，拴住大象的不是什么竹竿，而是那种"我没法逃脱"的想法。这就是心理学上的"心理定势"，即用过去形成的经验来衡量新的事物。

其实我们不应该笑话故步自封的大象，因为生活中这样的人也不在少数。

在美国亚利桑那州新开的一家印第安珠宝店里，女老板为一批脱不了手的绿松石珠宝发愁。当时正是旅游旺季，她的绿松石虽然价廉物美，却总也卖不掉。后来，在去外地进货的前一天晚上，她气急败坏地写了一张纸条给售货员，"此盒内物件，价钱乘以二分之一"。她打算亏本也要卖了。几天之后，她从外地回来，发现那批珠宝果然卖光了。但令她惊讶的是，不是以一半的价钱，而是以两倍的价钱卖掉的，因为售货员没有看清她写的字，以为是"乘以二"！

为什么会发生这种现象呢？这也是心理定势在起作用。许多顾客都有这样的心理，认为价钱高的东西是好的，价钱低的东西是差的。顾客也许对这些珠宝并不了解，而只是盲目地相信价钱高等于质量高，也许他们正想买的就是高档货呢，所以珠宝成功地卖了出去。

这也折射出了人们的一种心理规律，就是在认知人或事时，总是根据自己以往的经验、知识和认识来判断，在主观上有一定的定型。

当然定势思维并不总是让人"上当"，它具有积极的作用，就是帮助人们按类型来记忆事物，判断事物。头脑里积累一定的知识、经验，可以使我们在认识同一类新的事物时，更加省力，更加容易，不再需要长时间的摸索。

但是客观事物千差万别，情况又总是在变化，"老眼光看人"，凭"想当然"，有时也会出错，就像我们上面说的那些情况。定势思维还容易阻碍人们的创新。

日本的东芝电气公司1952年前后积压了大量卖不出去的电扇，7万多名职工费尽心思，也想不出办法。有一天，一个小职员向董事长石坂提出了改变电扇颜色的建议。当时，全世界的电扇都是黑色的，而这个小职员建议把黑色改为浅色。公司采纳了这个建议，结果大获成功，而且从此以后，世界上

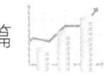

的电扇就再也不是一种颜色了。

这一设想看似简单,但其实突破定势思维并不像我们想象的那么容易。否则为什么那么多人都没有想到呢？在我们的日常生活中,也有很多被定势的思维束缚住的情况,只是我们可能没有意识到。谁能突破定势思维,推陈出新,谁就更容易成为这个时代的赢家。

情人眼里出西施——晕轮定律

有个成语叫做"爱屋及乌",意思是如果我们喜欢某个人,就会连同他的屋子和栖歇在屋上的乌鸦也喜欢。谁都知道,乌鸦很丑,浑身漆黑,呱呱乱叫,一直被当做不祥之物。所以乌鸦怎么会讨人喜欢呢？就是因为我们对房子的主人太喜欢了,推及到他的房子不说,还推及到乌鸦身上！

这其实是一种认识的偏差,这种偏差在心理学上叫"晕轮定律"。所谓晕轮,是指太阳周围的一圈光晕,有扩大化的意思。晕轮定律就是说,人们在判断其他事物时,容易犯以点代面、以偏概全的错误,即由一个优点推及得出所有优点,由一个缺点推及到所有缺点。

在生活中也经常会有这样的现象发生。比如有时候我们到一家私人商店买东西,发现有件商品质量很差,价钱却高,我们可能就会不高兴地说："都是奸商,没有一个好东西,唯利是图！"

有时候我们与一位知识渊博的人谈话,即使对方说的只是一些无聊的笑话,我们可能也会以为他是在含蓄地表达什么观点。

有时候年轻的恋人因为喜欢对方的某个特点,就会看对方什么都顺眼,最突出的例子就是"情人眼里出西施"。

以上这几种现象的本质,都是我们看到对象的某个缺点或优点时,把它扩大化到对象的整体。

比如前面提到的第一个例子，以一个商人的表现推导出所有商人都不是"好东西"；第二个例子，由知识渊博者的身份，推导出他在任何时候都是有较高思想水平的；第三个例子，因为一个优点，整个人的魅力都被放大了。

为什么我们会对已知的一个特点进行放大呢？这是因为我们在与事物接触时，会有一种想通过某个简单的方法就可以看到整体情况的心理。

比如当发现某个人在交往方面比较主动，就会判断他是外向性格。而外向性格在我们心目中一般具有这样的特点：积极、快乐、比较随和而不固执，有活动能力等。于是我们就认为对方是这样的人，并采取相应的方式与他交往。

当然这种以点代面的判断会有正确的时候，可是错误的时候也不在少数，这是我们需要提防的。

有些年轻人在崇拜明星方面，几乎可以说是到了爱屋及乌的程度。一个明星，他（她）的可爱之处主要在于他（她）戏演得好，歌唱得好。而他们的"粉丝"，却把他们当成是无所不能，没有缺点的完人，当成人生的偶像来崇拜。"粉丝"们在演唱会上尖声叫喊，如醉如痴，会为了得一个签名排几个小时的队，更有甚者竟因为偶像结婚而自杀！

这不正是晕轮定律导致的自欺欺人吗？从偶像的一个优点，推及得出其他优点，从而认为偶像方方面面都是完美的。

年轻人犯这样的错误，是因为年轻气盛，社会经验不足，同时渴望得到精神的寄托，似乎稍微情有可原。但是作为教育工作者，塑造人才的人，如果犯同样的错误，似乎就不太应该了，那样的话就有可能对受教育者的成长造成持久的危害。

学校里常有这样的现象：某学生数学考试不及格，他的数学老师就会推断他一定是个贪玩的学生，天资不聪明，学习不努力，将来不会有什么出息，于是也就不愿在他身上花多少心思了。而实际上，一个学生数学成绩不好，并不能说明他所有的方面都不好。比如钱钟书先生在学校里的数学成绩就经常不及格，但这并没有妨碍他成为一个大文豪。

为避免晕轮定律产生的弊端，我们应该养成客观全面看待事物的习惯。要知道事物并非完美无缺，有优点并不意味着就是完人，有缺点也不意味着一无是处。可爱的优点和讨厌的缺点，很可能在同一个人身上并存。

好男无好妻，美女嫁恶汉——选择适度

生活中很有趣的一个现象是："才华出众的男人往往娶了个姿色平平的夫人，美丽如花的女人往往嫁了个不着调的丈夫"。从心理学角度来分析，一个很可能的原因就是条件太好的男人或女人，在选择配偶的时候，由于可以选择的对象较多，因而往往做不出最好的选择。看来俗话说的"挑花了眼"是有科学根据的。

人类的认识和实践活动是能动的、创造性的，它的本质就在于选择。具有自觉的选择能力，是人区别于动物的根本标志之一。那么怎样才能作出最好的选择呢？

心理学家告诉我们，在作出抉择的时候，我们面临的选择面并不是越多越好，而是应该适度。选择面适度，才容易作出最好的选择。

中国历史上有个"歧路亡羊"的故事。有一天，杨子的邻居在牧羊的归途中，遇到了迎面而来的一行车马，羊群因受惊吓而跑开了。他回家清点以后，发现丢了一只羊，于是召集全家老小，并叫上杨子的童仆一起去找羊。杨子在旁不以为然地说："咳，何必兴师动众，派这么多的人去找羊呢？"邻人说："山野、田间岔路多，人少了分派不过来。"杨子想一想，也有道理。

那邻人带领大家沿着赶羊回家时经过的大路走，一遇到岔路就派出一个人。没过多久，他带去的人都分派完了，剩下了自己一人走大路。可是没走

多远，前面又出现了岔路。他感到左右为难，焦急中任选了一条路走去。走着走着，只见前面又出现了岔路，就感到无可奈何了。那时天色已黑了，他只好往回走，碰到的其他的找羊人也遇到了同样的困难。

邻人回来后，杨子奇怪地问："你带了这么多的人去找，怎么还找不到呢？"邻人说："我知道大路边有岔路，所以找羊时多带了几个人。可是没想到岔路上还有岔路。在只剩一个人面对岔路的时候，就不知该怎么办好了。"杨子听了，觉得很受启发。

这个故事包含着心理学中关于选择适度的理论。它可以表述为：选择项并不是越多越好，适量的选择项才有利于作出最佳选择。

当然，选择面过窄肯定不利于作出好的选择。好与坏、优与劣，都是在对比中发现的，只有拟定出一定数量和质量的可能方案供对比选择，才能作出合理的判断和决策。一个人在进行判断和决策的时候，他必须在多种可供选择的方案中决定取舍。如果一种判断只需要说"是"或"不"的话，就不能算是真正的判断，只有在许多可供选择的方案中进行研究，并能够在对其了解的基础上进行判断，它才算得上是真正的判断。

但是，选择方案是不是越多越好呢？答案是否定的。选择的方案过多，会搅得人心神不宁，无所适从，很讽刺的是，"多方案"成了"无方案"，最后什么方案也确定不下来。这也就是俗话所说的"挑花眼了"。

在生活中，犯"歧路亡羊"错误的人也是有的。人们在择偶方面就存在这种现象。

有人打过这样一个比方，寻找配偶就像走过一片玉米地时摘玉米一样，不过只能朝前走，不能往回退，就像人生那样。当然每个人都想摘个最大的玉米。你走了一段路，发现了几个比较大的，但是你猜测后面还会有更大的，于是就先不摘，继续走；再走一段，发现了比原先大的，但你还是猜测后面还有更大的，所以仍然不摘，继续走下去……就这样若干次，当离玉米地的边缘不远的时候，你想，没有多少路可走了，再碰到大的你就摘，可遗憾的是，再也没有比原先大的了。你实际上已经错过了其中最大的。

人生的选择也是如此，从某种意义上说，选择是无限的，因为世间有的是人；可是从另一种意义上说，选择又是有限的，因为你的青春有限，过了适婚年龄，选择面将骤然变窄。所以面对这样的现实，我们要做的是，让选择面既不过宽，也不过窄。对于择偶来说，如果决定得太早，可能无法等到后面更好的；而如果决定得太晚，可能又会发现好的已经没有了。

所以说，人在做出选择的时候一定要记住"选择适度"这个定律，要在选择面适度的时候作出选择，选择面既不能太窄，也不能太宽。

人们相信可以控制偶然的事物——控制错觉

日本有一家保险公司，发行了一批头奖为500万美元的彩票。然后，将彩票以每张1美元的价格卖给自己的职工。其中有一半买主的彩票是自己挑选的，另一半买主的彩票则是卖票人挑选的。到了抽奖的那天早晨，公司专门派调查人员找到那些买了彩票的人，并对他们说自己的朋友想买彩票，希望他们能转让出来。那么，持有彩票的人会以多少钱的价格来出售自己的彩票呢？

最后的结果是：不是由自己挑选了彩票的人平均每张票的售价是1.96美元，而自己挑选彩票的人平均每一张票的售价则是8.16美元。这个结果说明，自己选彩票的人相信自己的中奖率会高一些。

这个事件，涉及心理学中关于错觉的一个原理。对于非常偶然的事，人们却以为凭自己的能力可以支配，这种感觉在心理学上称为"控制错觉"。这种错觉的产生是由于我们平日的生活都是由自己来支配的，所以人们把这种错觉扩展到了偶然性的事件上。

偶然性的事件是受概率支配的，它符合概率学的规律。因此，偶然性的事件也有其规律，这是不可否认的。比如，你扔1000次硬币，正面和反面的概率一定都非常接近500次。但是哪一次会是正面，哪一次会是背面，这是偶然的、不可预测的，或者说它们的概率各为50％。这是不可否认的科学规律。

也就是说，偶然性事件虽然有概率的约束，但是具体每一次的结果并不能被控制。让我们来看上面那个例子，其实别人给你买和你自己买，从概率上来说中奖的可能性是完全一样的。大概人们也知道这个道理，可是到了实际操作中，人们就是执拗地认为自己"精心挑选"的彩票中奖的可能性更高一些，你说奇怪不奇怪！

这大概是因为，日常生活中的主要行为都能靠我们的努力和训练加以控制，所以我们就错误地将其推及到所有事情上。但是，有些事其实是不可控制的，即那些偶然性事件。

比如掷骰子的赌博，胜负完全取决于当时的一掷，而这一掷与自己的技术和能力毫无关系。显然，决定胜负的因素完全是偶然的。

有的人想掷出"双六"的时候，心中就在想"六、六、六"，随之也会小声地念叨出来。同时，不知不觉中自己捏骰子的手也逐渐加力。其实，掷骰子的结果完全是偶然的，与这些附加的动作毫无关系。即使你使再大的力气攥住骰子，结果也不见得能如你所愿。但是人们之所以有这些用力的表现，就是因为潜意识里觉得自己越努力，结果越容易如愿。

有人做过这样一个试验：给大学生一些钱，让他们来做掷骰子的游戏。目的是想弄清楚，人们是在掷骰子之前下的赌注大，还是掷完骰子后没有开宝的时候下的赌注大。结果，他们发现大多数学生都是在掷骰子之前下的赌注大。学生之所以这样做，是因为他们觉得在没有掷骰子之前，靠自己的努力能使骰子按自己的意愿转动。虽然这种逻辑根本没有任何成立的理由。

正是控制错觉诱使许多人投入赌博的游戏，甚至为此倾家荡产，难以自拔，这是需要我们提高警惕的。

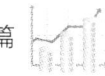

要想甜，加点盐——对比定律

小张和小王受雇于一家超级市场，他们工作资历差不多，可是小张却由领班提升为部门经理。小王认为自己不比小张差，觉得总经理对他很不公平，就愤而辞职，并在走之前向总经理表达了他的不满。

总经理说："你想知道你们之间的差别吗？那么请你马上到集市去，看看今天有什么卖的。"

小王很快从集市回来，汇报说刚才集市上只有一个农民拉了一车土豆在卖。"一车大约有多少袋？多少斤？"总经理问。小王又跑去，回来说有10袋。"价格如何？"小王再次跑到集市上。

总经理望着气喘吁吁的小王说："请休息一会儿吧，再看看小张是怎么做的。"说完就叫小张去做同样的事。小张很快从集市回来了，汇报说到现在只有一个农民在卖土豆，有10袋，价格适中，质量很好，他带回几个让总经理看。这个农民过一会儿还会弄几筐西红柿来卖，据他看价格还公道，可以进一些货。他不仅带回了几个西红柿当样品，而且把那个农民也带来了。总经理说："请他进来。"

这时，小王一下子明白了他和小张之间的差异，感到很惭愧。对比的效果就是这样鲜明，有时甚至比千言万语更能说明问题。

人的心理有这样一种特点，就是单独认识一个事物时，不如把它的对立面也同时列出来进行比较，这样效果就会更加明显。就像俗话说的那样，"有比较才有鉴别"，"不比不知道，一比吓一跳"。这就是心理学上的"对比定律"。

从本质上讲，世界上没有孤立存在的事物。任何事物都是在和其他事物的对比中存在的，你给一个事物规定一种特性，必然是在其他事物的对比之下。没有黑暗，就没有光明；没有苦，就没有甜；没有丑，就没有美……

在认识一个事物时，如果把和它不同的事物也同时列举出来，进行比较，会使它们各自的特点更加突出。用心理学家的话来说，这是因为形成对比感有利于被感知事物的差异或共同点从背景中分离出来，从而让被感知者有效感知。两个事物如果在大脑皮层中产生相互诱导作用，会在对比中加深印象，而单独出现在大脑皮层中的事物，没有诱导作用，会显得平淡而不容易记忆。"

比如，老师在给学生讲三角形分类定名时，如果讲的是直角三角形，一般要同时讲到另外两种三角形——锐角三角形和钝角三角形，这种对比会让学生对三类三角形的本质特征理解得更加透彻；讲平行四边形时，就要同时讲什么是不平行四边形，它们的区别在哪里。

对比的方法在艺术中是常常使用的。我们都听过"万绿丛中一点红"，在欣赏美术作品时，我们会发现画家为了把物体从背景中突出出来，往往用两种互为补色的色彩来表现物体与其所处的背景，比如把奔腾在草原上的骏马画成棕红色，把草原画成碧绿色。诗词中同样也有对比，比如杜甫的"朱门酒肉臭，路有冻死骨"，岳飞的"壮志饥餐胡虏肉，笑谈渴饮匈奴血"等。

在饮食方面，对比可以使味道显得更鲜明。一顿饭菜，如果所有菜都是相似的滋味，比如都是偏咸的，或偏酸的，就不容易引起食欲。宴请宾客时，让一桌子菜有咸点的，有酸甜的，有肥腻的，也有清淡的，饭后再来个果盘，这样各种风格杂陈，有了对比，滋味才相得益彰，整顿饭才比较可口。

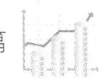

此时无声胜有声——空白定律

中国画里有一个术语叫"留白"，就是画家在绘画时故意留下一角空白，以使观赏者产生丰富的联想和不尽的遐思。作曲家作曲时也经常在乐曲中间留下停顿，也能起到和"留白"同样的作用。

白居易的《琵琶行》中有这样一段：

"嘈嘈切切错杂弹，大珠小珠落玉盘。间关莺语花底滑，幽咽泉流冰下难。冰泉冷涩弦凝绝，凝绝不通声暂歇。别有忧愁暗恨生，此时无声胜有声。"

音乐于极致中戛然而止，给人留下的是无尽的思想空间，也起到了留白的作用。

这种留出空白的艺术表达方式，给人感觉更富有灵气，更能启发人的想象力，具有独特的审美效果。留白为什么会起到这样的作用呢？它是有其心理学依据的。

心理学家认为人的心理有这样的特点：在感知世界的时候，如果感知对象不完整，便会自然地运用联想，在头脑中对不完整的感知对象进行补充，直至完整。奇妙的是，人们对经过联想去"补充"的感知对象，会产生更强烈的心理效应，不仅印象深刻，而且更容易记住。我们把这种现象叫做"空白定律"。

说到这里，我们大概会想起王家卫的电影《花样年华》。影片在寂寞、梦想、逃避的情节中慢慢地铺开，但自始至终都没有直接表现男女主角之间的恋爱场景，这就是要留给观众自己去想象的。

留白在很多领域里都有奇妙的作用。老师在讲课的时候，利用空白定律可以起到很好的教学效果。比如，老师朗读课文《孔乙己》，当他读完最后一句"——大约孔乙己的确死了",就一言不发。课堂一片沉寂,学生们沉浸在思考中。过了一会儿,老师才开始讲解这篇课文的内涵,而学生因为经过了自己一会儿的思考,就会更容易理解老师的讲解。

在人际交往中,有时"无声"会比"有声"具有更大的影响力,这也是空白定律的表现之一。

颖颖半夜12点才带醉而归。她去参加同学聚会了,但是回来的时间超过了父母的规定,而且还喝了那么多酒,父母很生气。妈妈开门的时候训斥了颖颖说:"你赶紧向父亲道个歉。"颖颖一下子清醒了,有种大祸临头之感。她以为严肃的父亲会狠狠地批评她一顿,没想到面色凝重的父亲只说了一句:"你自己想想吧!"然后愤然离去。

那时颖颖真希望父亲能批评她一顿啊。她觉得太对不起父母了。这种自责的心理让她后来再没出现过类似的情况。如果当初父亲狠狠地批评她一顿,即使话是对的,出于自尊心,颖颖也会产生排斥和逆反心理。而那一句话倒比一箩筐的批评效果要更好!

在生活中,和亲密的人相处,也要注意适当地留白。比如夫妻之间,如果相互之间没有距离,把对方看得太紧,恐怕只会起到适得其反的效果,不利于感情的发展。相反,如果给对方一定的空间,彼此保留一定的神秘感,那点空白会使两人更有走近的欲望。

想不出答案时,不妨暂时放一放——酝酿灵感

古希腊时,阿基米德奉国王之命,检测工匠制作的金王冠是否掺有白银。但当时并没有行之有效的方法,他为此日思夜想,也没有想出个好的办法。

有一天,他在家里洗澡,当他跳进浴盆时,有许多水一下子溢了出来。

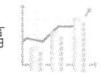

这使他顿时意识到：当容器装满了水，再把物体放进去时，溢出的水的体积，和这个物体的体积是相等的。由此他联想到，比金子轻的白银如果要想达到同样的重量，它的体积必然会超过金子。

于是，他想出了解决问题的办法。他把与原先国王交给工匠的相同重量的金子和那顶金王冠，分别放在注满水的容器中，然后比较它们各自排出的水的体积，就能够知道答案了。这也是物理学上著名的"阿基米德定律"的来源。

其实在科学发展史上，创造性活动往往就像阿基米德定律的产生那样，是灵感突然迸发的结果。在冥思苦想下，阿基米德没有找到答案，没想到洗澡时的偶然现象提示了他，让答案跳了出来。

每个人的思维恐怕都遇到过卡壳的情况。比如对一些比较艰涩难懂的知识，第一次学习时会感觉很难理解和把握；或者遇到一个难题，想破脑袋也想不出解决办法。这种时候，继续想下去，可能只是干耗时间，因为灵感似乎离我们远去了，或许就是我们的路子不对。这时，也许我们暂时把问题放一放，不去想它，而是做点别的事情，把脑筋换一换，然后再回来想这个问题。有时甚至不用刻意地想它，只是等待灵感自己出现，就真的能等到灵感。就像诗里说的那样："踏破铁鞋无觅处，得来全不费工夫。"

这是因为，当我们遇到某个问题不能马上解决的时候，即使暂时放下，不去想它，潜意识里也还是在不断地对我们的知识结构进行整合、更新。当整合进行到接近解决问题的程度时，在某个点上，我们就会被突然触发。这个暂停的过程叫酝酿，这种规律就叫"酝酿定律"。酝酿定律尤其对高难度的问题比较有效。

有一个心理实验也说明了灵感的这种特点。心理学家给被试者提出一个比较复杂的问题，实验中的三组被试对象都用半小时来解决问题。第一组半小时中有55%的人解决了问题；第二组在半小时解决问题的时间中插入半小时，让被试者做其他事情，结果最后有64%的人解决了问题；第三组在半小时中插入了4个小时，结果有85％的人解决了问题。

在这个实验中，心理学家要求被试者大声说出解决问题的过程，结果发现第二、第三组被试者回来以后再解决问题时并不是接着已经完成的步骤去做，而是像最初那样从头做起。因此，可以认为，酝酿效应打破了用不恰当的思路解决问题的定势，从而促进了新思路的产生。

让我们分析一下灵感产生的过程吧。

灵感的产生需要人有较强的行为动机，并为此进行长时间的探索。如果在长时期连续思考后，人还没有找到答案，就可能转入休息或进行其他休闲活动。这个阶段就是酝酿阶段。

人的意识好像一座冰山，露出水面的部分叫"显意识"，藏于水中的是"潜意识"。前者能被人觉察，如人们的思考、讨论，而后者却不能，灵感思维通常就是潜意识活动的结果。科学家认为，潜意识的能力要比显意识更强，显意识受常规思维的影响，难以自由发挥，而灵感则往往需要突破常规，可以说是一种顿悟。

人们对一个问题经过长时期的冥思苦想，在多次尝试并失败后，会暂时抛开这个问题，去休息、娱乐或是锻炼，这时，人的思维反而排除了外界事物的干扰，显意识活动减少了，潜意识思考活动得出的信息就可能突然冒出来，灵感就这样产生了。

为了迎接灵感的到来，我们最好在酝酿阶段随时准备一个笔记本，记下脑中闪现的一些思维火花，这其中可能就有你需要的答案。

曾经拥有沧海，怎能握住水滴——大刺激和小刺激

我们都很容易明白这样的道理：如果一份报纸或一张公共汽车票的价格由原来的1元涨到2元或3元，人们就很可能接受不了；可是如果一处原价30万

元的房产涨了2万元，就不会给人特别明显的感觉。

这是因为人们一开始受到的刺激越强，对以后的刺激也就越迟钝。心理学上有一个关于心理刺激的规律：人们受到的第一次刺激，能够缓解他受到的第二次较小的刺激。

心理学上有一个实验，可以说明这个定律。

一个人右手举着300克重的砝码，这时如果在他的左手上放305克的砝码，他并不会觉得有多少差别，直到左手法码的重量加到306克时，他才会觉得有点重。如果右手举重600克，这时左手上的重量要达到612克，他才能感受到差异。也就是说，要比前一种情况多给一倍以上的刺激，这个人才会有所反应。这个实验告诉我们，要想辨别出刺激间的差异，刺激总量越大时，其差额也必须越大。

这个定律经常被巧妙地运用在经营中的人事变动或机构改组上。比如一家公司想要赶走被视为眼中钉的人，为了不使这件事情显得很突出，引起很大的反应，这家公司就可以先在与这些人无关的部门进行比较大规模的人事变动或裁员，使其他职员习惯于这种震荡。然后在第三或第四次的人事变动或裁员时，再把矛头指向原定目标。很多人受到第一次冲击后，对后来的冲击就已经麻木了，这样便不会引起多大的反应。

在谈判中，也有对于这个心理定律的应用。如果从一开始就提出令人难以拒绝的优厚条件，等谈判基本结束后，再指出一些不好的细节，就比较容易使对方接受。这是一种"诱敌深入法"，也是以"大小刺激定律"为基础的。一开始的优厚条件是一个比较大的刺激，对方容易受到诱惑，和这个比起来，后面的不好的部分只能算是个小刺激，也就会比较容易被接受了。

这种手段实质上是一种心理麻痹，即利用对比的效果，使自己想要做的事情显得不那么严重，以使对方更容易接受。手段就是事先设计一个对比物，把比较大的刺激放在前面，那么后来的真正目的就显得不那么严重了。前面的那个大刺激像个烟幕弹，或者说虚晃一枪，打马虎眼，其真正目的是后面不起眼的那件事情。这个策略也很接近三十六计里的"明修栈道，暗度陈仓"。

在爱情中，我们也可以看到这个定律的影响。有些人总抱怨结婚后对方对自己不如先前那么好了。其实真正的原因是：在两个人还不熟悉的情况下，双方不经意的接触，一个眼神，一句叮咛，一个热吻……都会让人记忆深刻。可是结婚以后，即使还是同样的那些关怀，却也无论如何不如当初那么能调动彼此的激情了。这就是因为在过去的激情以及结婚这些大的"刺激"之后，细微的体贴和亲密就再也无法起到和过去同样的作用了。

演员会逐渐向自己的角色转变——角色深化

有这样一个心理学实验。实验者让吸烟者和非吸烟者以猜谜的形式回答几个问题，问题一共有七个，包括"吸烟会使尼古丁进入肺部，因此……"，"肺部一旦吸入尼古丁会患上肺癌，因此……"等。

从问题的顺序来看，当然应该填写对吸烟采取否定态度的文字。当时，被测者被分为三组，分别接受三种类型的实验，第一种是七个问题中有一个问题已知，自己补充六个问题；第二种是七个问题中有三个问题已知，自己补充四个问题；第三种是七个问题中有五个问题已知，自己填写两个。

当被测者回答完问题之后，组织者分析了他们对吸烟的态度。补充问题多的人，也就是对吸烟批判的问题自己思考和补充得比较多的人，对戒烟的重要性认识得更深刻。而补充问题少的吸烟者反而有被强迫的感觉，对禁烟产生了一种强烈的反感。

这个实验证明，自己思考得出的结论能够起到约束自己的作用，而从别人那里得来的结论，被强加于自己时，容易产生抵触情绪。

我们自己也可能体会出这样一个规律，就是我们把自己不理解的东西读

出来，或者对别人讲一遍，自己也变得似乎更明白些了。比如有时我们把一篇本来不太理解的文章抄写一遍，就会觉得对它的理解加深了。

这种现象在心理学上叫"角色深化"。什么是角色深化呢？就像当演员根据剧本演绎出各种性格的人时那样，尽管一个角色是与自己没有任何关系的，但是在演绎过程中，那个角色会开始渗透进自我，渐渐地，本来的自我也开始向那个角色发生了转变，这就是角色深化。而心理学上的"角色深化定律"是指，我们在表达一个还未理解的东西时，会逐渐深入这个理念里面去，以致加深对它的理解。

看来，对原本不一定赞成的观念，自己表达一遍，会使心理上更加靠近这个观念。这个定律有时被用来在工作中应付和自己意见不一样的人。

我们都知道，在工作中，内心对上司的意见不赞同的部下总是有的。如果上司让这样的部下向其他部门的人解释某个意见，这个部下即使很不情愿，也必须去做。这时他就需要事先做好充分的准备，可能要搜集一些数据，绘制出图表，建立简单清晰的主题脉络，还要准备应对其他人可能提出的质疑等等。

在这个过程中，部下可能会发现上司意见中有价值的部分，还可能会发现上司的想法比自己的成熟得多，从而转变观念，接受上司的意见。

这个定律告诉我们，对于不赞成自己意见的一方，有时与其用强有力的方式进行说服，还不如让对方作为自己意见的代言人，去向其他人说明更有效。而且，作为上司，如果自己工作做得太细，不给部下任何负担，使他们没有机会去自己思考，就难以使部下与自己产生共鸣。

和美女在一起光阴易逝的秘密——时间错觉

爱因斯坦晚年的时候，有一次与一群青年学生讨论学术问题。学生们问他："那么复杂的相对论，您能不能用简单的语言概括一下它的含义呢?

爱因斯坦思忖一会儿，回答道："如果你和一个美丽的姑娘坐上2个小时，你会觉得好像只坐了1分钟；但如果你坐在炽热的火炉旁，哪怕只坐上1分钟，也会感觉好像是坐了2小时。这就是相对论。"学生们仔细思考他的话，似有所悟。

我们不知道爱因斯坦的回答在多大程度上概括了相对论，但我们知道他的话概括了生活中很常见的一种现象，就是对时间的错觉。时间有一个客观的长度，可是在人的心里，它又有一个相对的长度，这个相对的长度往往和客观的长度有出入。这就是由人心理的主观性造成的。人的心理是复杂的，在不同的情绪和心态下，我们对时间的知觉会表现得过快或过慢，这种对时间的不正确的知觉叫做"时间错觉"。

和美丽的姑娘聊天，当然是甜蜜的体验，人人都希望它能长时间持续下去；相反，在炽热的火炉边烤着，分分秒秒都是煎熬，好像受刑，就希望它赶快结束。也许正是因为自己的主观愿望和实际情况的差别，使我们产生了这两种截然相反的时间错觉。我们平时所说的"欢乐嫌时短"、"寂寞恨更长"、"光阴似箭"、"度日如年"，都是这种情况的表现。

那么什么时候人们感到时间快，什么时候又感到时间慢呢? 一般来说，当我们做的事情内容丰富，能引起我们的兴趣，让我们愉快时，我们感到时间过得快；相反，则感到时间过得慢。这是因为前者的情况，你希望它慢，就觉得实际的快；后者的情况，你希望它快，就感到实际的慢。

第二次世界大战快结束时，有个叫罗勃·摩尔的小伙子正在海军服役，他曾有过一次刻骨铭心的时间错觉的感受。他回忆说："1945年3月，我在中南半岛附近6英尺海下的一艘潜水艇上。我们通过雷达发现了一支日本舰队——一艘驱逐护航舰、一艘油轮和一艘布雷舰——朝我们这边驶来。我们发射了5枚鱼雷，都没有击中它们。突然那艘布雷舰直朝我们开来。3分钟后，天崩地裂，6枚深水炸弹在四周炸开，把我们直压海底。深水炸弹不停地投下，整整15个小时，我吓得几乎无法呼吸，不停地对自己说'这下可死定了！'那艘布雷舰用光了所有的炸弹后才离开。这15个小时，在我的感觉里好像有1 500万年。"

瞧，恐怖的经验制造了多么大的时间错觉!

时间知觉还有一个特点是，在一个时间周期内，人们往往感觉前慢后快。比如，一个星期里，前几天相对于后几天感觉过得慢，而过了星期三，一晃便到了星期天。一段假期，前半段时间相对后半段显得慢，当过了一半时间以后，便觉得越来越快。所以有人说："年怕中秋日怕午，星期就怕礼拜三。"这种现象产生的原因是：在一段时间的前期，你觉得后面的时间还很多，就不着急，所以会感到时间慢；越到后来，你越感到时间所剩不多，就越感到着急，也就觉得时间过得快。

这个规律也体现在人的一生中，人在童年时代容易感到时间过得慢，就像歌里唱的"那时候天总是很蓝，日子总过的太慢"，因为你觉得以后的时间还有的是。等到老了，尤其过了30岁以后，就开始感到时间不那么多了，于是便开始着急，也就觉得时间过得快了。歌里还唱到"总以为毕业遥遥无期，转眼就各奔东西"，是说在刚进大学的时候觉得时间还很多，可是快到毕业的时候，会觉得转眼就是。

总之，这个定律给我们的一个启示是：时间并不像我们想象的那样充裕。在任何时候，珍惜时间都是必要的。

如何战胜"生命苦短"的感觉——陌生时长定律

我们大概都有过这样的经验吧：到一个新地方、新街道，找一个目标，会觉得很远，花费的时间很长；可是在回来的路上，我们却觉得比去的路程要近，走的时间似乎也短了。这是怎么回事呢？

这种现象，我们把它叫作"陌生时长定律"。它的内涵是：人在陌生、新奇的地方，会产生时间长、时光慢的错觉。

为什么会有这种现象呢？心理学家认为有两个原因。

第一个原因是，人们在去陌生地方的时候，为了应付可能出现的陌生事物或产生的新的困难，注意力会高度集中，因此能留意到许多信息，印象也比较深刻。这样使人感觉好像经历了很多事，因此有时间长的错觉。而在回去的路上，因为这个路已经走过了、熟悉了，不用再提高注意力了，精神就放松下来，不再去留意很多事物，于是就感到经历简单，时间短。

第二个原因是，去的路上，你始终不知道目的地还有多远，即使不走弯路，因为它对你是未知的，你也就会觉得远；而回来的时候，目的地是已知的，是可见的，不给人渺茫的感觉，让人觉得比较容易到达，因此显得近。

人到外地出差也会有类似的感觉，出差才几天，感觉上似乎已出来了几个月。

从人的一生来讲，也符合陌生时长定律。同样活80岁，如果在与世隔绝的山村，每日生活单调、信息量小，80年的时光会给人一种匆匆而过的感觉。而对于四海为家、四处游动的人来说，要经历陌生的环境，陌生的人情和风俗，80年的光阴会显得格外绚丽，丰富多彩，也就觉得生命挺长的。

这个定律告诉我们，为了战胜"生命苦短"的感觉，最好的办法就是让自己的生命丰富起来，因为丰富的生命会显得长一些。怎样才能显得丰富呢，那就要尽量多接触新的事物。新的事物，就像陌生的旅程，会让人感到时间很长。而旧的事物就像熟悉的回程，当然给人短和快的感觉了。

你看有些人，有一定经济条件后，便去发展许多的业余爱好，从来没有感觉无聊的时候。他们或旅游，或摄影，或听音乐，或学习新知识，或探险，总觉得时间不够用。这样的人到了晚年回首一生时，会觉得生命过得很"值"，因为他们没有浪费一分一秒，而是把生命过到最丰富的程度。但有

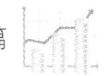

的人，年年岁岁花相似，岁岁年年人"一样"，会觉得一生如白驹过隙，太短暂了。

想一想，我们更愿意选择哪一种生活呢？

工作时开头和结尾效率高——两头快中间慢定律

很多人都有这样的体会，就是做一项工作时，往往刚开始和即将完成时的速度比较快，不感到疲劳，而在中间的一段时间里，操作速度较慢，人会感到疲劳。这是什么原因呢？

工程心理学家经过深入研究，揭示了其背后的生理和心理原因。他们把工作进程划分为以下三个阶段：①达到最高产量前的产量递增阶段；②产生疲劳时出现的工作减量阶段；③预知工作行将结束时的完工突击阶段。我们以上午9点至下午5点的工作进程为例，来说明这个理论。

在开工阶段，职员经过一晚上的休息后来到单位，精力充沛，精神饱满。所谓"一日之计在于晨"，这时候，他们的感知、思维和操作能力处于较高的水平，因此在经过较短时间的工作环境适应（一般为10分钟左右，包括对工作场所、工作对象的适应，人与人之间的适应等）以后，操作速度和效率稳步上升，达到全天的最高水平，并持续到上午12点左右。

除了生理的原因，据心理学家分析，这一阶段工作效率高的另一可能原因是：职员们主观上意识到，反正这么多任务，与其到下班时赶着完成，不如趁现在精力充沛时多干些。也就是一上来就干劲十足。

随着时间的推移和工作量的递增，职员的操作便进入了工作进程的第二阶段。这时人们逐渐地感到了疲劳，意志力逐渐减弱，工作能力也随之开始从最高点逐渐下降，操作速度开始变慢。这样，注意力分散的次数就增多了，差错也容易出现，操作不得不时常中途停止，于是导致了时间的浪费、工作效率的下降。

这一阶段中虽有一段吃中饭的时间，似乎可以起到减轻疲劳感的作用，但实际上没什么效果。因为吃饭时间太短，并且吃饭时大量的血液参与到消化的过程中，使肌肉和大脑的供血相应减少，反而使体力和脑力活动水平下降。所以这一阶段可完成的工作量减少，时间从上午12点一直持续到下午3点。

在下午3点以后，职员的操作进入了工作过程的最后阶段，工作效率开始回升，并持续到5点钟的下班时间。这是因为出现了短时间的掩盖疲劳效应，也就是人们意识到快到下班时间了，自己将很快从疲劳和束缚中得到解脱，同时在下班回家的鼓舞下，心情也逐渐兴奋起来。这种兴奋掩盖和抑制了工作上的疲劳，使得工作效率出现一天中的第二次上升。

这一阶段效率高的另一原因是，为了赶着完成当天的任务。这是完成任务的最后阶段，如果完不成，就要推到明天了。处于这最后阶段的职员就好像筋疲力尽的长跑运动员，因为看到终点就在眼前，一定会拼尽全力完成最后的冲刺，于是加快速度，拿出了所有的力气。

这个定律对我们有什么启示呢？其实中国的古语"一张一弛，文武之道"是很有道理的。谁也不能持续保持高昂的状态，会休息才会工作，会松弛才会紧张。当生理上精力充沛、头脑活跃的时候，就要抓紧时机赶紧工作。当感到疲劳、思维迟缓时，就可以顺势休息，而休息要尽量充分一些，才最有利于体力和脑力的恢复，才有利于以最高的效率投入下一个阶段。其实中午的休息是很有用的，石油大王洛克菲勒就有每天午睡的习惯，现在许多公司也意识到了这一点，把中午休息时间定得稍微长一点，以使员工得到更充分的休息。

医生和地产商讲的故事不一样——注意的选择性

一位医生、一位房地产商和一位艺术家是好朋友，他们三人一同到共同的朋友一位医生家吃晚饭。路上他们经过了一条繁华的街道。到了医生家以后，医生的小女儿请艺术家给她讲个故事。

"今天，我沿着街道走，"艺术家说，"看见在天空的映衬下，城市像一个巨大的窟窿，暗暗的金红色在落日的余晖中泛着微光，像一幅美丽的图画。"

接下来小姑娘又让房地产商给她讲个故事。房产商讲道："我在街上看见两个男孩子在讨论怎样挣钱，一个男孩说他想摆一个冰激凌小摊，并把地址选在两条街道的交会处，紧挨地铁的入口处，因为在那里，两条街上的人和去乘坐地铁的人都可以看见他。我发现这个男孩具有成为杰出商人的素质，因为他认识到了经营位置的价值。"

接下来，小女孩又让医生给她讲，医生的故事是这样的："有一个橱窗从上到下都摆满了盛放各种药品的瓶子，这些药品用于治疗各类消化不良，一些人正在挑选。可是我明白他们所要的也许不是什么药品，而是新鲜的空气与充足的睡眠。但是我却不能告诉他们。"

……

这是一个带有心理学意义的儿童故事。这三个人走的是同一条街道，看到的是同样的事物，可是，他们眼中的街道却如此不同。

这涉及心理学中关于注意的特征。

人们的生活环境，每时每刻都处在变化之中。只要你走出家门，就会在各处碰到或接触到种种事物，比如大街上的商店悬挂着彩色广告，晚上闪烁的霓虹灯吸引着人们去选购商品；街道上有一些交通标志，比如

"慢"，"××街"，"停车场"，还有红绿灯讯号，而行人必须眼观六路，耳听八方；当你走到公共场所时，会看到"严禁攀折花木"的标语；在汽车站、火车站、轮船码头时，你会听到广播告诉旅客们开车时间，等等。

一瞬间，外界会有无数的信息刺激着我们每个人，但并不是所有的刺激都能被我们注意到。其中的绝大多数都被忽略掉了，只有一小部分被我们选择并加以注意。

在前面那个故事中，艺术家、医生和房地产商在同一条街道上，注意到了不同的事物。他们的选择之所以不同，是因为他们受过的教育和训练不同。其实生活中很多人都是这样，他所从事的职业，会让他更多地去注意该领域的信息。

教育本身有一个重要的作用，就是使人们选择不同的刺激，即注意不同的事物。这种长时间的注意就形成了一种习惯，使人们对某个领域的事物更加关注，并获得比较高的认识和技能。

心理学家曾做过这样的实验：给一些美国人和墨西哥人看两类图片，一类是美国人所熟悉的打棒球的场面，另一类是墨西哥人所熟悉的斗牛场面。实验者把这些图片快速地呈现给他们，让两类图片交叉出现，也就是让他们一会儿看到打棒球，一会儿看到斗牛。

如果乍一想，我们会以为墨西哥人和美国人都能同时看到两种场面，但结果却出人意料：84％的美国人只看到打棒球的场面，而74％的墨西哥人只看到了斗牛的场面。

这个实验告诉我们，认知者本人的经验、生活方式、文化背景等，都会影响到他对事物的注意的选择。

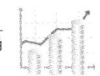

消费者的注意力就是财富——眼球经济

在夜晚的北京，如果你乘车在北京市中心的街道上行走，会看到诸如摩托罗拉、三星等国际知名企业办公楼上醒目的名字。每次从那里经过，这些企业的名字都会在你心中打下更深的烙印。

现在我们都对"眼球经济"这个词并不陌生。1996年，英特尔公司的前总裁葛鲁夫提出："整个世界将会展开争夺眼球的战役，谁能吸引更多的注意力，谁就能成为下世纪的主宰。"

他的确概括了我们这个时代的突出特征。有人说，这是一个推销的世纪，推销能力、宣传能力在以往任何年代似乎也没有在今天这个时代显得重要。之所以如此，是因为：工业文明形成生产过剩，导致竞争目标转移。现在发达国家的一个大汽车厂1年的产量，能够满足世界各国1年的需要。类似生产力过剩的情况还有很多。我国和其他某些发展中国家的生产力，也已出现了相对过剩，彩电、冰箱、布匹、自行车等的毛产量已超过了年需求的四五倍。

从不足到过剩，过剩的生产力同有限的需求的矛盾，导致了竞争的重点从商品的竞争转移到注意力的竞争上来。谁要想卖掉商品谁就先得争取大量的注意力。

我们都知道，这是个信息爆炸的年代，世界信息量以爆炸方式骤增，信息量如今已经过剩到难以量化。信息量的爆炸式发展导致了注意力的相对短缺。全世界的注意力是有限的，信息量的爆炸式发展和过剩打破了与原来注意力的比例，造成了注意力的相对缺少。缺者为贵，注意力当然就变得更值钱了。

这是一个酒香也怕巷子深的年代。你拥有一个产品，一项技术，它的质量再好，水平再高，如果没有推销出去，也只能沉在箱底，白白地错过机会。相反，如果你的推销、推广能力很强，即使东西并不是一流的，可如果一流的东西没有被推销出去，那么"山中无老虎，猴子称大王"，人家就会以为你的东西是一流的，而又有谁知道你本来是二流呢？

所谓推销、推广、宣传，说白了就是争夺人的注意力。这也就不奇怪，在交通要道，在人多的路口，为什么会有大幅广告牌竖立。这些广告牌即使价格不菲，也仍然存在激烈的竞争，因为它是最方便的争取注意力的方式。

而注意力，在心理学上是有规律可循的。成功的广告商都是很善于利用注意力规律的人。

由于人们对近期发生的事记忆较深刻，所以注意力有一个特点，即近期获得的经验可能会引起注意的定势。

在伦敦地铁的某个出口处没有电梯，只有一段陡峭的楼梯。在楼梯的台阶之间印有"供呼吸困难者使用"等字样，每个经过的人都可以看到。当大多数人气喘吁吁地奔上楼梯时，这则广告一下子就触动了他们的心，因为广告里描述的正是他们的状态啊！

同样，不久之前的经历也可以用来引起注意。那些所谓的时事广告就属于这个类型，比如在一部戏剧获得巨大的成功之后，同名的书会畅销，甚至相关的玩具也会热卖。

如何把知识系统化记得更牢——记忆的系统性

我们每个人恐怕都有过忘事的时候。比如你在某场合见到一个认识的人，你知道你认识他，可就是想不起他（她）的名字，人家招呼你，你只能说："哎呀，是你呀！"却说不出人家的名字。如果人家不发现还好，一旦感觉到你没认出他来，对你的印象一定会下滑，因为觉得你不重视他（她）。

在生活中记忆力是很重要的一种能力，它不仅可以让我们避免社交中的

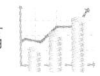

尴尬，更重要的是，可以帮助我们掌握许多有用的知识。其实，一切复杂的高级心理活动的发展都必须以记忆为基础，就像一位科学家说的："一切知识归根结底都是记忆。"

就内容来说，记忆可以分为以下几种：感知形象的记忆，语词概念的记忆，情绪的记忆和运动的记忆。比如旅游过黄山，可以想起云海和迎客松，这是形象的记忆；对于抽象概念的记忆是概念的记忆；第一次听到一首好听的歌曲，记住了那种情绪所以记住了歌曲，是情绪的记忆；多年前学会打字、游泳，现在还都会，是运动的记忆。

那么怎样记忆才能达到最好的效果呢？记忆不一定是下工夫越大，效果越好，它是有方法可循的。一般来说，死记硬背的效果反而不好。

有这样一个人，他想要充实自己，想学习掌握整部百科全书。于是他从头开始学，可是从"A"开始学到100多条的时候，就再也学不下去了。这让他很苦恼，不知问题出在哪里。实际上，即使他继续这样学下去，也不会有多大效果，因为他违背了记忆的规律。

教育的基础是所获知识的体系，心理学家认为，一个人要想最好地理解和记忆所学的知识，最好的办法是把知识放到一个体系之中。有了相互的关联和比较，知识才容易记忆。而百科全书是一种辞书，它不是按知识体系编排的，所以不好记。甚至因为枯燥，会让人半途而废。

有些人，知道得并不少，可是他们的全部知识在记忆里，只是一些死东西，当需要忆起某种东西时，却总是忘记，而不需要的东西却"浮上心头"。还有些人，知识虽然可能少一些，但全部得心应手，并且能够随时在记忆里再现所需要的东西。这两种人的区别就在于，前者脑子里没有一个合理的知识体系，后者却有。

我们在记忆的时候，从一开始，就不要随随便便地、泛泛地学习东西，而是在学习的时候同时建立起知识体系，在脑子里把知识和用这些知识的场合联系起来。

或者说，材料在识记过程中应当被不断地加以系统化。在这之中，从事物中找出相同之处和不同之处的能力是很重要的。苏沃洛夫建议道："记忆是智慧的仓库，但是在这个仓库里有许多隔断，因而应当尽快地把一切都放得井井有条。"拿破仑就是这方面的高手，他说，一切事情和知识在他的头脑里安放得像在橱柜的抽屉里一样，只要他打开特定的抽屉，就能取出所需要的材料。世界首富比尔·盖茨也说过类似的话。

总之，使积累的知识系统化对于记忆很重要。

用的感官越多，记忆效果越好——感官协同

宋代大学者朱熹曾说过："读书有三到，谓心到、眼到、口到。心不在此，则眼看不仔细，心眼既不专一，却只慢朗诵读，绝不能记，记亦不能久也。三到之中，心到最急，心既到矣，眼、口岂不到乎？"朱熹的这个理论在我国学术史上是很有名的，被后代的许多文人奉为学习的有效方法之一。

朱熹谈的"三到"，包括了两种感官的协同作用——视觉和听觉。心理学研究证明朱熹的理论是正确的。

心理学研究表明，参与收集信息的感官越多，获得的信息就越丰富，所学的知识也就越扎实。多种感觉器官一齐上阵参与记忆，要比一种感觉器官孤军作战单独记忆的效果好。这种多种感官协同活动，提高感知效果的作用叫"协同定律"。

美国心理学家格斯塔做过这样一个实验。他把智商相近的10个学生平均分为两组：第一组所在的屋子只有5张椅子和5本《圣经》；第二组的室内除5本《圣经》之外，还有几本宗教故事画册，并播放宗教音乐。然后格斯塔要求两组学生都背诵《圣经》，结果他发现第二组的成绩远远优于第一组。

如今的视听教学的优越之处也在于此，它可以使声者与画面相结合，让

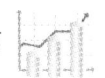

生动形象与情绪感染相结合，从而收到更好的学习效果。

心理学研究还发现，人从不同感觉器官得到的对于知识的记忆效果是不同的。一般来说，人通过听觉获得知识，能够记住15％，从视觉获得知识，能够记住25％。但是如果把听觉和视觉结合起来，就能记住从这两者所获得的知识的65％。也就是说，把感官协同起来一起发挥作用，要比单独运用它们所获得的结果的和更好。

据实验得出，多种感官协同学习的优劣次序是：观读、视、视听读、听读、视听、听。由此可见，视觉最优，听觉最差。所以，只靠上课听讲，会遗忘得最快。有效的学习，与其用耳听，不如用眼看，更不如眼看口读，最好还是亲身去做。

比如，学习游泳，我们自然可以通过听讲、读书、看图、看电影、看电视等途径获得游泳知识，然而，"纸上得来终觉浅，绝知此事要躬行"，所以最好的办法还是下水实践。

教师在教学中如果应用这个心理定律，会使得教学效果大大增强。数学是一门抽象的学科，而要使抽象的知识形象化，使学生理解得更快，记忆得更牢，老师就可以运用感官协同定律。

例如，小学生对多位数除法的计算很难理解，老师就可以让他们用小棒来比划，边看边想边说。在几何教学中，为了培养学生的空间想象能力，老师可以尝试让他们动手操作搭出一些几何图形，然后再用语言表达出来，这样就容易培养空间想象能力。总之，数学教学可以让学生动用多种感官把无形化为有形，提高感知效果。

人们对感兴趣的事情容易记得更牢——记忆的选择性

一群大学生骑自行车去颐和园玩，没想到半路上自行车出了毛病。于是他们修完了自行车再上路。在公园里划船时，老天爷好像故意作对似的，下起雨来了。大家都没有带伞，淋成了落汤鸡，冻得够呛。有的人心情急躁，还跟别人吵了起来。总的来说，这是个不愉快的旅行。

但是没想到，毕业若干年后的同学聚会，大家回忆起这段经历的时候，却感到十分有趣，席间充满了欢声笑语。

其实我们在日常生活中都有这样的体会，感兴趣的东西容易记牢，激动人心的事往往难以忘怀。

这体现出了生物的适应性遗忘规律，是记忆的选择性的一种表现。也就是说，坏的、不愉快的事情比好的、愉快的事情更容易被遗忘。

生活中总是有很多痛苦，但是大多数人仍然会坚强乐观地活下去。如果仔细比较，或许痛苦要比欢乐多，就像佛教所说的。可是生活中的大多数人，无论经历过多少痛苦，或者即使明白将来的痛苦会比欢乐多，也仍能乐观地活下去。人们总是对幸福和快乐充满了永久的向往，并且在回忆自己的过去时，人们也会倾向于忘掉不愉快，而只记忆那些愉快的人和事。这似乎是一种无意识的选择，但其实它可能根植于人们的人生观中。

就像电影《活着》里面所表现的，主人公经历了动荡的时代，经历了赤贫的煎熬、丧失亲人的痛苦，并且觉得未来很渺茫，但是只要生活中有一丁点快乐，他也能变得乐观起来。因为人性就是这样执著地追求着生活中的欢乐，不管这快乐是多么的稀少。

总的来看，人类是天生的乐观主义者。不过这并不取决于现实中痛苦与欢乐的多少，而是取决于人们记忆中痛苦与欢乐的比例。人们执拗地把痛苦从自己的记忆中抹去，让自己以为生活是值得过的。正是这种精神，使人类前仆后继地与生活中的一切痛苦、艰难与恐惧作斗争，从而一代一代地繁衍下去，使生命得以延续。

此外，人们对感兴趣的事情也会记得更牢。这似乎很好理解，人们在做感兴趣的事时，心情更好，情绪高昂，这样会使脑力得到最好的发挥，当然记得更牢。

我们在生活中总会遇到这样的人：他在一个领域显得很聪明、很睿智，而对于另一个领域却知之甚少，甚至有些低能。例如一个专家学者，在人际交往方面要比推销员差得远，尽管他的学识水平要远远超过后者。而一个社交能力很强的人，他能记住很多人，对这些人的喜好、特征、头衔、家庭情况等都记得很清楚，可他却没有任何领域里的专门知识。前者的记忆重视深度，后者的记忆重视广度；前者往往属于内向型人，后者往往属于外向型人。

实际上如果你仔细观察身边的人，就会发现真正的全才是没有的。这也是记忆选择性的一种体现。就是说，一个人不可能样样都行。一个人的记忆力是有限的，记住这个，就记不住那个。而他只能对知识和信息的记忆作出选择。当然人们往往对感兴趣的、有用的花的心思更多，当然记得更牢。

比如数学家陈景润，虽然在数学领域他拥有天才的头脑，但在日常生活中，他却不那么得心应手。这种现象在许多天才身上都有所体现。在普通人身上也是同样的道理，只不过没有显现得那么极端罢了。

我们要明白的是，任何人的记忆力都是有限的。当你看到一个记忆力特别好的人时，你不用感到自卑，也许他在别的方面还不如你。重要的是，我们应该找到自己感兴趣的领域，去记忆那些对我们有用的东西。

不同的颜色会对人的心情有不同影响——色彩心理学

每当我们抬头仰望湛蓝的天空时，我们都不能不佩服大自然的神奇造化。蓝色是多么的宁静和让人神清气爽啊！我们能够想象出天空如果是红色的话会怎么样呢？想一想，每天头上顶着鲜红的天空，我们的心情会如何呢？恐怕我们会经常激动，甚至会变得更加急躁了。真是不得不赞叹上帝的安排，它是多么巧妙和合理。蓝色的天空中漂浮着白云，是多么美的画面！除了蓝天、白云，还有绿色的树木。据科学家研究发现，绿色是能够让眼睛比较放松的颜色，对视力有好处。也许正因为这样，上帝才把树木的颜色大多设为绿色，让我们赏心悦目，舒缓眼睛的疲劳。而鲜花大多是红色、黄色、白色等各种各样的颜色，那些或鲜艳、或淡雅的颜色，成为了美妙的点缀，使得这个世界多姿多彩。

总之，我们每个人——除了色盲，恐怕都不会对颜色视而不见。不同的颜色会带给我们不同的心情，这是每个人都体会过的。比如，我们会根据不同的心情选择不同颜色的衣服，而不同色调的画作和摄影作品，会使我们感受到不同的心情。另外，房间的墙壁漆上不同的颜色，也能让我们有不同的感觉。

总之，这些都说明，颜色具有影响人情绪的特性。有的时候，这种影响是至关重要的。

国外某个地方曾有一座黑色的桥梁，每年都有一些人在那里自杀。后来有人提出把桥漆成天蓝色，结果自杀的人就显著减少了。后来人们又把桥漆成了粉红色，在这里自杀的人就一个都没有了。

从心理学的角度分析，黑色显得阴沉，会加重人的痛苦和绝望，容易把本来心情绝望、濒临死亡的人，更加推向死亡。而天蓝色和粉红色则容易使人感到愉快开朗，充满希望，所以不容易让人产生绝望的情绪。

心理学家对颜色与人的心理健康进行了研究。研究表明在一般情况下，红色代表快乐、热情，它使人情绪热烈、饱满，并能激发爱的情感。黄色代表快乐、明亮，使人兴高采烈，充满喜悦。绿色意味着和平，使人的心里有安定、恬静、温和之感。蓝色给人以安静、凉爽、舒适之感，使人心胸开阔。灰色使人感到郁闷、空虚。黑色使人感到庄严、沮丧和悲哀。白色让人有素雅、纯洁、轻快之感。

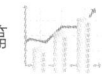

总之，各种颜色都会给人的情绪带来一定的影响，使人的心理活动发生变化。

在临床实践中，学者们对色彩疗法也进行了研究，效果是很好的。高血压病人戴上烟色眼镜可使血压下降；红色和蓝色可使血液循环加快；病人如果住在涂着白色、淡蓝色或淡绿色、淡黄色墙壁的房间里，心情会很安定、舒适，有助于健康的恢复。

颜色对人的脉搏和握力都有一定的影响。实验证明，人在黄颜色的房间里脉搏正常，在蓝色的房间里脉搏会减慢一些，而在红颜色的房间里脉搏增快得很明显。

法国的生理学家实验发现，在红色光的照射下，手的握力比平常增强一倍，在橙黄色光的照射下，手的握力比平常增强半成。

由此可见，颜色不但可以影响人的情绪，而且还可以对人的健康产生影响。

天气会一定程度地左右人的心情——天气心理学

如果今天阳光灿烂、空气湿润、微风习习，你就会觉得精神振奋、心情舒畅吧？如果一连遭遇十几天的阴雨，你是否会感到莫名的郁闷？

对这种心情的变化，我们不能简单地归结为多愁善感。因为科学家已经发现，在气候特别寒冷的地带，人们在冬天的情绪会显著地变得忧郁和低落。而导致情绪低落的主要原因就是缺少阳光，同时还会出现容易疲劳、嗜睡、喜欢吃大量含碳水化合物的食物等症状。

精神治疗专家发现，人的情绪或多或少地会受到天气的影响。如果一个人对天气变化，特别是坏天气的刺激反应强烈，就会表现出种种不适症状，如疲倦、虚弱、健忘、眼冒金星、神经过敏、情绪低落、工作提不起精神、睡眠不好、偏头痛、注意力不集中、恐惧、冒汗、没有食欲、肠胃功能紊乱、神经质、易激动等。

1982—1983年的厄尔尼诺现象，曾经使全球大约10万人患上了抑郁症，精神病的发病率上升了38%，交通事故也至少增加了5 000起。其原因就是，全球气候异常和天气的灾难，超过了一部分人的心理承受能力。

环境心理学的一些研究表明，温度与暴力行为相关，夏日的高温可引起暴力行为的增加。但是当温度达到一定点以后再升高，则不再导致暴力行为的增加，而导致嗜睡现象的增多。温度也和人际吸引相关，在高温室内的被试者，比在常温室内的被试者，更容易对他人作出不友好的评价。

我们都知道，"万物生长靠太阳"，植物往往有向光性，人也是一样。一般来说，选择阳光充足的居所对人比较有利。因为光是热、土壤、植物、水、空气的轴心。

有心理学研究表明，在日光灯中加入类似太阳光成分的紫外线，对健康有好处；让自闭者生活在光线较充足的地方，自闭行为会减少一半，还会使他们与人互动的行为有所增加。而灯光不足会造成视觉疲劳、反胃、头痛、忧郁、郁闷等行为反应。研究甚至发现在日光灯下与太阳光下的工作效率不同。在阳光充足的地方，孩子显得活泼有劲多了。

在法国，曾经的一段长时间的阴雨天气导致抑郁症患者大大增加，于是许多治疗机构创造性地采用人造阳光治疗法，就是用光照来治疗这些等不及阳光出现的病人，收到了显著的疗效。

长时间的天气特征，会形成气候。研究发现，一个人性格的形成，和他所生活地区的气候有直接的关系。这也是因为天气影响到人的心情，日久天长，就影响了性格。所谓"一方水土养一方人"，几乎每个人都无法完全摆脱特定环境的影响。

长期生活在热带的人，性格比较暴躁易怒。而高纬度的寒带，气候寒冷、阳光稀少，是抑郁症的高发区。生活在气候湿润、生机盎然的水乡的

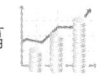

人，具有多情、反应机敏等特点。草原上的牧民大多为人豪爽，山区的人多是性格率直。秋高气爽的气候被认为最适合创作，长年居住在15℃~18℃环境中的人，头脑较为发达，在文学艺术方面的成就比较突出。

噪音对心理健康有不好的影响——环境心理学

明朝初年，朱元璋为了彻底消灭蒙元王朝在西南地区的统治势力，任命沐英为征南右副将军，和蓝玉一起随傅友德将军进攻云南。元朝梁王派达里嘛率领10万人马在曲靖抗击。

沐英为了出其不意地打击敌人，秘密迂回敌后，突然在山谷间竖起旗帜，擂响战鼓，铜号齐鸣，发出阵阵无节律的震耳响声。在这种噪音刺激下，元军心惊肉跳，在懵然混乱之中，被打得落花流水，大败而逃。

明军的胜利，很大程度上要归功于一个功臣——噪音。

噪音是环境心理学的一个重要课题。噪音是使人感到不愉快的声音。在这个故事中，噪音可以抗击敌人，本身就说明噪音对人会造成不良的心理刺激。

许多年前美国有个报道，一名男子因为不堪忍受住所附近建筑工地上汽锤的噪声，竟跑上前去，把脑袋伸到汽锤底下，结果脑袋被砸成肉浆。

从一方面来看，这个悲剧的主人，很可能有些抑郁症，至少是心理承受能力太差。但从另一方面来看，不也说明噪音对人的心理有多么严重的影响吗？

许多作家之所以喜欢远离城市，到一个偏僻的山村去写作，就是为了躲避城里密集的噪音。

在科学上，噪音（噪声）是指波形量非周期性变化或超过85~95分贝的不规则声音。但在现实中，这个标准并不是绝对的。

欢快的锣鼓声、口号声、大喊大叫、鞭炮声，尽管超过85分贝，甚至有的也无规律，但不会引起参与者与欣赏者的心理烦躁。这是因为参与者和欣赏者当时有一种心理宣泄的需要而喜欢或能够接受这种声音。

反过来，即使低于85分贝的声音，如果不成规律，比如鸡鸣狗叫，对某些人来说，也就成了噪音。有人爱养蝈蝈，蝈蝈阵发性的叫声对某些人来说是噪音，对另一些人却像催眠曲。

噪音广泛地危害人的生理机能，如造成耳聋、睡眠障碍、植物性神经功能紊乱、心率加速、血压升高，血管痉挛、胃功能紊乱、胃液分泌异常、食欲下降、甲状腺功能亢进、肾上腺皮质功能增强、性机能紊乱和月经失调等不良症状的产生。在这里，我们主要说说噪音效应对心理的影响。

噪音会使人们烦躁不安、心情变坏、注意力不集中、工作效率降低、产生睡眠障碍，这种现象叫做"噪音定律"。

噪音有时会形成对别人的强烈的情绪干扰，甚至使人方寸大乱。我国古代的军事家因为懂得噪音的这个特点，便在战争中巧妙地把噪音作为攻击敌人的一个武器。

噪音属于环境污染的一种。现在，医院、疗养院，或是居民住宅区，一般都限制汽车鸣笛，禁止养鸡、养狗。我国大部分城市也已经禁止在城区燃放鞭炮。这些都是为避免噪音效应所采取的必要措施。

第三章　"我"就是未解之谜
——自我篇

世上最难的是"认识你自己"——自我知觉

从前，有个里长押送一个犯了罪的和尚去边疆服役。这个里长有点糊涂，记性也不大好，所以每天早晨他上路之前，都要先把所有重要的东西全部清点一遍。他先摸摸包袱，告诉自己说："包袱在。"又摸摸押解和尚的官府文书，再告诉自己说："文书在。"然后他走过去摸摸和尚的光头和系在和尚身上的绳子，又说道："和尚在。"最后摸摸自己的脑袋说："我也在。"

里长跟和尚在路上走了好几天了，每天早晨都这样清点一遍。有一天，狡猾的和尚想出了一个逃跑的好办法。

晚上，他们在一家客栈里住了下来。吃晚饭的时候，和尚一个劲地给里长劝酒，把他灌醉，让他躺在床上睡着了。和尚去找了一把剃刀，把里长的头发剃光了，又解下自己身上的绳子系在里长身上，就逃跑了。

第二天早晨，里长醒了，开始例行公事地清点。他摸摸包袱说："包袱在。"又摸摸文书说："文书在。""和尚……咦，和尚呢？"里长大惊失色，但他忽然看见镜子里自己的光头，再摸摸身上系的绳子，就高兴地说："噢，和尚还在。"可是忽然又恐慌起来"那么我哪儿去了呢？"

这是个笑话，用来比喻人们有时候对自己不能有清醒的认识。

"我是谁？""我从哪里来？又要到哪里去？"这些问题从古希腊开始，人们就不断地问自己。然而到如今人们都没有得出满意的答案。

苏东坡有一句有名的诗："不识庐山真面目，只缘身在此山中。"人们对自己的认识也往往如此。明明就站在这个山中，却偏偏不识其真面目。明明自己就拥有"自我"，却偏偏不自悟，或者仅有个模模糊糊的认识。

认识自己，心理学上叫自我知觉。认识自己是非常重要的，像老子说的："知己者强。"一个人越了解自己，就越有力量，因为他知道怎样扬长避短，以及怎样最好地发挥出自己的潜力。

但是认识自己是很难的。在日常生活中，人既不可能每时每刻去反省自己，也不可能总把自己放在局外人的位置来观察自己。正因为如此，个人便借助外界信息来认识自己。由于外部世界的复杂多变，个人在认识自我时很容易受到外界信息的暗示，而不能正确地认知自己。

人们常犯的一个错误是，很容易相信一个笼统的、一般性的人格描述特别适合自己。即使这种描述是十分空洞，人们也仍然认为反映了自己的人格面貌。

曾经有位心理学家用一段笼统的、几乎适用于任何人的话让大学生判断是否适合自己，结果，绝大多数大学生认为这段话把自己概括得非常准确。让我们看看这段话是否适合我们呢？

"你很需要别人喜欢并尊重你。你有自我批判的倾向。你有许多可以成为你优势的能力没有发挥出来，同时你也有一些缺点，不过你一般可以克服它们。你与异性交往有些困难，尽管外表上显得很从容，其实你内心焦急不安。你有时怀疑自己所做的决定或所做的事是否正确。你喜欢生活有些变

化，厌恶被人限制。你以自己能独立思考而自豪，别人的建议如果没有充分的证据你不会接受。你认为在别人面前过于坦率地表露自己是不明智的。你有时外向、亲切、好交际，而有时则内向、谨慎、沉默。你的有些抱负往往很不现实。"

这其实是一顶套在任何人头上都合适的帽子，而太多的人也爱把这顶帽子往自己头上戴。

这种对自己的错误认知在生活中十分普遍。拿算命来说，很多人请教过算命先生后都认为算命先生说得"很准"。其实，那些求助算命的人本身就有易受暗示的特点。当人的情绪处于低谷，对生活失去控制感的时候，安全感也会受到影响。一个缺乏安全感的人，心理的依赖性便大大增强，受暗示的可能性就比平时更强了。再加上算命先生善于揣摩人的内心感受，当他稍微能够理解求助者的感受时，求助者便会立刻感到一种精神安慰。而算命先生接下来再说的即使是一般的、无关痛痒的话，也会让求助者深信不疑。

那么人应该怎样真正认识自己呢？这就需要经常的仔细的反省，而不能受外界环境的左右。曾子说："吾日三省吾身。"指的就是靠经常性的自我反省和思考，来了解自己的本性及其变化。别人的意见不是不能听，恰恰有时旁观着清，当局者迷，但是在听完别人的意见后，一定要进行自己的分析，也就是说，你永远不能把自己的脑子交给别人，永远要保持自己的清醒的独立的判断。

杀人犯也觉得自己是好人——自我宽恕

如果问许多人一个问题："你觉得自己是坏人吗？"恐怕没有几个人说："是"。而且他们是打心眼里这样认为的。

生活中的一个很普遍的现象就是：大多数人都不认为自己是坏人。即使自己有邪恶的行为，他们也会为自己找到借口，或者下意识地把责任推给别人。这就是"自我宽恕定律"。

基督教和佛教都倡导忏悔，就是主张人们去发现自己的过错，并进行悔改。而在生活中，许多人不仅仅是怕承担责任，更是从心底里无法发现自己的错误和罪过。

比如一个杀人犯杀了许多人，被抓获后，他对自己的罪行不以为耻，反而觉得是社会待自己不公造成的。他出身贫苦，觉得现实对他很不公正，他是为寻求"公正"而去从事暴力活动的。而且在他的黑社会团伙里，他是"大哥"，俨然以"英雄"自居，没有半点罪恶感。

还比如，一个偷窃工厂原材料的小偷说："我偷的是公家的，又不损害他人利益！"

一个抢了富翁的抢劫犯说："他有的是钱，也一定不是从正道来的，不抢他抢谁？"

看看，连犯罪都有理。这就是极为普遍的自我宽恕定律在作祟。

不仅仅是罪犯，在现实生活中我们每一个人对自己的错误，都有这种心理倾向。

对员工吝啬的企业家，认为"家业是我创的，资金是我投的，这年头工作难找，我不让你们失业就不错了"。

打人的说："谁让你骂我！"骂人的叫："谁叫你踩了我的脚还不道歉！"

夫妻之间吵架，也经常是公说公有理，婆说婆有理，都觉得自己付出的多，对方太自私。

这都是因为人性有个根深蒂固的缺陷：发现别人的错误容易，看到自己的错误很难。

比如，我们不喜欢被人议论，可是我们自己却喜欢在背后议论别人。

我们自己的自私、善妒等缺点，我们总是认识不到；如果别人对我们这

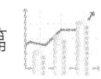

样，我们却反应强烈。

和别人发生冲突时，我们总是很难站在客观的立场上审视谁是谁非，而只是站在自己的立场上，认为和自己有矛盾的人就是坏人，其实人家可能也正是这样看你的。而我们自己恐怕很难想象自己在别人眼中竟是"坏人"吧！

发现自己的错误并予以承认，是一种可贵的品质。汉武帝是个对中国历史作出过重大贡献的帝王。然而，他在统治期间曾发动过一场长达30多年的对外战争，给人民带来了沉重的经济负担，使得无数人在战场丧命，社会的各类矛盾也被严重激化。

这时，桑弘羊上书，请求在西北边陲轮台扩大屯田5 000多顷，以就地解决军粮，扩大战势。汉武帝深刻地反省自己后，下了一道历史上著名的"轮台罪己诏"，检讨了自己的过失，并宣布停止战争，从此改弦更张，注意休养生息。

作为一个专制帝王，能够面对现实，扪心自问，是比较难得的。

曾子说："吾日三省吾身"，就是号召我们要经常反省自己，发现自己的缺点并改正它。

人的欲望是无穷的——需求发展规律

《后汉书·岑彭传》中记载："东汉初年有两个地方的势力首领隗嚣和公孙述，分别割据陇（今甘肃东部地区）和蜀（今四川中西部地区）两地。东汉光武帝派大将军岑彭等率领军队去攻打隗嚣占据的西城、上邦两城。当时光武帝给岑彭写了一封信，说如果攻占了陇地两城，便可率领军队去攻打蜀地的公孙述，并发感叹说，'人所苦恼的就是不知足，既已平定陇地，又盼望得到蜀地了！'"

"得陇望蜀"这个成语就是从这里得来的，后来常用来形容人的贪欲没有止境。

人们常说："人的欲望是无穷的。"春秋时荀子也说过："贵为天子，欲不可尽。"意思是，像天子那样的地位，什么享受不到呢，即使那样，仍然还有无穷的欲望要满足。

这些话和成语"得陇望蜀"一样，在使用时常常带有贬义。但是如果从心理学上来看，这是人的一种客观的属性。

心理学家认为，人的需要不可能是静止的、不变的，总是在原有的需要满足了，又产生新的需要。这是很自然的现象。因为人的感觉器官同外界接触，随着接触得更多和更频繁，触觉会随之衰减得更厉害。而衰减率与满足程度成正比，衰减率越高，满足程度越高。这就像俗话说的"饿了吃糠甜如蜜，饱了吃蜜也不甜"。

人本主义心理学代言人马斯洛有一个重要的学说叫"需要层次"理论。他认为人的需要有五种：生理需要、安全需要、从属和爱的需要、尊重需要、自我实现需要。虽然人类的所有需要都已本能化了，但各种需要强度是不同的。这些强度不同的本能化需要，马斯洛假设它们以层梯形式分布，位于层梯底部的需要比上面的需要更为强烈，与动物所拥有的需要更相类似；位于层梯上部的需要却是为人类所特有的。

马斯洛对低级需要和高级需要之间的差异作了概括，其中一个重要特点是，虽然高级需要与生存没有直接关系，但它们的满足是更值得追求的，因为满足这类需要能引出更深刻的幸福体验，达到精神安宁和内在生活的充实。

每个人都沿着需要层梯向上攀登，在满足了某个层次中的某些有代表性的需要后，他就应当向下一个更高的需要层次递进。而能否引起需要，又取决于两个条件：一个是个体感到缺乏些什么，有不足之感；另一个是个体期望得到什么，有求足之感。所以，需要实际上就是在这两种状态下所形成的一种心理现象。

一般说来，当人们产生了某种欲求或需要时，心理上就会产生不安与紧张的情绪，成为一种内在的驱动力。随后就发生选择或寻找目标的心理趋向，当目标找到后，就开始满足需要的活动，当行为告成，需要就在不断满足过程中削弱。行为结束，人的心理紧张消除，然后又有新的需要发生，再引起第二个行为。这样的周而复始，不断递进。

人们"得陇望蜀"，永不知足的特点，正是这种心理规律的必然反映。

"得陇望蜀"，有时会成为我们提升自己、追求进步的动力；而对一些仅仅崇尚物质的人来说，却可能成为走上犯罪道路和走上邪恶道路的动力。比如许多贪官"贪心不足蛇吞象"，大肆利用职权贪污，成为国家的蠹虫。而像比尔·盖茨之类有比较高的精神追求的人们，却已经把金钱只是"看成一堆数字"，他们积极从事慈善事业不说，还把遗产捐给社会，因为他们追求的已经超越了物质的低级层面，而着重追求比较高的"尊重"和"自我实现"的需要了。

刘邦为何能打败项羽——尊重需求

汉高祖刘邦得到天下后，有一次与群臣讨论他为何能打败项羽，取得成功的原因。他说："在后方出谋划策，决胜千里之外，我不如子房；镇国安邦，治理百姓，筹办粮饷，我不如萧何；带兵百万，战无不胜，攻无不克，我不如韩信。这三个人都是杰出的人才，我能够用他们；而项羽有个谋士范增，却不能用，所以我能打败他。"

说白了，刘邦之所以成功，是因为他了解人、尊重人，使下属的才能得以充分发挥出来。而项羽呢，尽管"力拔山兮气盖世"，却唯我独尊，不懂得承认和尊重别人，才会导致最后的失败。

心理学认为，尊重是每一个人的心理需要，不管这个人先天条件如何，财富有多少，地位是高是低。任何人都需要来自别人的尊重。

美国心理学家的一个实验，证明了尊重对人心理所能产生的影响。

为了调查研究各种工作条件对生产率的影响，在一次经典研究中，西方电器公司霍桑工厂从一个大车间中，选出6名女工作为被试者，做了为期1年的实验。

这些女工的工作是装配电话中继器。她们在常规的车间里先工作2个星期（第一个时期），以提供一个正常生产率的标准作为参考。

之后，把她们从车间安排到一个特殊的测量室，这里除了可以测量每个女工的生产情况外，其他条件都与常规车间相同，她们在这里工作的5个星期里（第二个时期），工作条件没有任何改变。

第三个时期，实验者改变了对女工们支付工资的方法。以前，她们的薪金水平取决于整个车间（100个工人）的产量，现在只由她们6个人的产量决定。

到了第四个时期，在时间表上安排5分钟的工间休息——上午一次，下午一次。

第五个时期，工间休息的时间增加到10分钟。

第六个时期，建立了"6个5分钟"的休息时间制度。

第七个时期，公司为工人们提供一顿简单的午餐。

在随后的三个时期里第八至第十个时期，每天提前半小时下班。

第十一个时期，建立了每周工作5天的制度。

最后，到第12个实验时期，原来的一切工作条件全都恢复起来，这时的环境和条件与女工们开始进行实验时的环境条件完全相同了。

这样翻来覆去地折腾，是为了什么呢？最后得出的结论是：不管条件怎样改变——增加或减少工间休息，延长或缩短工作日，每一个实验时期的生产率，都比前一个时期要高。也就是说，女工们的工作越来越努力，

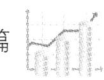

效率越来越高。

这是为什么呢？如果说某一个实验有利于提高女工的效率，可是其他实验并不如此啊，而且最后又退回到了最初的条件。

实际上，"功夫在诗外"，这些实验对女工的影响并不在于直接影响她们的工作效率，而是让她们感到自己受到了重视。受到尊重和重视，使女工迸发出更大的工作热情和积极性，工作效率才提高了。

是的，每个人都需要尊重。尊重的需要是人的一种高级需要。人与人有差异，人与人在财富、地位、学识、能力、肤色、性别等许多方面有所不同，但在人格上是平等的。维护自己的自尊是人类心中最强烈的愿望，因此，满足尊重的需要对人来说十分重要。很多时候，人们为了获得尊重，会通过追求流行，讲究时髦，购买高档商品等手段来体现自己的价值。

马斯洛说："尊重需要的满足，能够使人对自己充满信心，对社会满腔热情，体会到生活在世界上的用处和价值。"但尊重的需要一旦受到挫折，就会使人产生自卑感、软弱感、无能感，会使人失去生活的基本信心。

厚脸皮是怎样产生的——羞耻感

张老师脾气不好，总爱批评学生。他几乎每个课间都把班里调皮的学生叫到办公室大声训斥。久而久之，这些孩子逐渐麻木了，也不像开始时那么怕他，有的还敢和他顶撞。而刘老师平时很少批评学生，学生反而对他很敬畏。有一次，他偶尔批评一个学生，虽然语气不重，声音不大，但被批评的学生竟羞愧地哭了。

我们平时常说"×××脸皮厚"，但是我们可能不知道，世界上其实没有天生厚脸皮的人。所谓"厚脸皮"的人，都是由于后天得不到别人的尊重，久而久之，羞耻感逐渐降低而形成的。这就是"厚脸皮定律"。

心理学告诉我们，每个人天生都是有自尊心和羞耻感的。即便是婴儿，从6个月大的时候，就能识别"好脸"、"坏脸"。大人逗他笑，给他好脸，他会笑；大人横眉竖眼，大声吆喝，他马上会哭。

可见人都有自尊，我们只有尊重和培养孩子的自尊，他才会有羞耻感，"脸皮才薄"。脸皮就像手心的肉，如果经常磨它，它就容易形成茧子，以后再磨感觉就不敏锐了。

无论是当父母的，还是当老师的，无视孩子的自尊，动辄当众辱骂、训斥，日久天长，孩子就会视辱骂、训斥为"家常便饭"，不再脸红，不再害羞，也就是变成了"脸皮厚"的人。那时候，不仅孩子的心灵受伤，而且即使你想再影响他，也不像先前那么容易了。这是多么可悲的结局啊！

在学校里，我们会发现，经常挨批评的孩子反而经常犯错，甚至屡教不改；而那些极少受批评的学生，受到了一次批评，会难为情、内疚好几天，从而不再犯类似的错误。上面张老师和刘老师就是鲜明的例子。

这个对老师适用的道理对父母也同样适用。

做家长的都知道，要孩子们反省是很困难的，他们通常这样指责孩子："你是怎么搞的，我已经说过了多少次了"，这时孩子如有反驳行为，父母又会说："你这是什么态度"，然后就没完没了地说教。这些批评的方式很容易让人厌烦，从而让孩子变得越来越麻木。这对孩子的改过和成长是很不利的。

不论是父母、老师对孩子，还是职场的上司对下属，都应该了解厚脸皮定律，对待对方以鼓励和夸奖为主，批评为辅，同时要注意批评的火候和方法。

人和人之间的互相指责也要小心这个定律所产生的影响。有的夫妻之间，刚结婚的时候相敬如宾，但是过起日子来，锅碗瓢盆、柴米油盐的琐事就会使他们经常发生矛盾，动辄为一点点小事吵架，以致后来升级为大吵大闹。

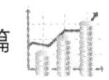

一开始，两人还觉得怎么能这样不文明，但是矛盾却没有办法通过文明的方式得到解决。这样久而久之，吵架吵得多了，双方已经不觉得什么文明不文明了。男人觉得这个女人太不讲道理，而女人却觉得是他把自己变成了泼妇。

其实，导致这样的恶性循环，就是因为两人缺少足够的耐心和理解别人的心胸，没有去努力发现交流的艺术，以至于最后两人潜意识里都觉得破罐破摔，反正自己就是粗鲁的人，什么都无所谓了！

我们应该时刻避免"厚脸皮定律"给我们造成的消极影响，也要懂得去尊重身边的每一个人。

为什么有人喜欢极限运动——自我实现

在电视里我们常看到国外汽车拉力赛的场面。几乎在每场比赛的过程中，都有"人仰车翻"的镜头，也都有车手死伤的情况，但是车赛却年复一年，久盛不衰。还有，西班牙的斗牛运动举世皆知，那更是对死亡的直接挑战，也正因如此，它具有很强的刺激性。

很多人对那些强刺激而又十分危险的运动不以为然，常常发出感叹："何必这样玩命呢？值得吗？"

心理学家马斯洛的"需要层次"理论，给我们揭示了这种特殊活动背后的心理原因。

马斯洛认为，自我实现是人的最高层次的需要。所谓自我实现的需要，是指正常的人都需要发挥自己的潜力，表现自己的才能。只有潜力、才能充分发挥出来，人才会感到最大的满足。

马斯洛说："每个人都必须成为自己所希望的那种人。""能力要求被运用，只有发挥出来，它才会停止吵闹。""自我实现的需要就是使他的潜在能力得以实现的趋势。"这些话的确揭示了人类深层的本性。

人的自我实现的需要在我们日常生活中处处都可以看到。黑格尔举过一个例子：一个小孩用石片在水面上扔出了一连串的水圈，他从一串串的水圈中看到了自己的力量而感到满足和高兴。

有人曾经问过不少钓鱼爱好者：钓鱼的过程中什么时候最高兴、最快乐？他们一致的回答是：鱼上了钩，把鱼提出水面的时候。按一般人的想象，钓鱼大概是为了吃鱼，为什么最高兴、最快乐的时候不是在吃鱼的时候，而是在把鱼钓上来的时候呢？这恐怕是因为把鱼钓上来，让钓鱼人看到了自己的潜力、才能，从而满足了自我实现的需要。而吃鱼的目的倒在其次，因为吃鱼也可以去市场上买呀！

人们的本性就是注定要向前发展。如果停滞不前，人会无法忍受。有的人生活表面似乎平静，没什么变化，其实只是他的变化我们看不出来罢了，或者他的变化比一般人要小。但人向前发展的本性几乎没有什么不同。

世界上许多喜欢冒险的人，就是因为对平常的生活感到太习以为常了，没有新奇感，没有刺激感，使他们无法振作起来。就是为了追求那种刺激性，他们选择了那些表面上看似乎与自己过不去的活动来向自己挑战。

比如，比尔·盖茨那样的大富豪们，他们的钱已经足够他几辈子花的了，为什么还要辛辛苦苦、殚精竭虑地工作，在市场竞争中奋力拼杀呢？

说到底，他们无非就是要在自己的活动中实现自己想要实现的价值。这种心理追求是看不见、摸不着的，但是支配着许多人的行为，甚至赋予他们激情和韧性。

在新中国成立前，赵一曼本来出身于富裕的家庭，吃穿不愁，如果她像一般的女子那样嫁个家境相当的婆家，也许就过上了普通人甚至更加富裕的日子。可是她没有，而是偏偏选择了那条和她的出身似乎很不相符的非常艰难、危险的革命道路。这是为什么呢？这大概也是一种内心深处自我实现的需求支配了她，就是不以小我的幸福为幸福，而是渴望救国救

民，渴望作出一番事业。

向自己挑战，是不甘于现状的一种表现，是要发掘和贡献出新的东西。一位哲人说："评价一个人的成就，不仅要看他比前人多提供了多少东西，而且要看他比前人多提供了多少新东西。"比前人提供更多的新东西，有所作为，这正是人们所追求的。奥林匹克体育运动的格言是"更高、更快、更强"。更高、更快、更强，就是要提供新的东西。体育比赛为什么吸引人，关键在于它永远向极限挑战，永不满足于已有的成绩。

人生不如意十之八九——挫折必然性

生活在现实世界中的人，总会遇到许多不如意的事。比如生了病不能上班、上学、游玩，乘车外出突然车坏了，上街买东西买了伪劣产品，做饭切菜不小心切破了手，两口子拌了嘴，在单位受到了批评，工作没完成任务，恋爱婚姻失败，亲人亡故，等等。这些情况，在心理学上概括地称为挫折。

挫折的产生是不以人们的意志为转移的，不管你愿意不愿意，它是必然要发生的。它是一种普遍的社会心理现象，古今中外，即使贵为天子，富可敌国，也无法逃脱挫折。

一个人在一生中不知要遇到多少挫折。人生道路上，风风雨雨，坎坎坷坷，酷暑严寒，没有人能逃避。

为什么挫折不可避免而具有必然性呢？就是因为人的力量是有限的，而困难是层出不穷的。战胜了旧的，新的更大的困难又会冒出来。

在人类社会发展史上，每一项成就，每一次进步，都伴随着许多挫折和失败。

比如人类在发展生产力的过程中，形成的对环境保护问题的深刻认识，就是在挫折中获得的。

全长346千米的泰晤士河，像条彩带飘荡在大不列颠的东南部，然后从西插入伦敦市区，东流入海。

一个多世纪之前，英伦三岛成为"世界工厂"。无数的工业品通过泰晤士河运往海外，无数的矿产、羊毛、粮食、橡胶……从这里进入伦敦，使泰晤士河成为大英帝国的黄金之源。

然而，工业的发展虽然给英国带来了巨大的财富，但却造成了严重的环境污染。垃圾、化肥和农药残留物等有害物质充斥在泰晤士河中，伦敦的雨水还将大量烟尘和灰渣冲入河中，使河水发黑发臭，泰晤士河变成了一条死河。

与此同时，从工厂烟囱和无数居民家壁炉的烟囱中冒出的浓烟，又在伦敦上空形成了含有大量有害物质的浓雾，使伦敦成为"雾都"。市民的生命安全和身体健康面临着巨大的威胁。

严酷的事实使人们警醒——只顾经济发展，无视生态环境的恶化，人类必将受到惩罚。从此，英国政府开始重视环境保护，并采取了一系列的有效措施。到了1981年，伦敦的环境才开始大大改善。

尽管世上有无数卓越的科学家，但是面对人们预料不到的各种困难，人们仍需要从挫折中学到智慧。

对我们个人也是如此。其实生活中人们智力的差别往往没有我们想象的那么大。人们公认的一些天才人物，与其说他们智慧超凡，倒不如说他们战胜挫折的勇气超乎常人。比如爱迪生，为了找出适合做电灯的材料，试验了几千次，最后才成功。你说他聪明吗？如果聪明，怎能失败那么多次？其实他的聪明之处就在于，他不会被挫折打垮，他执著地试验下去，直到成功。

其实，一个人只要在前进，他就不可避免地会遇到挫折。因为几乎任何一个进步都是挫折带来的。正是因为过去的水平遇到了不可战胜的困难，才让你意识到需要提高能力。只有挫折才能让你意识到需要提高，没有挫折，

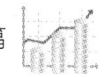

人只会止步不前。所以进步必是与挫折同在的。

因此有个名人说："成功的次数比失败要多一次。"也就是说，失败成功只是跌倒爬起的不断更迭而已，而最后一次，只要你爬起来了，你就算成功了。可是许多人看不到的，却正是成功者成功前的无数次跌倒。

态度决定一切的秘密——态度支配行为

俄国著名作家果戈理一直以勤奋写作著称。他坚持每天写作，甚至废寝忘食。他曾说过："一个作家，应像画家一样，经常带着铅笔和纸张。一个画家如果虚度了一天，没有画成一幅画稿，那很不好。一个作家如果虚度了一天，没有记下一个思想，一个特点，也很不好。"

有一次，果戈理请一位朋友到饭馆用餐，一份菜单引起了他的兴趣，于是他拿起笔来，在笔记本上抄写。饭菜上齐了，他还在埋头抄写，早把朋友忘到了九霄云外。朋友见他如此冷淡，嘟囔着："你是请我来吃饭，还是请我来陪你抄菜单的？"气呼呼地离开了饭馆。后来这份菜单被用在了果戈理的一篇小说中。

果戈理为什么会有这样与众不同的行为呢？从心理学来讲，他的行为体现了他的态度：就是把写作视为生活中最重要的事情。

所谓态度，体现的是一个人的主要价值观和自我概念。比如一个人如果认为生命的意义在于对美的追求，那么他对艺术就会持有积极肯定的态度；一个人喜欢维护正义，性格勇敢，他可能选择当一名警察；一个人如果原则性不强，就会显出与世无争、事不关己，高高挂起的态度……

总之，行为体现着一个人的人生态度，一个人的态度支配和左右着一个人的行为。态度往往决定着我们对外界影响的判断和选择。

国外有人曾做过一个实验：把普林斯顿大学和达得毛斯大学两校的足球

赛拍摄下来，再分别播放给两校学生看。结果普林斯顿大学的学生发现，达得毛斯球队犯规次数比裁判指出的多两倍。可笑的是，达得毛斯大学的学生则指出，普林斯顿球队有许多次犯规都没有受罚。

这两种不同的判断，是因为两校学生维护各自学校荣誉的立场和期望本校球队获胜的态度造成的。

有时候态度会增强我们的忍耐力。比如一个人对自己所属的群体有认同感、荣辱感，并忠诚于此，就会表现出巨大的能量和惊人的耐力。历史上许多革命者和爱国者身上惊人的耐力和牺牲精神，就和他们崇高的信念和对祖国人民的忠诚态度是分不开的。

在学习中，态度会影响到学习的效果。一般来说，对学习的意义了解的比较清楚，对学习抱有兴趣的人，会对学习采取认真、积极的态度，也便能有更好的学习效果。

同样，态度对工作效率也有影响。人们如果喜爱自己所从事的工作，了解自己工作的意义，就会认真努力地工作，也容易取得更大的成就。

据哈佛大学的研究发现，一个人是否能得到一份工作，85％取决于他的态度，而只有15％取决于他的智力水平和业务知识。

有一个女孩从化工专业的大专院校毕业后，被一家橡胶公司聘用，试用期为6个月。在她进入公司4个月后，公司要裁掉一人，因为她资历较浅，便被选中了，再有3天，她就得离职。

本来，女孩可以把工资结清就走，但她认为，她还是公司的职员，有义务把工作做完。最后那天，同事们让她下午不必来了，活由他们来干。但女孩没有同意，仍然和平时一样认真地工作。她把工作台清洗得一尘不染，把用过的烧杯和试管也摆放得整整齐齐。

第二天，劳资部负责人告诉她，她被留下来了。原因就是她突出的敬业精神和良好的工作态度。

米卢·蒂诺维奇在国足执教时，也一再强调"态度问题"。正是因为重

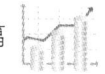

视了"态度问题",国足才能在2001年十强赛中表现突出,踢进了日韩世界杯,而米卢也入选了2001年"世界十佳教练"。

可以说,态度决定一切。有认真的态度和兢兢业业、一丝不苟的工作作风,做任何事都会有更大的成功概率。

规定指标就能提高效率——指标定律

曾有教育家做过这样一个实验:让小学生阅读一篇课文,在不规定时间的情况下,全班用了8分钟才完成,而当规定5分钟必须读完时,全班同学用了不到5分钟的时间就都读完了。

这个实验能给我们什么启示呢?

心理学家告诉我们,人做事情如果事先定一个指标,会有利于这件事情的完成。

让我们试想,一个人随心所欲地去做事,和被规定了完成指标去做事,哪一种效率更高呢?很多人都明白,后一种效率更高,虽然后一种会让人更不舒服。

但是人就是这样,天生有一种惰性,如果随着自己的性子,恐怕什么都不想干。我们必须要认清人的这个本性,在做事时,尽量避免惰性对我们的影响。

怎样战胜惰性呢?最好的办法恐怕就是做事时给自己规定指标。虽然我们经常有别人给自己规定指标,所以在没有人规定时,最好自己给自己规定一个,否则人就很难避免浑浑噩噩地混日子。

规定任务指标给任务接受者,会给他造成一种心理压力,这种心理压力可以激活任务接受者的行动,使他为了完成这个指标而作出各种努力。这就是"指标定律"。

指标在人生中就是目标。有这样一个故事：

有一个人经过一个建筑工地时，问石匠在做什么，三个石匠各有不同的回答。

第一个石匠回答："我在养家糊口，挣口饭吃。"

第三个石匠回答："我在做最棒的石匠工作。"

第三个石匠回答："我正在盖一座楼房。"

最后，前两个石匠做了一辈子的石匠，而第三个石匠则成为一个优秀的建筑师。

这个故事中的第三个石匠之所以最后取得比较高的成就，是因为他从一开始就给自己定下了成为建筑师的目标。这个目标激励着他去努力，去实现。当然目标不一定都能实现，但没有目标肯定什么都实现不了。

美国斯坦福大学做了一项调查——关于目标与人生绩效的关系。通过对一群普通人进行的25年的跟踪，调查者发现没有目标的人处于社会的最底层；目标模糊的人成为蓝领；目标明确的人成为白领，属于专业人士；目标远大，且把目标写在纸上的，不达目的绝不罢休的人，最后成为社会的顶尖人士、各行各业的领袖。

调查显示：目标对人生的积极影响极其重要。有了目标，就有了努力的依据，就有了动力。

有许多人，就像一艘在大海中失去方向的船，漫无边际地生活着，不知道未来在哪里，只是在原地打转，无奈地挥霍着生命。无聊、空虚的情绪长期占据心灵，自己没有可以倾注热情的事情，白白浪费了光阴。一张纸放在太阳底下不会燃烧，但用凸透镜把阳光聚在一个点上，纸就会燃烧。人一旦有了目标，生命就会开始聚焦。人才会在生活中发现新的契机，一步步向理想迈进。

规定指标，也是防止"吃大锅饭"、"滥竽充数"的最常用手段。在群体中，如果不规定出指标，就更容易乱套，人人都想偷懒耍滑，都指望

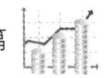

着别人去干。所以，无论对于个人，还是团体，指标都是达成目的的巨大动力。

大目标分成小目标才会有效——目标适度性

如果篮球架有两层楼那样高，那么对着两层楼高的篮球架子，几乎谁也别想把球投进篮筐，也就不会有人去做那犯傻的事。但是如果篮球架跟一个人的身高差不多，随便谁不费多少力气便能"百发百中"，大家恐怕也会觉得没啥意思。正是由于现在这个跳一跳才能够得着的高度，才使得篮球成为一个世界性的体育项目，引得无数体育健儿奋勇争先，也让许多爱好者乐此不疲。

篮球架子的高度启示我们，一个"跳一跳，够得着"的目标最有吸引力。这样的目标，人们才会以高度的热情去追求它。我们把这个定律叫"目标适度定律"。

日本有一个长跑世界冠军，记者采访他，问他是否有什么秘诀。他说，他在比赛前，往往先巡视一番整个赛道，把赛道中有特点的标志物记在心中，作为他比赛中的小目标。找到这样若干个小目标后，比赛一开始，他就想着要达到第一个目标，等达到了第一个目标，他就想着要达到第二个目标……这样，他把长距离的路程分成了若干段比较短的路程，心理上就不觉得压力有那么大了。这使他更有信心，也发挥得更好。

所谓够得着的目标，要能够看得见。你看得见它，才会觉得它就在不远处，是比较容易达到的。这会给你巨大的信心。

让我们再看一个相反的例子。

1952年7月4日清晨，加利福尼亚海岸笼罩在浓雾中。在海岸以西21英里的卡塔林纳岛上，34岁的费罗伦丝·查德威克来到太平洋，准备横渡加州海峡。如果成功，她将成为第一个游过这个海峡的女性。

那天早晨雾很大，她连护送她的船都看不到。15个钟头之后，她很累，全身冻得发麻。她怀疑自己不能再游了，而且她朝加州海岸望去，除了浓雾之外什么也看不见。于是便叫人把她拉上了船。

等到雾散了，查德威克才发现，人们拉她上船的地点，离加州海岸只有半英里！

后来，她对记者说："如果当时我看见陆地，也许我就能坚持下来。"她这并不是大话。这种心理我们每个人大概都有过，当你看到目标就在不远的前方时，你往往能鼓起余勇冲向目标。查德威克却因为看不清目标，而没有坚持到底，这在她的人生中是唯一的一次。

古语说："不积跬步无以至千里"，"万丈高楼平地起"。其实生活中任何大事情都是由小事情组成的。大目标比较遥远，而小目标则容易达到。我们做事的时候，如果觉得有些难，可以把它分成一步一步地做。

有个中学生每天睡懒觉，6：30起床。他的爸爸强迫他每天早晨5：30起床，6：00开始读英语，一下子提前了1小时，他觉得太难办到了。于是妈妈出面调解，允许他6：15起床，他才欣然答应。半个月后，妈妈又让他提前15分钟起床，他也同意了。这样一步一步，2个月之后，他就能在5：30起床了。

渐进的发展不容易被人察觉到。举一个反面的例子。国外的心理学家做过一个实验，就是把青蛙一下子扔到热水里，它会烫得受不了，并且一下子跳出来；但是如果把青蛙先放到冷水里，而把水慢慢加热，青蛙就感觉不出来，直到后来被烫死。这就是说，逐渐发生的变化，不容易被人感觉到，而突然的巨大变化，则容易让人承受不了。当然，我们应该正面地使用这个道理，懂得渐进对达成目标的作用。

怎样让人答应你的"大"请求——门槛效应

美国心理学家曾做过一个有趣的实验，派人随机访问一组家庭主妇，要求他们将一个小招牌挂在自己家的窗户上。这些家庭主妇愉快地同意了。

过了一段时间，研究者再次访问这组家庭主妇，又要求她们将一个不仅大而且不太美观的招牌放在庭院里。结果也有超过半数的家庭主妇同意了。

与此同时，他们派人随机访问另一组家庭主妇，直接提出将不仅大而且不太美观的招牌放在庭院里，结果只有不到20%的家庭主妇同意了。

这个实验说明什么呢？

它告诉我们，一个人接受了他人的一个小要求后，如果他人在此基础上再提出一个更高一点的要求，那么这个人就倾向于接受这个更高的要求。这样依层次逐步地对他提高要求，可以有效地达到预期的目的。

这是为什么呢？

当你向别人提出一个貌似"微不足道"的要求时，对方往往很难拒绝，否则，似乎显得"不近人情"。那么这种微不足道的要求人们在心理上完全能承受。

而一旦接受了这个要求，就仿佛跨过了一道心理上的门槛，就很难有抽身而退的可能。因为当再次被提出一个更高的要求时，这个和前一个有了继承关系的要求会让这些人容易顺理成章地接受。这是因为，人有一种想保持一致形象的心理，人们不愿意被看作是反复无常、莫名其妙的。有时也会因为是懒得解释。总之，这种情况比乍一上来就提出比较高的要求，更容易被接受。心理学家把这叫做"门槛效应"。它是一种非常有效的心理引导技巧。

这个定律比较多的应用在推销上。比如一个推销员，当他敲开门，可以跟顾客进行交谈时，他已经取得了一个小小的成功。在这种情况下，如果他能够说服顾客买一件小东西的话，那么他再提出进一步的要求，就很可能也会被满足。

这是为什么呢？因为那位顾客之前答应了一个要求，为了前后保持一致，他的确会有较大可能性接受进一步的要求。

有的孩子向妈妈请求可不可以吃颗糖果的时候，如果妈妈答应了，她可能会提出进一步的要求，"那可不可以再喝一小杯果汁呢？"妈妈经常也是会答应的。

这个心理定律给我们的启示是，当我们要提出一个比较大的要求时，可以不直接提出，因为这个时候很容易被拒绝。你可以先提出一个较小的要求，一旦被答应，你再提出那个较大的要求，就会有更大的被接受的可能。

 ## 动机太强，事情反而做不好——动机适度

孔子有个弟子叫颜渊，他向孔子讨教说："我曾经乘舟渡过一个深潭，艄公驾船的本领神奇莫测。我问艄公：'驾船到您这份上可以学习得来吗？'他肯定地回答说可以。善于游泳的人只要经过练习便可以学会，会潜水的人即使从未接触过船也能操作自如。对于艄公的一番道理，我不是特别理解，但是艄公又不肯作进一步解释，所以请先生给我讲一讲是怎么回事。"

孔子听了弟子的叙述，向颜渊解释说："游泳能手是不会惧怕水的，他对学习驾船不存在恐惧心理，心情完全是放松的；擅长潜水的人把陆上和水中看成一码事，把船行和车驶看成一回事，把翻船更不当一回事。所以，即使从没驾过船也能操舟自如，悠然自得。"

孔子还给他打了一个生动形象的比喻：一个参与赌博的人，用瓦块当

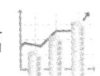

赌注，心理毫无负担，赌起来轻轻松松，对输赢泰然处之，反而常常获胜；他用衣物下注，就有些顾忌；如果他用黄金下注，那就会顾虑重重，心情紧张，生怕输掉赌资，因此便会患得患失。其实赌的规则和技巧都是相同的，由于产生了怕输的心理负担，技巧就难以发挥，也就更容易输掉。

孔子总结说：凡是以外物为重，怀有恐惧心理的，内心必然怯弱，行为也因此显得笨拙犹豫。相反，对结果抱达观态度，姿态放松的，会表现出最好的水平。

孔子的结论符合心理学上的动机适度定律。就是如果人的动机过强，就容易变得紧张，那么浑身肌肉收紧，思维也感到局促，甚至在极端的情况下，大脑会一片空白，还怎么能发挥出能力呢？只有在动机适度，人比较放松的情况下，才能也会得到充分的发挥。

心理学家通过分析动机强度与行为效率的关系发现，各种活动大多存在一个最佳的动机水平。这里的动机水平指的是，你有多么的渴望完成这项任务。动机不足或者过分强烈，都会使工作效率下降。

在某中学里，有一个特别聪颖而又性格内向的学生，高考前形成的焦虑情绪，使他的复习和练习越来越不顺手。一天下午他回到家后，把自己心爱的吉他砸得粉碎，若不是家长及时制止，电视机也将难免"灭顶之灾"。这是为什么呢？

学习或工作的动机和效果之间有着相互制约的关系。在一般情况下，动机水平增加，学习或工作的效果也会提高。但是，动机水平并不是越高越好，动机水平超过一定限度，学习或工作的效果反而更差。

美国心理学家耶克斯和多德森认为，中等程度的动机水平最有利于效率的提高。同时，他们还发现，最佳的动机水平与作业难度密切相关：任务较容易，最佳动机水平较高；任务难度中等，最佳动机水平也适中；任务越困难，最佳动机水平越低。这便是有名的"耶克斯—多德森定律"（简称倒"U"形曲线）。

在生活中，我们经常有这样的体会，有的事情，越想做好，越紧张它，越做不好，就是因为动机过强的原因。

据说演员演戏并非拥有越强的激情越好，而是要处于适度的激情状态。因为感情过于强烈，也就是表演的动机过于强烈，反而会影响水平的发挥，道理也是如此。

学坏要比学好容易得多——下坡容易定律

物理学上有个实验：斜坡上端的小球，往下滑不费力，且越滑越快；而往上推，则要克服重力。"上坡"就是消耗一定能量，上升一定高度，同时也蓄积了一定的势能。势能也可转变为动能，一旦释放就成为物理学中的"下坡"。人生的"上坡"和"下坡"也是这样。

做父母的常有这样的体会，想要帮助和引导孩子建立某一良好的习惯，可能一次又一次地监督甚至强制，孩子还是很难养成。而一种坏的行为习惯，不用教，孩子可能一下子就会了。父母不由地感叹：真是学坏容易学好难啊。

中国还有句古话："由俭入奢易，由奢入俭难"，也是同样的道理。

这似乎体现了人的一种天性：自由散漫一学便会，严守纪律、约束自己则难得多。人们说的"学好千日不足，学坏一日有余"就是这个意思。我们把这个心理定律叫做"下坡容易定律"。

那么人为什么会有这样的特点呢？这也许要从人性中本能的欲望和需求中寻找答案。

人类学家的观点是，人性首先是动物性的。攻击、破坏、放纵是动物的本能。为了得到生存的环境，为了得到生育后代的权利，动物世界中弱肉强食，最强悍、有力、放纵的动物才能生存下来。由动物阶梯进化而来的人类，也许仍没有完全摆脱这种动物本能的影响。

其次，守纪律、讲信用、爱劳动、爱清洁、勤奋好学等优良的品质，属于人特有的社会特性，是需要长期培养才能形成的。在培养优良品质的时候，个体需要对本能加以克制和约束。而松散、贪心、懒惰、自私自利等不好的行为，则是受人的生存驱动力的影响而来，它们源于本能的低级需求，是对欲望的放纵，一旦没有意志力的克制，就会自发地表现出来。

比如孩子玩完了玩具，一扔了事，既方便，又无约束，不用学也做得到。这是来自人的本性中的自私和散漫。而大人要求孩子玩好了把玩具放回原处，这种行为与本能是相违背的，需要有意志力和自控力，而这种品质是需要长期而严格的相应训练，才能形成的。所以中国古话说："成人不自在，自在不成人。"

当你在不懈努力向上攀登的时候，当你在艰难的环境中力求上进的时候，你正在"上坡"。但是，你费半天劲攀登上去的坡，一不小心，可能一下子就从那里滑下来。学好很难，就像爬上坡，意味着要不断地克服自己的惰性、不断地控制自己的欲望。而学坏却基本不用学就会。

比如以人类的本性，如果看到异性，可能会产生性冲动，但是在文明社会里，即使再冲动，如果不符合法律和道德的规范，也应该尽量克制自己。放纵当然容易，克制则是艰难的，这也许是人类文明的代价吧。但是克制会给我们带来更大的好处，那就是文明有序也更有效率的生活。

此外，人类社会还有一个规律，就是破坏比建设要容易得多。有名的巴米扬大佛，历经千年，是宝贵的世界文化遗产，可是一个晚上就被毁掉了。一片原始森林，也许长了许多年，可是一把火就能把它瞬间毁掉。辛辛苦苦挣来的钱，要想挥霍可以非常快，转眼就能没有了……

这样的例子太多了。这个定律提醒我们不要放松提高自己、完善自己的这根弦，因为向上攀登不容易，往下退步却是很快的。

人的天性倾向于竞争而非合作——竞争优势定律

有这样一个笑话：上帝向一个人允诺说："我可以满足你三个愿望，但有一个条件——你在得到你想要的东西的时候，你的敌人将得到你所得到的两倍。"于是这人开始提出自己的愿望，第一个愿望和第二个愿望都是得到一大笔财产，第三个愿望却是"将我打个半死"。

虽然这只是一个笑话，但却说明人们的竞争意识是多么强烈，即使自己挨点皮肉之苦，也要给敌人更大的苦头。现实生活中也不乏这样的例子。

在美国有这样一个真实的故事。一对夫妻因感情破裂而离婚，双方内心都充满了对对方的仇恨。根据法官的判决，丈夫应该把自己财产的一半移至妻子名下。于是丈夫便开始出售自己的车和房。但想到死对头会平白无故得到一大笔财产，他觉得很不甘心。一气之下，他竟将自己价值几百万美元的车和房以10美元的价格出售，结果当然是两败俱伤。这种做法的产生是因为仇恨导致的竞争心理超越了共同的利益。

社会心理学家认为，人们与生俱来有一种竞争的天性，每个人都希望自己比别人强，每个人都不能容忍自己的对手比自己强，因此，人们在面对利益冲突的时候，往往会选择竞争，拼个两败俱伤也在所不惜；就是在双方有共同利益的时候，人们也往往会如那位丈夫一样，优先选择竞争，而不是选择对双方都有利的"合作"。这种现象被心理学家称为"竞争优势定律"。

我们在日常生活中大概都看到过这样的事情：上公共汽车时，明明知道依次上车会更快，可是一看到车进站，大家便都会情不自禁地蜂拥而上。结果是许多人卡在车门口，半天谁也进不去。这样做的结果只是导致大家的上车速度全都变慢了。其实人们心里也不是不明白这个简单的道理，可是为什么还要那么做呢？

　　人往往就是这样不理性，明知道谦让一下，合作一下会对大家都有好处，可是每个人心里都想："凭什么要我谦让，别人怎么不谦让呢？"这样的结果是谦让和合作没有发生，人们还是陷入了竞争。

　　这也是"竞争优势定律"的作用，或者说，人们的天性更加倾向于竞争而不是合作。

　　竞争是人的本性，人在和别人争夺有限的生存资源的过程中，形成了竞争。而合作大多是在什么情况下发生呢？在社会环境中，人们往往根据力量对比的大小来决定选择竞争行为还是合作行为。如果对方的力量实在太大，那么，人们多半会选择与之联合共同完成任务，不愿拿鸡蛋碰石头。但如果人们自己有更大的力量，便多半会采用竞争。这就说明，竞争还是占优势的，合作往往是不得已而为之。

　　要消除"竞争优势定律"的负面作用，就要推崇"双赢"理论。合作，应该成为集体的主旋律，合作为我们每一个人营造了一个发展的氛围。著名的心理学家荣格有这样一个公式："我＋我们＝完整的我"。"绝对的我"是不存在的，"完整的我"应该是融入"我们的'我'"。这就是世界贸易合作组织中所推崇的"双赢"，"双赢"才是真正的赢。

　　林肯在任美国总统一职时，对政敌的态度引起了一位官员的不满。这位官员批评林肯不应该试图跟那些人做朋友，而应该消灭他们。林肯十分温和地回答说，"难道我不是在消灭我的敌人吗？"因为林肯是在化敌为友。

与旧睡袍别离之后的烦恼——配套定律

　　在18世纪，法国有个哲学家叫丹尼斯·狄德罗。有一天，朋友送他一件质地精良、做工考究的睡袍，狄德罗非常喜欢。可他穿着华贵的睡袍在书房走来走去时，总觉得身边的一切都是那么不协调：家具不是破旧不堪，就是风格不对，地毯的针脚也粗得吓人。于是为了与睡袍配套，他把旧的东西先后更新，书房终于跟上了睡袍的档次。可他后来心里却不舒服了，因为他发现"自己居然被一件睡袍胁迫了"。他把这种感觉写到一篇文章里——《与旧睡袍别离之后的烦恼》。

200多年后，美国哈佛大学经济学家朱丽叶·施罗尔在《过度消费的美国人》一书中，提出了一个新概念——"狄德罗效应"。就是说，人们在拥有了一件新的物品后，总倾向于不断配置与其相适应的物品，以达到心理上的平衡。我们把这种规律叫做"配套定律"。

生活中的"配套定律"是随处可见的。例如，别人送了一只高档的手表，如果要戴的话，就要配以相应的衬衫、西裤、外套、皮带、皮鞋、领带，皮夹子也要换成真皮的，然后眼镜也要换成更体面的，另外还要用香水，发型也要被打理一番，吃饭也必须出入更高级的餐馆，于是开销越来越大。还有如人们所说"女人的衣橱里永远少那么一件衣服"，"那一件"就是配套定律中用来和不同的场合、不同的鞋子、不同的首饰、不同的手提包相搭配的衣服。

人们买到一套新的住宅，为了配套，总要大肆装修一番，铺上大理石或木地板，配上红木等硬木家具。而出入这样的住宅，自然不能破衣烂衫，要有"拿得出手"的衣服与鞋袜……就此"狄德罗"下去，也许有一天会忽然发现男主人或女主人不够配套，于是可能就走上了离妻换夫的路子。

这种现象本质上倒是没有好坏对错之分，可以说是有利有弊。从大的方面来说，这可以促进国民经济的发展，因为它可以刺激消费和"内需型经济增长"，是件好事。但是对于个人来说，我们也应该意识到，人的欲望没有穷尽，而我们在一定阶段的财力是有限的，虽说"人往高处走"，但也应把握"适度原则"，避免环环相扣的"配套"，让自己透支。比如购物的时候先给自己一个定额，钱花光了就停止刷卡；一个时段制定一个要求标准，暂时达到了，就停止进一步的需求。

如果统治阶级追求享受上的"配套"，可能不会对自己造成损害，但却可能给国家和民族带来损失。商朝的时候，箕子看到纣王开始用象牙筷子吃饭，非常不安，认为商朝将要衰落。箕子说："大王现在用了象牙筷子，将来就一定要把杯子换成玉杯与之搭配；用了玉杯，将来一定会追求精美的食物与餐具相配，这样下去，大王的生活一定会越来越奢侈，国家将就此衰落。"

在今天的一些干部身上，仍可见到类似的现象。有的干部到了一定级别，不是先考虑如何尽职尽责，而是先讲究办公室要有多大，汽车排气量要达到多少，出差住的饭店是几星级。如此"配套"下去，个人待遇和消费水平倒是配套了，只不过为人民服务的宗旨和观念却不知跟谁配了套。

不敢做坏事的人是个普通人——道德动机

天真无邪的幼童，一看见新奇的玩具就要，想吃东西就动手去抓，他才不在乎应该不应该呢。平时，你只要留心观察儿童间的游戏就会发现，两三岁的孩子虽然表面上在一起玩，但实质上却没有游戏规则和合作精神，而是随心所欲，各行其是。可是，到了一定的年龄，儿童就会变得文质彬彬，知道什么该要什么不该要，玩弹子，跳皮筋都有一定的"规章制度"了。

儿童从"无法无天"到"循规蹈矩"，从以自我为中心到成为有道德观念的社会人的过程，就叫道德社会化。

当代著名心理学家皮亚杰认为，儿童的道德判断和智力是并行发展的，属于认识发展的一个阶段和一个方面。他把儿童的道德发展分成他律性道德阶段和自律性道德阶段。

皮亚杰为了了解儿童的道德认知发展，设计了一系列有关小孩的笨拙行为和偷窃事件的两难故事，要求小孩在判断故事主角的好坏程度，并说明理由。

其中有这样两个故事：有一个叫杰思的孩子，他妈妈叫他去吃饭。他进饭厅时，不知道妈妈在饭厅门后的椅子上放了一个盘子，所以推门时把盘子里的15个杯子全部打碎了。另有一个叫思瑞的孩子，当妈妈不在时，他想吃放在碗柜里的果酱。由于果酱放得高，他没有办法拿到，于是就试了很多次，在这个过程中，他把一个杯子碰落在地打碎了。

讲完上述两个故事后，皮亚杰就问接受测验的小孩：上述的两个男孩哪一个比较坏?

结果是，年龄小的孩子大多会认为，打碎15个杯子的男孩比较坏。这是因为他们对行为的道德判断，只看结果，不看动机，只看打碎杯子的多少，而不看为什么会打碎杯子。这说明他们的道德观念还处在他律阶段，属于客观取向。

而七八岁的孩子就不一样了。这个年龄的孩子，有的认为打碎一个杯子的男孩比较坏。他认识到第二个小孩虽然只打碎了一只杯子，但他是因想偷果酱而打破的。这些孩子已经开始把行为的后果和行为动机、意图结合起来考虑了。这说明他们的道德观念已发展到自律阶段，也就是道德评价由客观取向转为主观取向。

而对错误行为的处罚，孩子们是怎样看待的呢?

处在他律性道德阶段的幼童，一般会认为：一个人犯了错误应该给予处罚，而任何可以使他痛苦的方式都可以，比如打骂、不给玩具、取消零用钱等；并且这些处罚方式可以和所犯错误的类型和程度无关。

而进入自律性道德阶段的比较大一点的孩子，则认为处罚方式应该结合错误的性质和程度，以便使受罚者能清楚地认识到他的错误所在。如打碎邻居的玻璃，他应该挪用自己的零用钱去赔偿，游戏时殴打他人，就该不被允许继续玩。

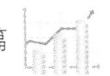

　　总之，无论是对道德的判断还是对处罚的看法，都证明道德的自律是比他律更高级的阶段。这在成人世界里也是如此。一个不敢去做坏事的人，和被动地去做好事的人，只能算作普通人；而一个自觉不违犯道德、主动去做好事的人，才算是一个好人。

第四章　别让情绪左右你

——情感篇

陌生女人向你倾诉不停——情感宣泄

李先生曾遇到过这样一个奇特而又有点可笑的事：

一天深夜，他突然接到一个陌生女人打来的电话，对方的第一句话就是"我恨透他了！"

"他是谁？"李先生奇怪地问。"他是我的丈夫！"李先生想，噢，她是打错电话了，就礼貌地告诉她："你打错电话了。"

可是，这个女人好像没听见他的话似的，继续说个不停："我一天到晚照顾孩子和生病的老人，他还以为我在家里享福。有时候我想出去散散心，他都不让，而他自己天天晚上出去，说是有应酬，谁会相信……"

尽管这中间李先生一再打断她的话，告诉她，他并不认识她，可她还是坚持把话说完了。

最后，她对李先生说："您当然不认识我，可是这些话已被我压了很久，现在我终于说了出来，舒服多了。谢谢您，对不起，打搅您了。"

这个事情似乎有些可笑，但其实也有辛酸的一面。这个女人因为积压了过多的不良情绪，已到了不得不发泄的程度。为了自己心理的健康，她只好选择随便找个人发泄一气了事了。还好，李先生的倾听让她暂时得到了情绪的缓解。这个女人是让人同情的。如果她不及时地发泄，也许会出现精神错乱甚至更可怕的后果。

实际上，生活中的许多灾祸，不就是在情绪无法得到正常宣泄的情况下，而采取了失去理智的疯狂举动么？而这种疯狂举动成了这个人唯一的发泄渠道。这种情况是需要我们尽力避免的。

我们每个人在一生中都会产生数不清的意愿、情绪，但最终能实现、能满足的却并不多。有些人认为，对那些未能实现的意愿、未能满足的情绪，应该千方百计地压抑下去、克制下去，而不能让它发泄出来。但是他们不知道，这样的情绪和意愿被压制，就会产生一种心理上的能量，而这种能量只有通过其他的途径才能释放出去，但它却丝毫不会减少。这就好像物理学上的"能量守恒定律"。

即使在压抑、克制阶段你意识不到它的存在，但也只说明它从"显意识层"，转移到了"潜意识层"，对你的影响仍然存在，而且一直在找机会真正发泄出去。

打个比方，情绪就像大水，你不让发出去，而是像往水库里蓄水那样积压它，就只能是越涨越高，在心理上形成一个强大的压力。因为要想它不外流，就必然要在心理上高筑堤坝，而这势必使人在心理深处与外界日益隔绝，从而造成精神的忧郁、孤独、苦闷和窒息。如果这股暗流汹涌到一定程度，就会冲破心理的堤坝，使人产生一些变态的行为，甚至导致精神失常。

实际上，对于这样的情绪，最好的办法是疏导，而不是堵塞。因为堵塞只能是暂时的，到一定程度就会造成"决堤"，那时情况失控，就更严重了。

当然合理的宣泄有两个要点：一是宣泄情绪，二是解决问题。这就像高

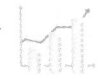

压锅做饭，一方面气要适当放掉，另一方面饭要做好。如果只起泄掉气的作用，那么，拿掉整个锅盖岂不是使气释放得更快？但那样一来饭却夹生了。

在冲突过程中，不能只顾一味地"撒气"，搞毫无道理的只是利己的冲突，做盲目冲突的无用功。宣泄应该是无害的，最好还是建设性的。一有怒气就大动肝火，一有痛苦就大哭大嚷，一有冲动就蛮干一通，并不是真正的宣泄，因为它反而会激起新的不良情绪。

宣泄时，尽量不要指责别人，用诉苦的方式，才更容易获得别人的理解。或者也可以将注意力转移到另外一件对任何人都无害的事上，比如听音乐、做运动、自言自语、写日记、找心理医生等，都是很好的宣泄方式。

人们为什么会迁怒于他人——情绪转移

张总经理对公司的状况不大满意。在一次办公会议上，他作了激励的讲话，保证自己将以身作则，每天做到早到迟退，率领大家努力扭转公司的颓势。谁知几天后的一个早晨，张总经理看报入了迷，出发的时候，离上班时间只剩几分钟了。他匆匆忙忙地开着车，闯了两个红灯后被警察扣了驾驶执照。

张总经理感到气急败坏，他抱怨说："今天活该有事，我向来遵纪守法，该死的警察不去抓小偷，却来找我的麻烦，真是可恨！"

回到办公室，正好碰到销售经理来向他汇报工作。他不带好气地问销售经理上周那笔生意敲定没有？销售经理告诉他还没有。

张总经理吼道："我已经付给你7年薪水了。现在我们终于有机会做成一笔大生意，你却把它弄吹了！如果你不把这笔生意争回来，我就解雇你！"

销售经理一肚子的不满，心想："我为公司卖了7年力，公司少了我就会停运，张总经理不过是个傀儡。现在，就因为我丢掉了一笔生意，他就恐吓要解雇我，太过分了！"

他回到自己的办公室，问秘书："今天早上我给你的那五封信打好了没有？"秘书回答说："没有。我……"销售经理冒起火来，指责说："不要找任何借口，我要你赶快打好这些信件。如果办不到，我就交给别人。虽然你已经在这儿干了3年，但并不表示你会一直被雇佣！"

秘书心里想："有病啊！3年来，我一直很努力地工作，经常加班加点，现在就因为我无法同时做两件事，就恐吓要辞退我。简直是欺负人！"

秘书下班回家，看到8岁的孩子正躺着看电视，短裤上破了一个大洞，她就叫起来："我告诉你多少次，放学回家后不要去瞎闹，你就是不听。现在你给我回到房间去，今晚不许看电视了！"

8岁的儿子走出客厅时想："妈妈连解释的机会都不给我，就冲我发火，真不讲理。"这时，他的猫走到跟前，小孩一生气，狠狠地踢了猫一脚："给我滚出去！你这臭猫！"

看，张总经理的消极情绪通过漫长的链条，最后传导到了秘书家的猫身上。

其实这样的情绪转移现象在生活中并不少见。一个人的不良情绪一旦无法正当发泄和排解，会怎么样呢？这时他往往会找个出气筒，把情绪转移到别人身上。

人的情绪是很容易扩散和蔓延到周围的人和事上的，有时甚至是无意识的，自己也很难控制。

但是无论如何，拿别人撒气是不对的，对别人是不公平的。我们肯定不希望别人把我们当出气筒，那么己所不欲，勿施于人，我们也该克制自己的情绪，不要向别人乱发脾气才好。

那么遇到不良情绪该怎么办呢？没有别的办法，只能自己想办法化解。我们应该学会调整情绪的方法，及时扭转不良情绪，避免它的蔓延。让我们再看看下面这个例子。

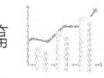

有一天，姜先生来到一家珠宝店，走近柜台，把手提包放在柜台上，开始挑选项链。这时，一位男士推门走进珠宝店，也来选珠宝。姜先生礼貌地把包移开，但这人却愤怒地瞪了他一眼，意思是，他是个正人君子，无意碰到姜先生的手提包。他还觉得自己受到了侮辱，于是便摔门而去，临走时还说："哼！神经病！"

莫名其妙地被人骂一句，姜先生很生气，也没心思买珠宝了，于是他离开珠宝店，开车回家。

马路上碰巧堵车，姜先生非常烦躁：哪儿来这么多的破车；这些臭司机简直不会开车；那家伙开得那么快，不要命啦；这家伙水平太臭了，怎么学的车……

在一个十字路口，他遇上一辆大型卡车，那辆卡车先慢了下来，司机伸出头向他示意，让他先过，脸上带着友好的微笑。不知怎么，姜先生的一肚子不快，一下子烟消云散了。

但愿我们每个人都能像这个卡车司机一样，用自己的好心情给别人带来愉快，而不要让不良的情绪无限蔓延。

另外，我们要懂得原谅别人。当别人对我们不友好时，不一定是真的对我们有什么恶意，也许他遇上了不顺心的事，一时转不过来弯，不知不觉地就把气撒到了我们身上。对这样的人，我们也不必过于计较，要尽量宽容待人。

越是禁止的东西，人们越感兴趣——禁果定律

《圣经》里亚当和夏娃的故事恐怕是人人皆知。上帝不让亚当和夏娃吃伊甸园里的智慧果，可是他们却更感到好奇，最后终于经不起蛇的诱惑，吃了智慧果。作为惩罚，他们被赶出了伊甸园，过起了艰难困苦的生活。

其实这种对禁果的好奇心理在人类中是很普遍的。人总是这样，越是被禁止的东西或事情，越会对它产生好奇和关注，内心充满了窥探的欲望和尝试的冲动。这种现象在心理学上叫做"禁果定律"。

很多人不知道的是，今天我们生活中司空见惯的食物——土豆，刚被人发现时，就是因为被当作禁果而得到了推广。

故事是这样的：土豆被从美洲引进法国时，很长时间没有得到认可。宗教迷信者把它叫做"鬼苹果"，医生们认为它对健康有害，而农学家则告诉人们，土豆会使土壤变得贫瘠。这些"权威人士"的论断，使土豆成了不受欢迎、稀奇古怪的东西。

著名的法国农学家安端·帕尔曼切在德国当俘虏时，亲自吃过土豆。他尝到了土豆的"甜头"，就想回到法国后，在自己的故乡种植它。可是因为那些权威人士的论断，谁也不相信他，谁也不敢种土豆。

后来他灵机一动，想出了一个办法。

1787年，他得到国王的许可，开始在一块出了名的低产田里栽培土豆。按照他的要求，一支身穿仪仗服装的、全副武装的国王卫队看守这块土地，但只是白天看守，到了晚上，警卫就撤回了。

这使人们非常好奇，是什么好东西需要这样煞有介事地看守？一定是好东西，才怕别人偷啊。人们这样一想，就猜测土豆一定是非常美味或很有好处的食品，就禁不住馋涎欲滴。于是他们商量好，晚上就来偷挖土豆，种到自己菜园里去。

不用说，土豆得到了很好的推广，人们发现它是一种风味独特的食品，没有任何可怕的地方。帕尔曼切就这样达到了目的。

人的心理是多么奇怪啊！难道禁果就格外香，格外甜么？

其实这是由人们与生俱来的好奇心决定的。人们渴望揭示未知事物的奥秘，本来一个平常的事物，如果遮遮掩掩，就会大大吊起人们的胃口，促使人们非要弄到手，研究个明白不可。否则这种好奇心就会一直折磨人们的心灵。

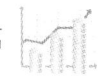

人们觉得被禁的东西，或是某些人想专有的东西，一定是因为太好，而舍不得让所有人用。这就使得人们推出被禁的东西就是好东西的结论，并且才分外向往。

况且花费心思和力气弄到的东西，能使人们有一种成就感，与对待易得的东西比较起来，人们会更加珍惜。这也是惯常的心理。

生活中"禁果定律"是很常见的。

比如，历代统治者经常把他们认为是"诲淫诲盗"的书列入"禁书"之列，如我国的《金瓶梅》，西方的萨德、王尔德、劳伦斯等人的作品。但是被禁不但没有使这些书销声匿迹，反而使它们名声大噪，让更多的人挖空心思想要读到它们，因此反而扩大了它们的影响力。

又比如，有些家长总是喜欢禁止孩子做这做那，不让孩子读不健康的书，不让早恋、不能玩游戏、不允许网络聊天等。但是如果一味地严厉禁止，却不讲明利害，就容易产生"禁果"效应，增强孩子的好奇心。

为什么会有急中生智的现象——情绪应激

也许我们都还记得小学课本里学的"司马光砸缸"的故事。那时，司马光不到10岁。

有一天，司马光跟小伙伴在一起玩得正起劲，忽然一个在水缸上玩耍的小伙伴，一不小心掉进了水缸里，他在水中拼命挣扎，吓得大声呼救。水缸很大，要爬上去也不是很容易，而且小孩子力气小，也很难把这个伙伴拽上来。

怎么办呢？周围的孩子都吓得变了脸色，只有司马光比较镇定，他环顾四周，忽然发现了一块大石头，于是灵机一动，想出一个办法。虽然那块石头对他来说沉了一点，但他还能拿得动，于是他搬起石头，猛力向水缸砸去！

只听"咣当"一声巨响，水缸破了个大洞，水哗啦一下流出来，孩子们七手八脚地把小伙伴从缸里拉了出来。

司马光不愧是个天才人物，从小就体现出与众不同的临机应变的心理素质。

在意料之外的紧急情况下，人会产生极度紧张的情绪，心理学上把这叫作应激。当情绪处于高度应激状态时，人的应激水平快速发生变化，表现为心率、血压、肌肉紧张度发生显著的变化，大脑皮层的某一区域高度兴奋。在这种情况下，一方面，人们可能急中生智，作出平时不能作出的勇敢行为，发挥出巨大的潜能；但另一方面，也可能心绪紊乱，惊慌失措，作出不适当的行为，而司马光显然属于前者。

似乎许多伟大人物都具有冷静的心理素质和超常的智谋。比如拿破仑就曾在一个应激的状况下，急中生智，救了自己的士兵。

有一次，拿破仑骑着马穿越一片树林，忽然听到一阵呼救声。他扬鞭策马，来到湖边，看见一个士兵边在湖里拼命挣扎，边向深水中漂去。岸边的几个士兵慌作一团，因为水性都不好，他们不知该怎么办。

拿破仑问旁边的那几个士兵："他会游泳吗？""只能扑腾几下！"拿破仑立刻从侍卫手中拿过一支枪，朝落水的士兵大喊："赶紧给我游回来，不然我毙了你！"说完，朝那人的前方开了两枪。

落水的士兵听出是拿破仑的声音，又听说拿破仑要枪毙他，一下子使出浑身的力气，猛地转身，扑通扑通地游了回来。

拿破仑给那位落水士兵的强烈刺激，使他精神一振，进入心理学的应激状态，于是他才使出全部力量和智能，自救成功。

有句成语叫"急中生智"，说的就是这种情况。

不过，急中生智可并不是总能发生的。有的人，急中不但不能生智，反而会吓得慌了神，反而"不智"了。有人认为，急中生智是一种学不会的天赋。其实不然，现代心理学研究发现，急中能否生智，取决于三个条件。

一是急中要"冷"，就是冷静。人越到需要紧迫作出决定的时候，思维越容易混乱，甚至思考能力干脆停止了，这样哪里还能生智？其实情况越急，心里越要不急，才想得出办法。总之，要培养在任何情况下都能保持冷静的心理素质。

二是急中要"变"，也就是善于变向思考。一般的，定向思维在"急中"生不了智，常常是变向思维让你"计上心头"。

三是要有比较丰富的知识。平时要训练自己的头脑，积累丰富的知识，在紧急时刻才有办法可想。

内心生活丰富的人，不易寂寞——寂寞情绪

有一次，几个心理学系的大学生误了火车，而下一趟车得等3个钟头。开始的时候，他们感到很寂寞，可是有人问："什么是寂寞呢？让我们来看看候车室里谁最寂寞吧。"大家有了事干，立刻不感到寂寞了。

他们看到一个姑娘手里捧着一本书，专心地读着，不管她读的是教科书，还是小说，她是不会寂寞的。这很明显。再看看那两个下袖珍象棋的小伙子，当然他们也不寂寞。

学生们又把目光转向一对年轻的情侣，他们难分难舍，互相凝视着，恨不得那拆散他们的火车永远不来才好，他们哪有什么寂寞？

有一个年轻人，百无聊赖，只好读起车票价目表来，看来他挺寂寞的。

有一位少妇，无精打采，她身边六七岁的女儿拖着长腔哭着："妈妈，火车什么时候来呀？什么时候来呀？"真是两个寂寞的人。

那么，寂寞究竟是什么呢？

从心理学上看，当没有外界刺激进入经过休息的大脑皮质，而皮质上同时又有决定着期待什么的东西时，就会产生寂寞感。正是这种生理原因，使

寂寞者的皮质神经动力有别于单纯想睡觉的人。也就是说，困倦的人并不属于寂寞的人。

寂寞在某种程度上与期待相似。它总是与想改变条件并得到积极活动可能性的愿望有联系。因此，重病患者一般不会感到寂寞，而对于正在恢复健康的人来说，却比较容易寂寞。

心理学家发现，如果一个人的内部世界越丰富，他的寂寞感就越少。因为这样的人，随便干点什么活，就会比较容易填满无所事事的时间。曾有实验在囚徒身上检验过这条规律。在今天，挑选和训练宇航员时，要把他们长时间安置在与外界完全隔绝的专门的舱内，进行这种测验。也就是说，宇航员必须要有较强的抗寂寞能力才行。

此外，你看许多热爱自己工作的科学家，虽然经常独自研究做实验，但却不会感到寂寞。他们投入工作，乐在其中。还有孔子，一大把年纪，仍然"发愤忘食，乐以忘忧，不知老之将至"，也丝毫不感到寂寞。

有些平时情绪很正常的人，一到星期天就感到很郁闷，有人管这叫"星期天沮丧症"。照理说，辛苦工作了1个星期，到了休息的日子，自己可以支配，应该高兴才对，可是对有的人来说，寂寞感却会突然袭来，因为在工作之外，他们没有学会怎样对抗寂寞。这种情况较多发生在单身一人的时候。看到别人都去约会、活动，自己就会感到寂寞苦闷。

"星期天沮丧症"还因为星期天过后将会面对很多工作，人们就会在星期天感到心情烦躁。针对这种情况，心理学家建议人们对周日的活动应尽早作出筹划和安排，多搜集有关信息，如郊游、聚会、娱乐、充电等，尽量让自己过得充实。

心理学家还纠正了一种错误的观念，就是认为社交圈的大小与寂寞的多少有关。其实不论你接触多少人，只要有亲密的朋友，就不会感到寂寞。如果你认识很多人，却少有亲密的朋友，也一样会寂寞。

科学家发现，寂寞对人类的免疫系统有一定的损害。我们应该主动去和

人接触，多培养业余爱好。实际生活中有趣的事情无穷无尽，只要我们善于发现，就很容易驱走寂寞。

厌恶感是高等动物的标志——厌恶情绪

战国时期的齐国有一个小镇，镇上住着两个自命不凡、爱说大话的人。他们平时总爱自夸为全世界最勇敢、最不怕死的人。他们一个住在城东，另一个住在城西。

有一天，这两个自诩为最勇敢的人碰巧同时来到同一家酒楼喝酒，两人寒暄了一番后，便选中一张桌子坐下来，一起喝酒。他们喝了一会儿酒，又聊了一会儿天，渐渐觉得有酒无肉实在有点乏味。其中一个"最勇敢"的人提议说："老兄，咱们叫酒店厨师弄点肉供我们下酒。"

另一个"最勇敢"者答道："不必了，你我身上不都长着肉吗？听人说腿肚子上的肉是精肉，我们将自己的肉割下来下酒，又新鲜、又干净，不是更好吗？"第一个"最勇敢"者也不甘示弱，就只好同意了对方的提议。

于是，每个人喝了一碗酒后，他们各自抽出身上的腰刀，在自己的腿上割下一块肉，放在酱盆里蘸一下，就吃了下去。就这样，他们边喝酒，边吃肉，当然，没过多久，他们就因为失血过多而相继死去了。

我们看到这个故事，一定觉得这两个人太愚蠢了。也许这只是个寓言故事。勇敢本来是很好的品质，它能帮助我们战胜危险和困难。但是盲目的逞勇斗狠却是无聊的行为，是愚蠢而可悲的。况且吃自己的肉，是一件多恶心的事情，如果我们对这种行为感到厌恶的话，就不会作出那样的蠢事了。

厌恶，是人人都体验过的一种情绪。厌恶心理具有种类和程度的差别，既有强烈的，如看见就想呕吐，听到就觉浑身痛苦难忍的；也有程度轻微的，如不大合得来，不想见面等。对于厌恶的人或事，既有采取敬而远之、畏惧、回避等消极办法的，也有采取攻击性的积极办法的。

厌恶情绪似乎是一种比较消极的情绪。因为惧怕某一个人，似乎可以说明你有弱点；而讨厌某一个人似乎说明你任性、固执、有偏见。

其实，仔细分析厌恶的心理活动，就不难发现，厌恶心理也有它积极的一面。心理学理论认为，回避厌恶本身常常可以产生自身防卫的效果。

"厌恶"、"讨厌"等判断的产生，正说明了人在一定条件下的行为，是经过选择的结果，而不是盲目的行为。

厌恶感是高等动物的一个标志。比如拿高等动物类人猿和低等动物蛇相比，就会发现类人猿具有丰富的厌恶情绪。它往往会避开强敌，因此不会在那些不可能取胜的搏斗中身负重伤甚至丧命。而蛇呢，它只要开始与对手搏斗，就会拼到用尽最后一点体力，因此常常落个惨败的下场。这说明，蛇不具备根据实际情况选择对手的能力。

同样道理，在人类社会里，性格内向、生性老实的孩子同天不怕地不怕的孩子相比，虽然缺乏积极性、进攻性，但也有一个优点，那就是行为中有较大的选择余地，对于"敌我双方"力量对比情况的判断往往比较客观。所以，他们具有很好的防卫本领，不会为不可能取胜的"搏斗"而弄得头破血流。

如果上面故事中的那两个"最勇敢的人"能像一般常人一样，对"好勇斗狠"有深深的厌恶感，那怎么又会无谓地送命呢？

孟子说："君子不立危墙之下。"

其实，在很多时候，我们所厌恶的事情，往往是对我们不利或对别人不利的事情，也是我们不该做的。比如我们对撒谎一般都有一种本能的厌恶，但是为了某种利益，我们却可能违背自己的本性，去欺骗别人，达到自己的目的。但是事后，我们可能又会为此感到厌恶。如果经常做这样品行不端的

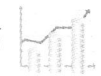

事，久而久之，会让我们的心态变得很不好。而有时我们热心帮助别人，即使暂时吃点小亏，也会因为心灵的满足而感到愉悦。

娶不到心上人就发誓要干一番事业——心理代偿

老刘在一个研究所工作，他为人正直，工作勤奋，是所里的骨干。可是很多年过去了，他却一直也没有如愿评上工程师职称。他感到很不服气，可是又没有办法，于是逐渐变得郁郁寡欢，有时还因为一点小事和人发脾气。

同事老黄是与老刘一起分到研究所的，情况差不多，也是几次没评上工程师。老黄一开始也很苦恼，可是时间一长发现解决不了问题，还搞的家里、家外很紧张，就改变了心态。他立志要开始发奋，几年来，不仅自费学了英语，还学起了商业管理知识。后来他出去搞了一个民办科技实体，干得红红火火。

这两个人遇到了同样一件事，却一个苦恼，另一个快乐；一个消极，另一个积极。老刘孤注一掷，甘心"一棵树上吊死"，不寻找其他的出路。如果唯一的精神寄托一旦失去，人就会变得萎靡不振。

而老黄则不然，采取狡兔三窟的策略，信奉"活人哪能叫尿憋死"的道理，自己积极寻找别的出路，这条路不通，就走另一条，将注意力和精神追求转移开来，反而因祸得福。这就是心理代偿的巨大作用。

当人遇到难以逾越的障碍时，有时会放弃最初的目标，通过达到实现类似目标的办法，谋求要求的满足，这种做法叫作"代偿行为"。

比如，本来想去打网球，可是下雨了，不能打了，就可以选择室内打乒乓球；本来想进A公司没能进去，就转而争取进入条件相当的B公司；和甲的恋爱没有成功，于是把和甲有相似特征的乙当成了新的追求目标，等等。

在以上的例子中，我们说后者对于前者具有代偿价值。

心理的代偿往往是对现实中不足的弥补，它可以起到转移痛苦，使心理平衡的作用。

代偿行为有一个特征：假如 B 与 A 相比非常容易达到，或是价值不如 A，就不容易对 A 形成代偿。只有当 B 与 A 很相似，得到 B 的困难度比 A 相似甚至更大时，B 才具有较大的代偿价值。

当然，代偿行为并不是在任何情况下都会产生的。对于最初目标的渴望如果非常热烈、迫切，就很难找到能够代偿的东西。所谓"曾经沧海难为水，除却巫山不是云"，那恐怕谁也没有办法了。

而且，在代偿行为中还有一种很特殊的情况，那就是把自己的欲求转移到能获得社会高度评价的对象物上去。这种情况在心理学上叫"升华"。这个名词是弗洛伊德创造的，按弗洛伊德的观点，所有的高层次活动都是"性欲"升华的结果。

某高校里有一位老教授，年轻的时候曾经与一位非常优秀的知识女性热恋。但遗憾的是，阴错阳差，那位女士却成了别人的新娘。这对他的打击很大，觉得再也找不到赶得上那位女士的人，就一生未婚。他把所有的精力和热情都投入工作中，成了一代学界泰斗。这就是升华的巨大作用。

生活中也常见到升华的例子，比如有些人为了发泄攻击欲，练习拳击，结果成了拳击运动员。还有些人特别执著于艺术品的制作，孜孜不倦，最后成为艺术家。

强刺激能使人走出心理误区——当头棒喝定律

佛教中有一个宗派叫"禅宗"，它形成于唐代。禅宗对佛教有一个独特的认识，就是认为佛法不可思议，不能够用语言描述清楚。甚至一开口就会

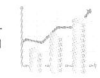

错，一用心也会错，总之，是只可意会，不可言传，只能用感觉去体悟。

为了打破学佛者的执迷，禅宗有一个特殊的能促使学生开悟的方法，叫作"当头棒喝"，简单地说，就是在合适的时机，对执迷不悟的弟子，使用呵斥和棒打的方法，以这种强烈的刺激，促使他突然开悟。

它的来历是这样的。有一个弟子上堂，问师父："什么是佛法大意？"师父就拿棍子打他，并向弟子大喝一声。弟子问了三次，师父打了他三次。其实师父这样做，没有什么敌意，而是想让弟子明白，这个问题是不能用语言来回答的，如果要师父用语言回答，是很荒谬的。

之所以用这样的方法，是有其心理学依据的。心理学上有这样的规律：在必要情况下，强烈的刺激可以促使个体突然之间打破僵局，走出心理的误区。借用"当头棒喝"的典故，这个定律就叫"当头棒喝定律"。

在我们当今的教育中，"当头棒喝"也是一个在某些情况下不可替代、非常有效的方法。这里的棒喝可以理解为纪律处分、严肃批评，是对沉溺于错误的学生的一种突然性的处罚、惩戒。

正是要以其突然性，给学生以震惊的感觉，才有可能促使其突然醒悟，留下深刻的印象，并改正自己的错误。

教育学家告诉我们，没有表扬的教育是失败的教育，没有"棒喝"的教育同样不会成功。比如一个上课总在偷玩玩具的学生，老师反复示以眼色，他仍接着玩。于是老师点名让他把玩具放到讲台上，并当即让他写出刚讲的一个公式。这个举动极大地震惊了学生，可能使他终生难忘，今后他也不会在课堂上搞小动作了。

但是"强刺激"一定要注意适时、适人、适地。运用惩罚手段应当注意的是：惩罚的目的是教育，必须让学生认识问题所在，同时体验到老师的爱心、善意和尊重。而且惩罚应当合情合理、公平、准确。要避免那种主观、武断和随意的惩罚。

在心理治疗中，"当头棒喝定律"有时也有其独特作用。

王强是高二学生，他患了强迫症。洗一件衣服要1小时，还喜欢反复关门……

这一天，父母把心理医生请到家里。晚上7点，大家坐在一起看电视，王强又借口衣服脏了而开始认真地洗起自己的上衣来。他连搓带冲，翻过来，倒过去，折腾起来没完没了。

心理医生看到了，突然在茶几上用力一拍，大声说道："王强，够了！"王强大吃一惊，惊恐地停下来，看着心理医生。心理医生夺过他的上衣，高声对其父母说："你们看，这件上衣我是看他前天才开始穿的，根本不脏。"说着他便迅速地把衣服冲清拧干抖开递给王强，"看看，跟你花20分钟洗的效果一样。"

把衣服晾好以后，心理医生转身对其父母低声说："以后你们一发现王强有这种症状，就这样提醒他，多做几次，慢慢便会有效果。"果然，6个月后，王强的症状就奇迹般地消失了。

为什么一首乐曲让很多人自杀了——情绪共鸣

四面楚歌这个成语大概许多人都知道，形容的是四面受敌、绝望无援的境况。

秦朝末年，楚汉相争，在垓下，刘邦和项羽展开了决战。刘邦军队把项羽的军队包围了。为了减弱项羽军队的抵抗力，谋臣张良在彭城山上用萧吹起悲哀的楚国歌曲，让汉军士兵中的楚国降兵随他一齐唱。这些歌曲传到楚军营中，使楚军不由得产生了缠绵的思乡之情。思乡之情蔓延开来，大家的斗志大大松懈。思念家乡，人们就会厌战，谁都渴望赶快回到家乡，和亲人团聚，而不愿意在这场几乎败局已定的战争中白白牺牲自己的生命。

谁都知道，战争中，士气是极为重要的。这首歌曲中浓浓的乡情，使

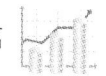

楚军的战斗力大减。结果项羽营中的许多士兵在这首歌曲的感染下，有的逃跑，有的斗志松懈，认为宁可投降，保全自己的性命。在这种士气下，项羽军队在战斗中败给了刘邦的军队，项羽兵败自杀，刘邦得了天下。

张良的这一成功的计谋，实际上不自觉地利用了人类的"情绪共鸣"这一心理学原理。现代心理学指出，在外界作用的刺激下，一个人的情绪和情感的内部状态和外部表现，能影响和感染别人。在一种情绪的影响和感染下，产生相同或相似的情感反应，叫作情绪共鸣。

我们阅读文学作品，或者欣赏艺术作品，都有过这样的审美体验：你阅读一部文学作品，到了动情的时候，会怦然心动，或者潸然泪下。当你欣赏一幅名画时，比如一幅描绘大自然的油画，你可能会瞬间地体悟到天人合一的境界，感觉自己与大自然已融为一体。这正是情绪共鸣的作用。

艺术作品的感染力，大多具有情绪共鸣的成分。欣赏者由于对作品的理解，产生相似相同的情绪情感体验，才能进而理解作者的思想情感，与作者同声相应、同气相求，爱其所爱、憎其所憎。这样，艺术作品才能实现它的价值。

既然人的情绪可以被某一种情绪所感染，所同化，心理学家就想到，可以用情绪共鸣来治疗某些心理疾病。我们在生活中有时有好的情绪，有时则被坏的情绪所支配。当我们心理不健康时，就可以利用良好的情绪来感染不好的情绪，使我们的情绪恢复到良好的状态。

比如"音乐疗法"就是这样，它利用音乐中所包含的情感，来治疗心理疾病。我们知道，艺术作品里总是包含着一定的情感，富有感染人的力量，尤其以音乐最为感性，情感最为直接。音乐作品里表达的情绪，有的欢快，有的悲伤，有的轻松，有的沉重。一般来说，心理疾病患者要么忧郁，要么狂躁。心理学家会根据患者的不同症状，对他使用恰当的音乐以影响他的情绪。

一般来说，要先了解最得意、最欢快时常听的音乐，然后将其反复播放，以唤起他们的美好回忆，带给他们轻松和愉快。比如，对抑郁症患者可以播放《命运》、《美丽的多瑙河》、《百鸟朝凤》等欢快和有振奋作用的乐曲；而对于有躁狂症的人则宜播放《良宵》、《病中吟》、《梁祝小提琴协奏曲》等舒缓的能够使人宁静的音乐。

相反，不良的情绪感染，引起的情绪共鸣对我们是有害的。50多年前，法国作曲家鲁兰斯·查理斯创作了一首管弦乐曲《黑色的星期天》。有一天，一家比利时的酒店里正在播放这首乐曲时，一名匈牙利青年歇斯底里地大喊一声"我实在受不了啦！"就开枪自杀了。

后来，又有100多人因为听到这首乐曲而相继自杀。后来，美国、英国、法国、西班牙等诸多国家的电台便召开了一次特别会议，号召欧美各国联合抵制《黑色的星期天》。作品被销毁了，它的作者也因为内疚而在临终前忏悔道："没想到，这首乐曲给人类带来了如此多的灾难，让上帝在另一个世界惩罚我的灵魂吧！"

人们在好心情下更容易帮助人——好心情定律

俗话说："人逢喜事精神爽。"而很多人不知道的是，在"精神爽"的情况下，人们会有一个变化，就是变得更加乐于助人。

我们知道，有些人的心情会随着天气好坏而变化。心理学家通过实验发现，天气越好，人的心情就越好，同时也变得更加容易帮助别人。而且，在晴天里，人们到餐厅里用餐时，给的小费比阴天或下雨天给得多。

当然影响人的心情的因素有许多。有时就是很小的一件事也可能左右人的情绪。

比如，一个晴朗的星期天，你外出去买东西，然后在街上找了一个电话亭给朋友打电话。很不巧，电话虽然通了但就是没人接，你只好放下话筒，

伸手取回自己的硬币。可就在拿钱的一瞬间，突然发现之前有人没有拿走他自己的硬币，于是你心理就会有一种"没想到还赚了一笔电话费的想法"。随后的一段时间里，你便总有一种乐滋滋的感觉。

那么这种情况下的人是否会变得更加乐于助人呢？心理学家对此做了个实验。他们故意在公用电话里放置了一枚硬币，假装是前一个人忘掉的。这时被试者就像前面说的那样，忽然发现了这个硬币，心里非常高兴。

这时，实验者抱着一堆书籍之类的东西从他跟前走过，故意把书突然掉到地上。而刚从电话亭里出来的这个心情好的被试者，大多会帮助他捡起地上的书。而对于没有捡到额外钱币的人，帮助陌生人捡书的概率则小得多。

这很明显地证明了，心情好的确使人更容易帮助别人。

其实我们每个人大概都有过类似的体会。当你遇见一件好事，顿时会觉得生活特别美好，觉得自己非常幸运。在这种情况下，为什么不能帮助那些不如你那么幸运的人呢，为什么不能让世界有更多的美好呢？似乎好心情有一种惯性。

有很多人懂得这个心理规律，总是在别人喜事临门、有意外收获的时候，让别人请客，或帮忙做一些事。当然这个人比平时更可能同意他的要求。

比如，一位男士中了几十万元的大奖，兴高采烈。此时，朋友们让他请客，他肯定会很豪爽地请大家到高档酒楼吃一顿海鲜。而放在平时，朋友即使是让他在小吃摊上请客，他也要算计算计。

一位厅长换届时连任，他肯定高兴。你拿着过去很长时间里他都没来得及批的一项申请找他，请他在上面签字，他多半会爽快地答应。这也是好心情定律使然。

因此，要记住，在别人心情好的时候，请求帮助，很可能会让你如愿以偿。这个定律反过来就是，对方心情不好时，本来挺简单的事，他可能也不肯帮你的忙。所以人们爱说："出门看天色，进门看脸色。"就是教人们看别人的脸色而采取合适的策略。

马克·吐温拿走募捐的钱——物极必反定律

著名作家马克·吐温有一次在教堂听牧师演讲。一开始，他觉得牧师讲得很好，他很感动，就决定听完以后捐款，并掏出自己所有的钱。

过了10分钟，牧师还没有讲完，马克·吐温有点不耐烦了，就决定只捐一些零钱。

又过了10分钟，牧师还没有讲完，马克·吐温很不满意，马上决定1分钱也不捐。

到了牧师终于结束了长篇的演讲而募捐开始时，马克·吐温由于气愤，不仅没捐钱，还从盘子里偷了2元钱拿走了。

马克·吐温看起来像个小人的行为，其实只是想表达对牧师讲道啰里啰唆，耽误他的时间的愤慨。

我们都知道"物极必反"这个成语，是说任何事物的特点都要适度才好，如果过了头，达到极限，就要起相反的作用了。

心理学是这样解释这个规律的：刺激过多、过强或作用时间过久，会引起心理极不耐烦或逆反的心理现象。

美国成功学家安东尼·罗宾的经历就证明了这个定律的奇特效果。他是个滴酒不沾的人，甚至一提到喝酒他就感到恶心。但熟悉他的人都知道，他这种习惯是因为有过一次极限的体验。

小时候，他经常看到父亲喝酒，还觉得父亲喝酒的样子很潇洒。于是他很想亲自体验一下喝酒的快乐。一天，他请求母亲给他一瓶啤酒。母亲问他为什么，他说见父亲喝酒的样子很潇洒。母亲说："那好，你得像父亲那样

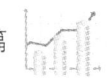

一次喝足6瓶。"罗宾高兴地说没问题。

于是母亲就在他面前摆了6瓶啤酒，一一打开。罗宾喝下第一口时，觉得难喝极了，但他还是硬着头皮喝完了这瓶。他说："妈妈，我喝够了！"但母亲并没有就此罢休，而是逼着他继续喝。当罗宾喝到第四瓶时，胃很难受，把所有的东西都吐了出来。以后的事他就不知道了。

从此以后，他一听到"喝酒"两字就恶心。

其实罗宾的母亲很懂得心理学。她看出儿子对喝酒产生了好奇，但她不希望儿子学会喝酒。根据年轻人的逆反心理，你越叫他不干什么，他越干得起劲，罗宾的母亲反其道而用之，干脆让他喝个够，从而给他留下一个刻骨铭心的印象，就是"酒太难喝了"。以后你要他喝他都不会喝了。

这跟我们平时吃某样东西吃伤了，很长时间都不想再吃，是一个道理。

聪明的教师也懂得利用这个定律来纠正学生的毛病。

张老师班上有一个学生，上课总爱和周围同学闲聊，张老师曾多次对他进行批评教育，但效果不理想。

有一天上晚自习，张老师发现这个学生又和同桌聊得兴头十足。张老师就对全班同学说："大家经过一天的紧张学习，已经很累了，同学们愿不愿意听一段精彩的演讲？"同学们高声叫好。

张老师接着说："最近我发现咱们班有一位同学才思敏捷，口若悬河，演讲天赋很高，而且他还十分勤奋好学，善于抓住一切时间磨炼自己的口才。下面咱们以热烈的掌声欢迎他站起来，给大家来一段精彩的演讲好不好？"

同学们掌声如雷。这个学生站起来，红着脸，低着头一言不发。他越是不说话，同学们的掌声就越激烈，他也就更感到无地自容。

张老师说："一个男子汉，顶天立地，怎么像个小姑娘似的羞羞答答的，好钢要用在刀刃上啊！"那个同学突然认识到了自己的错误，说道："今天，我当着老师和同学们的面保证：从今往后，我再也不在上课时说闲话了，绝不再影响同学们的学习，不扰乱课堂秩序，请老师和同学们监督我吧。"

从那以后，这个学生果然改掉了上课爱说话的习惯。

得不到的葡萄是酸的——酸葡萄甜柠檬心理

《伊索寓言》中有一个家喻户晓的故事，说的是一只饥饿的狐狸路过果林，看见架子上挂着一串串葡萄，垂涎欲滴，可是却摘不到，只得悻悻离开，嘟囔着："葡萄还是酸的。"

在西方，这个故事甚至被引入了词典，"sourgrapes"（酸葡萄心理）就由此而来，是指得不到的就说不好。而心理学中也借用了这个术语，用来解释人类心理防卫的一种机制——合理化的自我安慰。

其实，在日常生活中，我们也时常会处于那只狐狸的境遇。比如，一个公司职员很想得到更高的职位，却总也得不到提升，为了保持内心平衡他会自我安慰：职位越高，责任越重，还不如现在工作轻松，乐得逍遥自在。

与"酸葡萄"心态相对应，还有一种心态被称为"甜柠檬"心态，它指的是人们对得到的东西，尽管不喜欢或不满意，也坚持认为是好的。比如，你买了一套衣服，回来后觉得价钱太贵，颜色也不如意。但你和别人说起时，你可能会强调这是今年最流行的款式，即使价格贵点也值得。

心理学上有一个实验，本来是为了对"每个人对事情的兴趣，是否影响到了工作效率"的课题进行研究，但是间接证明了"酸葡萄甜柠檬定律"的存在。

心理学家招募了一批大学生来做一些枯燥乏味的工作。其中一项是把一大把汤匙装进一个盘子，再一把把地拿出来，然后再放进去，来来回回半个小时。还有一项是转动计分板上的48个木钉，先把每根顺时针转1/4圈，再把

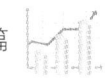

它转回，也是反反复复进行了半个小时。

工作完成后，实验者会分别给予被试者1美元或20美元的奖励，并要求他们告诉下一个来做实验的人这项工作十分有趣。

奇怪的是，实验结果却与一般的预期相反，得到1美元奖励的人反而认为工作比较有趣。

这似乎证明了，人们对已经发生的不好的事情，倾向于通过自我安慰，自我欺骗，把它的不愉快减轻。

这不由得让我们想起鲁迅先生笔下的阿Q。我们都知道阿Q有一种独特的精神胜利法，被称为"阿Q精神"。比如阿Q挨了假洋鬼子的揍，无奈之余，就说"儿子打老子，不必计较"来自我安慰一番，也就心平气和了。

过去，这种明显的自欺欺人心理，成为人们的笑谈，遭到否定和批判。但是，今天的心理学家认为，适度的精神胜利法在心理健康方面是非常有价值的。

在生活中，我们每个人都会遇到这样那样不愉快的事，有很多事情是我们无法左右、无法更改的。

那该怎么办呢？难道就要为此一味地愁苦、懊恼么？那显然不利于身心的健康，也不利于事情的解决。这时候，使用一下阿Q精神，安慰一下自己，对于心理调节可能非常有效。实际上心理健康的人，多多少少都需要点阿Q的精神。

对于同一件事，如果我们从不同的角度去看，就会得出不同的结论，心情也会不一样。在现实生活中，几乎所有事情都存在积极性和消极性，当你遇到不顺心的事情时，如果只看到消极的一面，心情就会低落、郁闷。这时，如果换个角度，从积极的一面去看，说不定能转变你的心情。

比如当你感冒时，与其为一时的痛苦而烦恼，不如想一想，感冒可以使人的自身免疫力提高；当你遇到挫折时，应该看到失败是成功的前奏，"塞翁失马，焉知非福？"从失败中吸取教训也是一种收获；当遇到倒霉事时，你可以想一想那些比自己更不幸的人……

有一次，美国前总统罗斯福家中被盗，他的朋友写信来安慰他。他在回信中说："谢谢你来信安慰我，我现在很平安。感谢上帝，因为贼偷去的是我的东西，而没有伤害我的生命；贼只偷去我部分东西，而不是全部；最值得庆幸的是：做贼的是他，而不是我。"

瞧，凡事换一个角度去看，事情就显得不一样了。

当然，如果事情还有改变的余地，我们就不倡导进行自我安慰，而是要面对现实，主动去改变现状。

第五章　身、心、灵合一的修炼
——身体篇

四肢会说话，眼神能杀人——身体语言

某公司企划部经理秘书小琴拿着一份文件，去请新来的经理批阅。没想到在新经理的办公室，她打开文件夹时，不小心碰翻了经理的茶杯，茶水淋了经理一裤子。她吓得不知所措，等待着经理对她大发雷霆。可是经理一句话没说，只是狠狠地瞪了她一眼，并示意她出去。

就在2个月前，小琴因工作上的一个失误，被前任经理训了一顿，可是她走出办公室后却一身轻松。而这次情况却不同，新任经理什么都没说，那不满的眼神反而让她心里打鼓。她忐忑不安，一会儿担心会被扣发奖金，一会儿又担心会被调离岗位。

为什么发脾气的经理不让他害怕，不发脾气、仅仅瞥了她一眼的经理反而让她害怕呢？

这是因为前任经理采用了有声语言，把自己的坏心情已经传达了出去，让小琴知道这件事已经结束了。可是新经理采用的"身体语言"，只表示了

他的不满，至于怎样处理却表达得很模糊，让人不知道其含义是既往不咎了，还是"等一会儿再收拾你！"

人人都知道，语言是我们沟通的常用工具。语言是在人类漫长的历史发展进程中形成的，是一种非常复杂的思想和情感的交流工具。我们一般都以为，它体现了人类作为万物灵长的独特功能。

除了语言，人类还有其他的交流工具，比如身体语言，一颦一笑，一个眼神，一个动作，都体现了某种情感，某种想法，某种态度。

那么哪一种交流方式起的作用更大，交流的信息更多呢？恐怕大多数人都会回答是语言。因为语言是人类所独有的、非常复杂，又经历了那么长时间的形成，应该能为人类传递最多的信息。

可是事实并非如此。心理学家发现了一个令人吃惊的事实，那就是人类的沟通，更多的是通过他们的姿势、仪态、位置，以及同他人距离的远近等方式，而不是通过面对面的交谈进行的。确切地说，人际交流中65％以上的内容是以非语言方式，也就是通过身体语言进行的。

这听起来似乎令人难以置信，"难道我们每天滔滔不绝所说的话，还不如一举手一投足有用吗？"但这是事实。与口头语言不同，人类身体语言的表达大多是下意识的，是思想的真实反映。可能它没有引起人们很大的注意，但其实它在无声中，已经传递了比语言更多的信息。

而且，身体语言还有一个优势，就是它的真实性。人可以"口是心非"，但却很难做到"身是心非"。据说，公安机关使用的测谎仪依据的就是这个原理。

身体语言传递信息的效果有时要比有声语言更加强烈，更不能让人忽视。

身体语言还有一大优势，就是诚实。撒谎在生活中是司空见惯的，但是身体语言却不像有声语言那样容易蒙骗别人。因为身体语言体现的是人的下意识，是比较难以控制的。

"眼睛是心灵的窗户"，最能暴露一个人内心的秘密。如果一个人瞳孔扩大，眼睛大睁，就表明心里高兴，感觉良好；如果瞳孔缩小，就说明情况相反。当不太相信的时候，眼睛会眯起缝来。当说假话时，人一般不敢正视别人。

还有其他的一些身体语言。如果一个人一边说他已理解了你的意图，一边却又摸鼻子或拉耳朵，这就表明他其实被你说的话弄糊涂了。如果他向下紧皱额头，表明没有听明白或不喜欢你说的话。如果向上皱起额头，表明他对你说的话感到惊讶。用手指敲打坐椅的扶手或者写字台桌面，表示心绪烦乱，不耐烦。双臂交叉搭在胸前，表示不愿意和别人接近，或者表示戒备，在心理上想离你远一点。

英国心理学家莫里斯经过研究，发现了一个有趣的现象：人体中越是远离大脑的部位，其可信度越高。脸离大脑中枢最近因此最不诚实。我们与别人相处，总是最注意他们的脸，而我们自己也知道，别人会这样注意我们，所以，人们都会借一颦一笑撒谎。再往下看，手位于人体的中间偏下，诚实度算中间，人们多少利用它说过谎。脚远离大脑，绝大多数人都顾不上这个部位，于是，它比脸、手诚实得多。

当我们和别人交往时，要学会观察对方的身体语言。一个比较世故、社会经验较丰富的人，更善于通过对方的身体语言来判断他的真实想法，而不是对方说什么就信什么。

身心正常工作需要外界刺激——感觉剥夺定律

你小时候玩过"瞎子抓人"的游戏吗？把一块布蒙在你眼睛上，让你变成"瞎子"。你跌跌撞撞好不容易抓住了一个小伙伴。可是他（她）是谁呢？你用手摸他（她）的头、脸、眼睛、鼻子，如果说对了，你就赢了。然后再换一个小伙伴来当"瞎子"，否则你就得继续。

也许"瞎子抓人"的游戏，曾经让幼小的你感到刺激和有趣，可是心理学家们所做的类似实验，可就没有那么好玩了。

美国心理学家黑伯（D.O.Hebb）等人，首创了一种"感觉剥夺"实验。假定你现在就是被试者，他们把你领到一个小房间里，按照事先的约定，你得尽可能长时间地躺在床上，只有吃饭、上厕所才能起来。他们给你戴上一副半透明的护目镜，让你什么也看不见；再给你戴上一副厚厚的棉手套，你就没法摸任何东西了；最后给你塞上耳塞，使你听不见声响。

在黑伯的实验中，被试者在被隔离12、24、48小时后，被要求做简单算术、字谜游戏和组词等测试，结果，被隔离时间越长，测试的成绩就越差。有的被试者变得很难集中注意力，并容易激动，还出现了对刺激过敏、紧张焦虑、情绪不稳、思维迟钝等症状，奇怪的是，有的还出现了错觉和幻觉。仪器显示他们的脑电波比隔离前明显减慢。另外，隔离时间如果过长，有些人会无法忍受，要求中途退出实验。

这个实验达到极端会是怎样呢？德国法西斯曾经做过这样的实验：他们把两个犯人各自关在一间房子里，使这两个人与外界完全隔绝。经过比较长的时间，一个人发疯了；另一个人自己和自己下棋，被放出来时竟然成了一流的棋手。

这些实验都告诉我们，人如果不能持续地从外界获得刺激，人的身心就会变得不正常。这个定律叫做"感觉剥夺定律"。

也许上天赐予我们各种感官，就是让我们去使用它的，不使用还真是不行。

感觉剥夺定律的例子在生活中很常见。比如雷达监测员和长途司机，因为工作枯燥，长时间没有变化，就容易处于轻微的感觉剥夺状态。这会导致他们看见实际并不存在的、莫名其妙的东西，从而引发事故。

有时，高层住宅里的人在一个毫无声响的房间里独处，会突然感觉到强烈的不安。这也是感觉剥夺定律造成的。

在南极考察的队员，如果长时间只看雪地的白色，不看其他颜色，容易得雪盲症。这也是感觉剥夺造成的生理失调。

由此可见，感觉虽然是一种简单的心理活动，但却十分重要。它向大脑提供了内外环境的信息。人们可以通过它了解外界事物的各种属性，保证机体与环境的平衡。也可以说，感觉是认识的开端，知识的源泉。

以上实验可以证明刺激和感觉对于任何人来说都是必不可少的。对于一个正常人来说，没有感觉的生活，就像坐精神班房，是无法忍受的。所以崔健的歌里才这样唱：

快让我哭，快让我笑，

快让我在这雪地上撒点儿野，

因为我的病就是没有感觉，

快让我在雪地上撒点儿野。

我们大概都知道美国著名盲人作家和教育家海伦·凯勒，她是一个既盲又聋哑的症状严重的残疾人。但是她通过常人难以想象的努力，很大程度上克服了这些困难，甚至取得了超出常人的成就。她在感人至深的自传《假如给我三天光明》中，表达了对正常人生活的强烈渴望。

眼睛能看，耳朵能听，嘴巴能说话，这些，对于一个健全的正常人来说是与生俱来的，也让我们对它习以为常，不觉得有什么可贵。但是当没有它们的时候，人才会知道拥有这些是多么地幸福。

有位外国哲人说过，当我们看见丑陋的东西，我们要庆幸我们还有眼睛可看；当我们闻到不好的气味，我们要庆幸我们还有鼻子可闻……是啊，我们该庆幸我们所拥有的各种感官，没有它们，我们哪里知道什么是快乐？让我们珍惜它们吧，尽量抓住生活中美好的感受……

心理状况会影响身体的健康——心身疾病

医学名著《医典》的作者，古代阿拉伯著名医生阿维森纳，曾有一次被召去给年轻的王子治病。

王子一天天消瘦下去，夜不能寐，食不甘味，对周围的一切都漠不关心。但是很多医生却查不出他得的是什么病。阿维森纳经过仔细观察和揣摩，猜测王子是坠入情网了。

阿维森纳在《医典》中记载了这件事："爱情是一种像着了魔似的病症，类似忧郁病……判明恋人是治疗方法之一。做法是：一边号脉，一边反复叫出一些人的名字。如果脉搏变化很大，若断若续，那就反复实验几次，你就会得知恋人的名字。然后再以同样的方法，说出街道、房屋、职业、工种、家系和城市，把每样东西同恋人的名字结合起来进行号脉。如果当你再次提到其中的某一项时脉搏发生变化，你就从中搜集关于恋人的名字、穿戴和职业的材料，从而了解到她是谁。"

他用这种方法，知道了王子的恋人。然后，撮合了他们，王子的病就神奇地痊愈了。

这个故事揭示了身与心的一种神秘的关系，就是心理状况会对身体的健康发生影响。

我们大概都体会过，身体上生病会导致心情不愉快甚至痛苦，比如"牙疼不算病，疼起来真要命"。那么，反过来，如果心情不愉快，遇到了不顺心的事，心情郁闷或烦躁，会不会影响到身体的健康，导致身体生病呢？恐怕这样的情况我们都经历过。

最简单的，比如我们嘴上起了个泡，往往是心里上火、烦躁导致的。还有皮肤病，也往往和心情有关，因为着急想解决事情，但在现实中却感到力

不从心，心里一着急，就容易得皮肤病。还有许多疾病都和心情有关。我们自己也会有所体会，心情不好的时候，身体也容易出毛病。比如遇上巨大灾难，人会大病一场，自己很清楚这是由心情导致的。

心情导致身体生病，早已被古人所认识。

我国中医早已发现心理对健康的影响，如中医经典中早就指出：在过度的情况下，喜伤心、怒伤肝、悲伤肺、思伤脾、恐伤肾。这些观点已被现代医学所证实。

中国俗话说的"心病还须心药医"，就是这个道理。我国的名著《聊斋志异》中也记载着许多类似的事，比如年轻男女相遇，一见钟情，之后便茶不思饭不想而生病。所谓"心病还须心药医"，就是看到了问题的本质，从根上施治才能见效。

那么为什么心情会影响到健康呢？

人体中，生理、生化过程是物质活动，心理活动是非物质活动，它们互相伴随，不可分割地联系着。它们相互影响和制约，从而在我们的身体中形成一个统一的整体。身体疾患可以影响人们的正常心理活动，而强烈或持久的心理刺激也往往导致身体健康水平的下降，甚至导致心理疾病或心身疾病发生。

所谓心理疾病，就是指心理因素和社会因素引起的疾病，如各种神经症、焦虑症、恐惧症、强迫症、疑病症等；所谓心身疾病，是由心理因素引起的身体疾病，如原发性高血压、冠心病、胃溃疡、哮喘等。

我们身边经常可以看到心情影响健康的例子。比如有的学生每到重大考试前就闹腹泻，在家里没问题，一进学校大门就跑厕所，一连几天不断，直到考试结束。这就是高度的考试焦虑引起的身体反应。

生活中的许多疾病，都是来自于外界环境中对个体不利的生活事件、压力和不良刺激造成的，如过分紧张的工作、不顺心的事情、污染、噪音、拥挤等。

为了避免身心疾病，我们就应该尽量保持积极乐观的心态。其实心态对人的健康和寿命是有很大影响的。许多长寿的人，都是总能保持乐观、平稳的心态的人。

心理学家欣克尔博士曾对一群工人进行研究，他发现在这批工人中，那些有明确生活目标，对婚姻、家庭和工作都感到满意的人，身体比较健康。相反，那些没有正确的生活态度、婚姻失败、家庭不幸福、对工作灰心失望的人，则比较容易得病。

要防止心身疾病的发生和提高心身健康水平，不仅要优化我们的自然环境和增强个人体质，还要优化我们的社会环境，培养健康正确的世界观。

特殊心理状态可减轻疼痛——疼痛麻木定律

我们大概都听说过《三国演义》中关羽"刮骨疗毒"的故事。

关羽在战斗中负伤，臂上中了毒箭。名医华佗听说后，在没有麻醉的情况下，为关羽做手术。这种情况一般人肯定无法忍受，但是关羽拒绝了把手臂固定在铁环中，用被子蒙住头的减痛方法。他命人摆上酒席，与马良谈笑下棋，同时华佗给他割开皮肉，挤出毒血，用刀刮去骨上的毒质，再散上药，用线缝好。这个过程中，周围的人都吓得捂住眼睛不敢看。

这个故事读来令我们咋舌。因为我们最怕的事情，除了死亡，恐怕就是疼痛了。老子在《道德经》里说："吾之所以有大患，为吾有身；及吾无身，吾有何患？"是啊，人之所以有恐惧心，很大程度就是因为身体会有痛感。是疼痛让人恐惧。

但是这个世界真是"大千世界，无奇不有"，偏偏就有人和我们大多数人不同，他们似乎并不像我们那么怕疼。难道他们对疼痛麻木不仁，没有感觉吗？

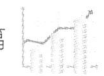

当然不是。心理学家们和医学研究者们发现，疼痛并不完全是身体的问题，它有很大的心理成分。疼痛是身体感觉与我们对这些感觉的心理反应的混合体。而心理反应有个奇妙的作用，就是可以夸大或者缩小疼痛的强度。

比如，人对疼痛的知觉和人的注意力的指向密切相关。我们前面说过，注意力是有选择的，如果你注意了一方面，就会减少对另一方面的注意力。关羽正是凭着意志，把注意力集中在下棋上，而使疼痛不能引起他足够的注意，从而感觉不到太多的疼痛。

类似的例子在生活中也有。拳击运动员、足球运动员等运动员，通常是很能忍受严重损伤带来的痛苦的，甚至有时他们都不知道自己已经受伤。这是因为，他们的运动需要剧烈的和持久的注意力，因此对疼痛的注意力便被转移开了。

有时，一种情绪也会影响到对疼痛的感觉。

在第二次世界大战期间，一位在部队野战医院工作的医生发现，那些有部位多处受伤的士兵们并不要求止痛。从伤口的数量来看，这些士兵肯定会感觉到疼痛。但是奇怪的是，当医生给他们提供止痛药时，却被拒绝了。

为什么这些士兵不感到很疼呢？原来这有心理上的原因。他们在战场上幸存下来，并知道自己的伤势可以得到较好的治疗，就感到很高兴。况且他们还可以长时间远离战场，避免了死亡的威胁。这种心理上的高兴，减轻了他们生理上的疼痛。

相反，在一般的医院里，大多数病人在手术之后便要求使用止痛药，即使他们手术中的疼痛，比战场上受伤的士兵们的疼痛要轻得多。

看来，心情愉悦，会使我们觉得痛苦无足轻重，从而不觉得它带给我们很多痛苦。

心理上的不良情绪会导致疲劳——心理疲劳

比尔·盖茨曾说过："每天清晨当我醒来的时候，都会为技术发展给人类生活带来的进步而激动不已。"由此可见他对软件技术的兴趣和激情。

当有人问沃伦·巴菲特他的成功之道时，他回答："我和你没有什么差别。如果你一定要找一个差别，那可能就是我每天有机会做我最爱的工作。如果你要我给你忠告，这就是我能给你的最好忠告了。"

也许我们曾经好奇过，许多杰出的人物和我们一样，没有什么三头六臂，可是为什么他们能做那么多的工作，取得那么多的成绩呢？

其实，人和人在智力上的差别并没有我们想象的那么大。比尔·盖茨和沃伦·巴菲特的话向我们揭示了一个奥秘，那就是成功人士大多热爱他们的工作。

心理学家发现，一个人做喜欢的事，不容易疲劳。科学家的发现大体能证明这个结论：单独用脑不会使你疲倦。如果只就大脑而言的话，那么它"在8个或者12个小时之后，工作能量还像开始时一样的迅速和高效"。脑部几乎是完全不会疲倦的。

那么是什么使你疲倦呢？心理治疗专家们都说，我们所感到的疲劳，多半是由精神和情感因素所引起的，本质上就是所谓的"心理疲劳"。

生理疲劳对人们来说比较容易理解，因为它比较直观，体现为人的体力或脑力的下降，并进而造成工作效率的下降。而人们对心理疲劳则了解的比较少。

心理疲劳虽然也经常在我们身上出现，但是心理学家对心理疲劳的研究还处于初级阶段。因为心理疲劳常和生理疲劳掺杂在一起，其外在表现和内在机制很难被认识和描述清楚。

心理疲劳的表现是：注意力不集中、思想紧张、思维迟缓、情绪低落和行动吃力，更主要的特征有情绪浮躁、厌烦、忧虑、倦怠，感到工作无聊等。在感知方面，心理疲劳者除有与生理疲劳者共有的一般性的感知敏度减弱外，还有其独特的表现，就是对某些刺激特别敏感，如饥饿、姿势不舒服、睡眠不足等。

心理学家认为，心理疲劳产生的主要原因是对工作的厌倦。也就是说，心理疲劳造成的工作效率降低，本质是"非不能也，是不为也"。

比如有时候，我们做脑力劳动，做了一定时间后，就感到心烦意乱，不想再做了。但是反观自己，似乎也并不疲劳。但是一种不可知的原因让你就是不想做了。这种感觉其实是厌倦。

人的心理活动有一个特点，即做一件事如果过久，就会感到厌倦而不爱做。李开复曾说过，他在学校里的学习方法是：同时把好几个科目的书摆在附近。看一科看烦了，就换另一科。这样换来换去，脑子不容易厌倦而麻木，头脑始终能保持比较活跃的状态。人脑的这个特点，也是死记硬背效果不好的原因之一。

造成心理疲劳的原因还有很多，比如是否受到鼓舞。在体育比赛结束时，胜负双方本来在体力消耗上相差无几，但是胜方却远远没有负方感觉那么疲劳。这是为什么呢？因为胜方为获胜和周围观众的掌声而感到自豪、受到鼓舞，情绪激昂，所以感觉不到心理疲劳，就连体力疲劳也似乎恢复了。负方则不然，他们感到懊丧，感到来自观众、教练和亲朋好友的压力，因此无精打采，比赛中的疲劳便向他们袭来。

焦虑有时也会让我们心理疲劳。比如做一项工作时，你非常担心做不好它。这种担心的情绪如果总来骚扰你，会使你在情绪上浪费大量的能量，从而感到疲劳。

总之，引起心理疲劳的因素有好多种，大多是消极的情绪，如厌倦、心烦意乱、无能为力、优柔寡断等。

专业厨师做的菜会偏咸——感觉适应

古人说过："入芝兰之室，久而不闻其香；入鲍鱼之肆，久而不闻其臭。"这种感受我们大概都有过。比如有时别人来到我们家里，会觉得有一种特殊的气味。我们自己反而闻不出来。这是因为我们在自己家里待得久了，对其中的味道习惯了，所以闻不出来。而如果我们从外面回来，一进家门，也许就会闻到自己家里的气味了。

这种现象是心理学上"感觉适应"的结果。心理学上有这样的规律：在同一刺激持续作用下，感受器的感受性有可能提高，也有可能降低。通常在微弱的刺激物的持续作用下，可以使感受性提高；在强烈刺激物的持续作用下，可以使感受性降低。这种现象叫作"感觉的适应"。前面的例子，是因为闻同一种气味时间久了，产生感受性降低的现象。

视觉的适应可分为对暗适应和对光适应。从明亮的阳光下进入已灭灯的电影院时，开始什么也看不清楚，隔了一段时间，我们眼前就不再是一片漆黑，而是能分辨出物体的轮廓了。这种现象叫对暗适应，即环境刺激由强向弱过渡时，由于一系列相同的弱光刺激，导致的对后续的弱光刺激感受性的不断提高：开始的5~7分钟里，感受性提高得很快，1小时以后，相对感受性可提高20万倍。

而从黑暗的电影院走到阳光下时，会先感到耀眼发眩，什么都看不清楚，但是过了几秒钟，就能看清楚周围的事物了。这种现象叫对光适应，即环境刺激由弱向强过渡时，由于一系列的强光刺激，导致的对后续的强光刺激感受性的迅速降低。

与视觉的适应比较，听觉的适应就很不明显。除非用较强的连续的声音，比如工厂高频率的机器声，持续作用于人，才会引起听觉感受性降低的

适应现象，甚至出现听觉感受性的暂时丧失。

触压觉的适应则很明显。我们安静地坐着时，就几乎感觉不到衣服的接触和压力。有些老年人把眼镜移到自己的额头上，却又会到处寻找自己的眼镜，就是这个道理。实验证明，只需经过3秒钟左右，触压觉的感受性就下降到大约原始值的25％。

温度觉的适应也很明显。例如，我们在游泳池游泳的时候，开始觉得水是冷的，经过三四分钟后，就不再觉得水冷了。相反，我们在热水中洗澡的时候，开始觉得水很热，但经过三四分钟后，就觉得澡盆中的水不那样热了。不过，对于特别冷或特别热的刺激，人还是很难适应或完全不能适应。

痛觉的适应是很难发生的，即使有，也非常微弱。只要注意力一集中到痛处，人马上就会感到疼痛。正因为痛觉很难适应，它才成为伤害性刺激的信号并具有生物学的意义。

而嗅觉的适应速度，以刺激的性质为转移。一般的气味经过1~2分钟即可适应，强烈的气味则要经过10多分钟，特别强烈的气味（带有强刺激性的气味）则令人厌恶，让人难以适应甚至完全不能适应。嗅觉的适应带有选择性，即对某种气味适应后，并不影响对其他气味的感受性。厨师由于连续地品尝味道，以致做出来的菜会愈来愈咸，这就是味觉的适应现象。

适应能力是有机体在长期进化过程中形成的。它对于我们感知外界事物、调节自己的行为，具有积极的意义。夜晚的星光下和白天的阳光下，亮度相差达百万倍，如果没有适应能力，人就不能在不断变化的环境中精细地感知外界事物，正确地调节自己的行动。研究适应现象对生产实践也有重要意义。比如，在交通运输业中，夜晚驾驶室的照明与外界亮度的差异的处理，就应考虑视觉的适应问题。

眼不见为净——心理自我欺骗

从前，有一个姓张的秀才和一个姓李的秀才在一块儿喝酒。喝到半醉时，两人抬起杠来。李秀才说天下万物水洗为净，而张秀才却说眼不见为净才是真的。两人争得面红耳赤，相持不下，便一起请乡绅评断，而且约定谁要是输了，就把一半财产和妻子输给对方。结果张秀才输了。

回家后，张秀才愁眉不展。妻子王氏听说了这件事，痛哭起来。但王氏很聪明，她随后想出了一个计策，对张秀才说："官人，你虽把我输给他人，但我也要走得像个样子才好。明天中午你把众乡绅请来吃一顿饭吧！"

中午时分，众乡绅和李秀才准时赴宴。酒过三巡，王氏从屋里端出一个马桶放在门口。她往里面倒了三次清水，用长扫帚扫了三遍，又倒入三次热水，擦了三遍，然后又用清水冲了三遍。

众乡绅看了都皱眉头。王氏却不慌不忙，又用抹布把马桶里外擦了个净，然后带着马桶到厨房去了。过了一段时间，张秀才喊："娘子上饭吧！"

王氏应声而来，只见她端着马桶，放在桌上，说："大家用饭吧！"说完，揭开盖子，只见里面是热腾腾的白米饭。满座的客人你看着我，我看着你，目瞪口呆。李秀才恍然大悟，说："是我输了。不是水洗为净，而是眼不见为净啊！"据说，这句俗语从此便传开了。

所谓"眼不见为净"，是说人有一种心理上自我欺骗的习惯。试想，如果王氏没有把马桶端上来让大家看到，那么大家吃下了马桶里做出的米饭，恐怕也不一定发现什么问题，因为马桶已刷过很多次了。但是只要看到了，就无论如何也吃不下去了，就算你告诉他马桶消过毒了，他也不会吃的。

虽然这只是个极端的例子，但人在卫生方面还是有一种"心理作用"。比如我们去饭店吃饭，如果在菜里发现一只死苍蝇，一定会胃口全无；但是如果没有发现，苍蝇对我们就没什么影响。过去造酒，全凭工人赤脚踩踏发酵的粮食，进行搅拌，但人们喝起酒来也是美滋滋的。据说今天有的大酱也是这样做。

　　还有，许多人喜欢吃猪大肠。人们都知道猪大肠的内壁和又脏又臭的猪屎接触，但是许多人还是爱吃它，就是因为人们没有亲眼看到肮脏的景象。尽管从猪肚子里掏出的猪大肠里面包着猪屎，但是外表光滑干净，人们就自欺欺人，不认为它不干净了。

　　其实，眼不见为净定律在生活中普遍存在着。人们都喜欢外表整洁，于是把乱七八糟的杂物用一块干净布遮起来。人们普遍喜欢穿着干净的人，却不关注这个人是否患有一些传染性疾病。人们往往太容易相信自己的眼睛，而不愿去分析真实的情况。

愉悦的刺激会让人形成依赖——成瘾心理

　　晋代有个名叫刘伶的人，崇尚老庄，放情肆志，嗜酒为命，所著《酒德颂》流传后世。

　　刘伶出门的时候，总是随身携带一壶酒，并叫人扛着一把铁锹跟在身后。他说："我要是死了，你就挖点土把我埋掉。"他常常在外面醉得东倒西歪，像一摊烂泥。回到屋里，因为喝得浑身发热，他就脱光衣服，还不关门。别人看他光着屁股在那里喝，难免要说他两句。他倒好，反倒指责别人说："我把天地看作自己的家，把房屋当做自己的裤子，你们为什么要钻我裤裆？"

　　刘伶的老婆气得把家中的酒器摔的摔，砸的砸，哭着说："这样下去日子怎么过？我求求你，一定要戒掉它！"刘伶说："好，好，我自己控制不住，只有祈求鬼神帮忙。让我向鬼神发个誓，你给我搞点酒肉来供奉鬼神。"老婆听了便拿来酒肉，供奉到鬼神牌位前。刘伶向鬼神牌位拜了几拜，说："老天爷生下我刘伶，把酒看作生命。一喝就是一斛，喝过五斗神志才清。我老婆所讲的话，您千千万万不能听！"然后他抓起供奉鬼神的肉，拿起供奉鬼神的酒，一边吃一边喝，一会儿就不省人事了。

也许像刘伶酒瘾这么大的人并不多见，但是生活中嗜某物成瘾的人则非常多。提到成瘾，人们一般会联想到饮酒、抽烟、服用安眠药、赌博、吸毒等等。其实其他许多爱好，如钓鱼、下棋、打球、各类"发烧友"，都属于成瘾的范畴。那么什么是成瘾呢？

所谓成瘾，是人在生命过程中，常常在心理和生理的某种尝试行为中产生了愉悦反应；这种反应的多次重复，就形成人对愉悦刺激补偿的渴求，渴求又带来刺激的不断强化，于是就形成了人对这种刺激的依赖。

我们以日常生活中较为普遍的抽烟为例来说明。香烟是一种特定刺激物，人类发现通过它可以获得愉悦和满足，于是一再抽它，从而形成对香烟的依赖，也就是对香烟的成瘾。由于抽烟行为的一再重复，一定数量的香烟所带来的满足和愉悦感就降低了，这就需要增加抽烟的次数来获得相同的满足，于是就出现满足和愉悦的强化。这也就是我们常说的"这个人的烟瘾越来越大了"，而对于有酒瘾的人，则是"这个人的酒量越来越大了"。这也是某些成瘾迟早会将人拖入绝境的重要原因。

一般认为抽烟喝酒等瘾是生理性的，而赌博、偷窃等瘾则是心理性的。其实后者在进行的过程中，也伴随着生理的某种反应，所以不能完全说是心理性的。

英国科学家格里菲斯博士曾做过一个实验，测试15名经常参加赌博的人和15名偶尔参加赌博的人，在玩老虎机后的反应。结果这两组人都因赌博时的刺激而心跳加快。但在赌博后，常赌的人，其心跳很快就恢复了正常；

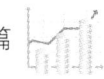

而偶尔参加赌博的人，其心跳却要很长时间才恢复正常。而当他们心跳加快时，体内会产生一种被称为"内啡肽"的化学物质，科学家认为，正是这种化学物质使参加赌博的人获得一种异常兴奋的快感。

格里菲斯认为："由于经常参加赌博的人在赌博结束后会迅速丧失这种快感，所以需要重返赌台，以获得新的快感。"格里菲斯同时还发现，越临近赢牌，赌徒的思维能力越低，因为这时正是体内"内啡肽"分泌的高峰期。

这个科研成果有利于解释为什么有人容易成为赌徒，而有人却不容易受到影响的原因。

但是成瘾也并不都是有害的。有的爱好，如读书、运动，则是对人有利的，也有利于对社会作出贡献。

体育锻炼有益身心——体育健全性格定律

运动心理学研究表明，各项体育活动都需要一定的心理品质作为基础，比如较高的自我控制能力、坚定的信心、勇敢果断和坚韧刚毅的意志等。因此，如果有针对性地进行体育锻炼，对培养健全自己的性格有特殊的功效。

如果你觉得自己不大合群，不习惯与同伴交往，那你就选择足球、篮球、排球以及接力跑、拔河等集体项目进行锻炼。这些项目都是群体的运动，都需要团队的合作。所以参与这些运动可以帮助你改变孤僻的习性，适应和同伴的交往。

如果你胆子小，做事怕风险，容易脸红，怕难为情，那就应多参加游泳、溜冰、滑雪、拳击、摔跤、单双杠，跳马、跳箱、平衡木等活动。因为这些运动要求人不断克服害羞、怕摔跌等各种胆怯心理，以勇敢无畏的精神去越过障碍，战胜困难。比如游泳，你不亲自下水，永远不可能学会。而下水是需要很大勇气的。但是一旦战胜了自己的恐惧，会发现学会它并不很难。其他运动也有类似的特征，有的容易摔跤，有的容易被打倒，这些运动会使你的胆子变大，处世也会更加老练。

如果你办事犹豫不决，不够果断，那就多参加乒乓球、网球、羽毛球、拳击、摩托、跨栏、跳高、跳远、击剑等体育活动。这些项目的活动，可以锻炼人的反应速度，比如来了球，你必须马上接住，并在瞬间想出该如何反击，或者在一瞬间发挥出你的全部能力。任何犹豫、徘徊都会延误时机，以致遭到失败，因而这些运动能帮助你增强果断的个性。

假如你发现自己遇事容易急躁，冲动，那就应多参加下棋、打太极拳、慢跑、长距离步行及游泳、骑自行车、射击等运动。这些运动是急不来的，是费时较长的运动。在运动的过程中，你需要调节自己，把自己的力量均匀地发挥出来，在时间安排上尽量达到合理，才能得到较好的成绩。

如果你做事总是担心完不成任务，那就选择跳绳、俯卧撑、广播操、跑步等项目进行锻炼。你可以给自己规定完成的数量，不完成不罢休，这样就能助你养成做事善始善终的习惯。

若你遇到重要的事情时容易紧张、胆怯，那你应多参加公开激烈的体育比赛，特别是足球、排球等比赛。在这些紧张激烈的比赛中，只有冷静沉着才能取得胜利。经常参加这种锻炼，遇事就不会过分紧张，更不会惊慌失措。

假如你发觉自己有好逞强、易自负的缺点，可选择难度较大、动作较复杂的跳水、体操、马拉松、艺术体操等项目进行锻炼，也可找一些水平高于自己的对手来下棋、打乒乓球或羽毛球。这些项目能让你有"山外有山"的感受，让你改掉自负和骄傲。

现在我们明白，为什么人们要发明那么多种类的运动了。因为不同的运动对应不同的心理特点，适应不同的人参与，对不同的人有裨益。

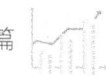

人口密度大的地方犯罪率高——拥挤定律

我们都听说过"距离产生美"这句话；还听说过一个典故：一群刺猬在一起取暖，为了暖和靠得很近，可是靠近了又互相扎得疼，只好再保持适当的距离。

这些都告诉我们，个体之间如果距离太近，感到拥挤，在心理上会产生不舒适的感觉。这是因为，拥挤破坏了一个主体对领域和空间的需要，而扰乱了正常的行为。

空间的需要在动物中表现得和人类一样强烈。科学家对处于拥挤环境中的动物进行尸体解剖发现，过度拥挤对它们造成了明显的生理损害。

人也是动物的一种，对处于拥挤情境中的人类所做的观察与调查研究，也证明了相同的结果。

比如在一个短期的研究中，当把被试者置于过度拥挤的实验条件下时，他们的行为具有以下的特征：①在一间高密度和高温的房间里，陌生人到来会遭到敌视；②表现出更多的攻击性迹象（适用男性）；③在模拟审讯中发出苛刻的言辞（适用于男性）；④几乎不与他人发生相互作用；⑤表现出焦虑增高的迹象。

我们自己也很容易体会到这一点。每天上下班坐公共汽车，当汽车上人特别多时，人很容易精神紧张。在拥挤的人群中，你要保持身体的平衡，要提防扒手，要小心被人踩到脚，可能还要忍受一些难闻的气味……这些都让你很难放松。而当汽车上人很少时，你则放松得多，有座位不说，还可以浏览窗外的街景。

我们居住地的人口密度，也会影响我们的心理状态。心理学家发现，生活在大城市的人比小城镇的人更粗野，缺乏谅解和教养。

城市居民还更加孤僻和沉默寡言，人与人之间交往的次数与形式，要比郊区少得多。他们不像乡下人那样乐意对陌生人微笑或说话，在危难时，他们也不太愿意帮助别人。比如在大城市里总有骇人听闻的凶杀案的报道，而路人或邻居总是避免自己卷入其中，甚至不会在一定距离之内或自己的家里向警察报案。

每个人都需要自己的空间和自由活动的领域，在这个领域中，你可以不受别人的干扰，不受别人的监督，不用提防别人。你可以自由自在，做自己想做的。这样的状态当然很放松。而周围的人如果过多，则使你无法实现这些要求。

因此，人口在高密度下，人们为了保持心灵上的这种空间和自由，只能用冷漠和对他人的排斥，来使他人和自己保持一定的距离。因此在人群密集的地区，你经常能从别人那里感受到一种"离我远一点"、"别想干涉我"等的暗示。这使得城市的人情味显得更加淡漠。

人口密度与人类的异常行为也有关联。犯罪学家的研究证明，犯罪率与人口密度往往成正比。城市中心的犯罪率始终比郊外高。同样，在人口密度高的地区，经常有破坏公共文化艺术设施行为的发生。

心理疾病与人口密度相关也并不显得奇怪。在城市中，心理疾病的发病率最高，当转向人口密度较低的郊区时，心理疾病发病率逐渐下降。过度拥挤与高死亡率也密切相关。有个研究调查了某个国家的监狱体系和精神病医院的状况，证明死亡率随人口的增长而上升，随着人口的减少而下降。

这也就不奇怪为什么西方国家的有钱人往往喜欢住在郊外，而穷人则更多地住在城市了。

饮食失调是一种心理疾病——厌食症与暴食症

当今社会，不论男女，都渴望拥有与模特一样的标准身材。很多人即使不怎么胖也要加入减肥的大军中。许多人减肥的初衷是为了身材好看，但当身体减肥致营养不良而面如菜色时，就与漂亮一点的初衷背道而驰了。更严重的是，有的人因为长期节食或过量运动而患上饮食失调症，包括厌食症和暴食症等。饮食失调症的患者多以年轻女性为主。

1. 厌食症

厌食症患者多数是15~25岁的女性。

她们中的大多数在少年时就开始减肥，虽然已减至皮包骨头，还是认为自己太胖，于是继续拼命节食、过量运动。还有一些则在进食后故意呕吐或吃泻药以达到消灭体内所有热量的目的。可怕的是，当体重减至低于正常体重10%～15%时，女性就会因体内脂肪比例过低而停经，男性则会性欲降低甚至丧失，并且还会出现便秘、低血压、晕倒等症状。再严重点，就会导致直肠退化、体内电解质紊乱和心律失常。

有些厌食症患者最终因极度的营养不良而死亡。

2. 暴食症

暴食症患者也是以年轻女性为主。

当她们以过度节食和过量运动来减肥时，其体内自卫机制却不会含糊，为了保证身体健康，它会不断促使患者进食，直至体重及脂肪比例回到正常水平。但很多人并不清楚是这个机制在起作用，在暴食后会感觉羞耻和无助，并企图用呕吐、过度运动或吃泻药来消灭暴食后果，结果形成了一个暴吃与狂呕的痛苦循环，有的甚至10多年不能自拔。

目前，厌食症与暴食症等饮食失调症已经被确定为一种心理病——所有患者的"自我观念"都出了严重问题。每一个患者，不妨自问三个问题：第一，自己真正所希望减掉的是什么？脂肪还是自卑感？第二，自己真正希望得到的是什么？别人的尊重、爱戴及一种自我重要感还是仅仅一个完美身材？第三，自己的真正问题是什么？是体重问题还是个人"自我观念"的问题？

如果你或你的家人朋友出现上述症状，应该尽快去就医。特别是当体重跌破底线，导致身体出现严重不良生理症状时，一定要赶紧就医，以免出现生命危险。

有的人食量大得惊人——神经性贪食症

从事编辑工作的张小姐总觉得自己不够苗条，尽管她的体重属于正常，但她还是一直通过节食来减肥。她刚开始时什么主食都不吃，每天就以几个苹果或是黄瓜充饥。尽管她被饥饿折磨得无法忍受，且心情非常压抑，但为了能减肥，她忍住了。经过2个月的努力，体重减了9千克，可是长时间的节食使她精神恍惚，无法进行正常的工作。于是，张小姐开始吃点主食，谁知一发不可收拾，"吃"成了她每天的头等大事，除了每天的3顿饭之外，她还抓紧点滴时间消灭自己随身携带的零食。在体重迅速反弹的同时，她也患上神经性贪食症。

临床上患神经性贪食症者多为年轻女性，患者发作时有不可抗拒的进食欲望。她们虽然常常担心自己吃得过多，每当想吃时便告诫自己不可失控，但见到食物时就会把所有戒律抛之脑后。她们每次暴食许多食物，如七八个蛋糕，十来个鸡蛋，一两斤面条，并且暴食症状反复出现，周期不定。

过度贪食导致的后果是显而易见的，无法保证减肥倒在其次，胃溃疡、消化不良、身体机能衰竭等病症都有可能出现，令人痛苦不堪。上海曾经有

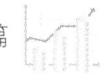

一例病人因为过度贪食导致全身衰竭，最终死亡。

神经性贪食症患者还有较神经性厌食症患者更为突出的情绪障碍，如自责、焦虑、抑郁等，因此神经性贪食症与抑郁症的关系很密切。一旦患上一定要找心理医师诊治。

神经性贪食症病程较长，患者症状较为波动起伏，治疗有一定的难度。因此，患者必须密切配合，才有望获得较满意的治疗效果。患者及家人要认识到这是一种疾病，而不要认为这只是嘴馋或是一种不良的饮食习惯，只有认清病性才有利于及早发现和诊治。

神经性贪食症患者一般都需要到医院进行治疗。治疗一般采用心理治疗为主、药物治疗为辅的方法。药物常用的是一些抗抑郁药物。心理治疗中除用支持性心理治疗以外，还采用认知一行为治疗的方法，即从患者的进食问题入手，纠正其异常行为和观念。

整形美容的人是怎样想的——"幻丑症"

中国第一人造美女郝璐璐，本来就是一个美丽动人的小姑娘，但是她却在做了15次整形手术后还觉得不够，在后来的第16次手术中，医生从她的腋下和后背肌肉里抽取了850毫升的脂肪，以求曼妙身材。

郝璐璐的例子，勾勒出了整形"幻丑症"的模样。不过这只是冰山一角而已，普通人群里众多的"幻丑症"者分布在各个角落，承受着各自的"幻丑"痛苦。所谓"幻丑症"，是一种因极不自信而重复整形的心理病症，就是整形者老是对自己的五官或其他部位不满意，总是想通过整形来改变它，即使是本来已很好看的容貌，也强迫自己不接受它而去反复整容。"幻丑症"患者以30岁左右的女性居多，而"幻丑"的部位以鼻子居多。

爱美之心人人有之，通过整形美容来达到美丽动人的目的也是正常的。

但整形不比捏泥人那么简单，坏了可以重来。整形毕竟是手术，虽然随着技术的进步，风险已经降得很低，但失败的风险从来没有消失过，千万不要心存侥幸而重复多次去冒这种险。据整形专家介绍，二次整形的时间最好选择在前一次整形的至少3个月之后进行，这样可以给自身组织一个充分的修复时间。因为，每动一次整形手术，软组织就会被破坏一次，疤痕就会生成一次，不仅影响供血功能，而且不断植入的假体会破坏皮肤的弹性，长此以往，就有可能造成毁容。

为了让人们对整形美容有一个全面的、正确的认识，下面列出三种常见的整形心理，分别对其进行分析，并给出心理纠治的方法。

1.过于寻求完美

分析：这类人不能正确地认识自己、接纳自己，没有正常的审美观。算是不错的外形和容貌，在他们眼里却总是不能接受，并且还想借整形美容的手段来改变或是臻于完美，以致不惜以多次手术为代价。

整形毕竟是手术，反复的手术不仅会影响身体的健康，破坏五官的正常功能，还会造成心理上的抑郁。

心理纠治：对这类过于追求完美的"幻丑症"患者，在对其职业、气质、服饰等方面做个整体判断之后，整形医生应该本着负责任的态度对其进行劝阻；如果劝阻无效，就应该对其进行心理疏导。心理疏导不是严厉的斥责，也不是一般的说教，而是帮助患者找到"幻丑"的症结所在，讲解生理整形的局限性和手术的弊端，给其一个正确、全面的认识。即使通过疏导后患者仍有整形要求，也应该婉言予以拒绝。

2.改变缺陷

分析：急于改变缺陷是人们求助于美容整形的多数原因。由于先天的或其他的原因造成了身体某部位或多部位的缺陷，这些人便希望通过整形来修补或改变，这属于一种正常的整形心理和行为。修补好原有的缺陷，可大大提高整形者的自信心，但次数多了也会毁容。

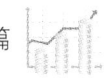

心理纠治：遇到这样的情况，专业的整形医师都会以正常的程序来对待，先与顾客进行术前的心理交流，并降低其希望值，但对顾客提出的术后效果要求会尽量帮助实现，并帮助其建立起承担风险的心理能力。一旦发现"幻丑症"的迹象，便应及时纠正。

3. 受他人影响

分析：受他人蛊惑或影响也是人们进行美容整形的重要原因之一。受所崇拜的某个明星的影响是常见的情况，还有一些则是因为看见周围的人做过整形后变漂亮了而产生了羡慕，还有些则是听信朋友、恋人之言而选择手术。她们往往缺乏主观上的思考和充分的心理准备，术后的生活并不一定幸福，严重的可能会陷于深深的后悔之中，形成心理问题。

心理纠治：这种人也要进行审美上的引导和心理上的疏导，不过有别于前两种情况。应该劝告她们不要人云亦云，不要盲目模仿，要有自己的独立思考。其实，每个人生来的五官在相对独立的情况下，更是一个不可分割的整体（不包括天生缺陷的情况），即使将某个明星的眼睛或鼻子原封不动地搬到你的脸上，也不一定给你带来美丽，因为任何一个面部器官都首先要与你的整体面容相协调。

最佳的美容处方——心理美容

精神压力可导致内分泌系统紊乱，持久的心身功能失调的出现，并且会使皮肤干燥松弛、失去光泽，肤色呈病态，人在这样的情况下就需要进行心理美容了。现代美容不仅包括化妆、护理、手术等改变人外在形体的技术和理论，而且还包括心理美容，即从心理的角度去开掘人心灵深处的隐私、疏导郁结的心境、激发对生活的信心，从而营造豁达乐观、欢愉向上的心理状态。

具体地说，心理美容就是通过疏导与暗示，使人的心情愉快、精神饱满；同时促进血液循环，激活面部和全身肌肤细胞的代谢，使肌肤富有光泽和弹性；使脏腑与气血运行顺畅，浑身充满活力。

心理美容具有社会学的意义，即完善自我，发展自我，体现自我。只有完善了自我，具有了高尚的道德情操、渊博的知识贮存、成熟的心理承受力、感人的个性特征、有吸引力的人际交往能力、引起对象产生愉悦、认同、感化的魅力，一个人才容易被社会接纳，才能够有宽阔的交往空间，才能够获得美好的生活与成功的事业，既利于个人发展又体现自我价值。

心理美容可分为不良情绪消除法和健康心理培养法两类。其中，不良情绪消除法包括情趣除忧法、心灵美境法、洒泪排忧法及倾诉苦衷法；健康心理培养法包括工作培养法、音乐培养法、休闲培养法及笑容培养法等，其中笑容培养法是人们最乐意接受的、见效最快的方法。

心理美容包括哪些具体内容呢？下面简单介绍几种：

（1）保持愉快情绪：心理学家认为，愉快的情绪能使人处于怡然自得的状态，有益于人体各种激素的正常分泌，有利于调节大脑功能和血液循环，使美丽从内向外扩散出来。

（2）学会幽默：心理学家认为，幽默是人的一种健康机能，更是心理美容的良方。幽默和风趣的言行不仅可以给人带来欢快的情绪，而且能缓解生活中的矛盾和冲突，维持心理平衡，是生活的调味品和润滑剂。

（3）倾诉衷肠：这是一种有效的自我心理调节方法。当人们心头郁积着苦闷和烦恼，尤其是处于"心理梗塞"期时，若能及时向亲友、同事、心理医生倾诉，便可以排淤化结，使受挫的心灵得到一定程度的抚慰，感情的伤口得到几分的愈合。

（4）学会宽容：宽容可以消除人与人之间的隔阂，营造良好的人际关系和生活环境。日常生活中，夫妻、邻里、同事之间难免有矛盾和烦恼，处理不好就会形成心理问题，影响生活和工作。特别是在被人曲解和伤害时，

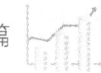

有些人本能的反应就是报复。然而，报复虽然可以发泄怒气，减轻心中的负荷，求得一时痛快，但其结果是激化矛盾，甚至造成可怕的后果。退一步海阔天空，此时，人们最明智的选择就是宽容。宽容了，心境就好了，由内而外地，人也就美了。

（5）想象美容法：每晚临睡之前，盘腿端坐在床上，深呼吸3次，然后全身放松，自然呼吸。想象自己置身于清澈的湖水旁，头顶明月当空，湖畔绿草如茵；想象自己的皮肤如月亮般皎洁，清澈的湖水滋养着皮肤。如果你面部有雀斑，则可想象雀斑点点消退，皮肤变得光滑、细嫩。每次15分钟左右，坚持下去，约2周之后即可见效。虽然想象美容法听起来有点不可思议，不过它确实是有效的心理美容方法之一，不妨试一试。

第六章　轻松拥有好人缘的心理学

——人际关系篇

敞开心扉能给人好感——自我暴露定律

生活中有一种人是相当封闭的。当别人向他们说出心事时，他们却总是对自己的事情闭口不谈。但这种人不一定都是内向的人，有的人话虽然不少，但是从不触及自己的私生活，不谈自己内心的感受。

总体来说，一个人对他人的开放性体现在两个方面：一是由初次见面时待人接物的习惯所决定的，这称为社交性。社交能力强的人善于闲谈，但谈话中未必会涉及根本问题。二是由一个人是否愿意将自己的本意、内心展现给他人所决定的，这称为自我展示性。

这两个方面的开放性通常是完全独立的。有些人社交能力很强，他们可以饶有兴致地与你谈论国际时事、体育新闻、家长里短，可是从来不会表明自己的态度。而你一旦将话题引入略带私密性的问题时，他们就会插科打诨，或是一言以蔽之。可见，一个健谈的人，也可能对自身的敏感问题，有相当强的抵触心理。相反，有一些人虽不善言辞，却总希望能向对方袒露心声，反而很快能和别人拉近距离。

人之相识，贵在相知；人之相知，贵在知心。要想与别人成为知心朋友，就必须表露自己的真实感情和真实想法，向别人讲心里话，坦率地表白自己，陈述自己，推销自己。这就是自我暴露。

当自己处于明处，对方处于暗处时，自己一定不会感到舒服。自己表露情感，对方却讳莫如深，不和你交心，你一定不会对他产生亲切感和信赖感。当一个人向你表白内心深处的感受，你就可以感到对方是信任你的，他想和你达到情感的沟通。这就会一下子拉近你们的距离。

在生活中，我们会发现有的人知心朋友比较多，虽然他外表看起来不是很擅长社交。这是为什么呢？如果你仔细观察，会发现这样的人一般都有一个特点，就是为人真诚，渴望情感沟通。他说的话也许不多，但都是真诚的。他有困难的时候，不知怎么总会有人来帮助他，而且很慷慨。

而有的人，虽然很擅长社交，甚至在交际场中如鱼得水，但是他却少有知心朋友。因为他习惯于说场面话，做表面功夫，交朋友又多又快，感情却都不是很深。因为他们虽然说很多话，但是却很少暴露自己的感情。其实人人都不傻，都能直觉地感到对方对自己是出于需要、还是出于情感而来往。

每个人内心深处都有对情感的需要，就好像对食物的需要是与生俱来的一样。情感纽带下结成的关系，要比暂时的利益关系更加牢固。

实际上，人和人在情感上多少总会有相通之处。如果你愿意向对方适度袒露，就会发现相互的共同之处，便能和对方建立某种感情的联系。对可以信任的人吐露秘密，有时会一下子赢得对方的心，赢得一生的友谊。

心理学家认为，一个人应该至少让一个重要的他人知道和了解真实的自我。这样的人在心理上是健康的，也是实现自我价值所必需的。

当然，"自我暴露不足"虽然不好，但过度也是不好的。总是向别人喋喋不休地谈论自己的人，会被他人看作是适应不良的自我中心主义者。心理学家认为，理想的自我暴露是对少数亲密的朋友做较多的自我暴露，而对一般朋友和其他人做中等程度的暴露。

而且，你也不一定要说你的秘密，在不太了解的人的面前，可以交流一些生活中并不私密的情感，既给人亲近之感，又不会让自己处于不安之中。

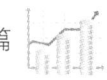 得人好处会想着回报——互惠定律

在第一次世界大战中，德国有一些特种兵的任务是，深入敌后去抓俘虏回来审讯。

当时打的是堑壕战，大队人马要想穿过两军对垒前沿的无人区，是十分困难的。但是让一个士兵悄悄爬过去，溜进敌人的战壕，相对来说就比较容易了。参战双方都有这样的特种兵，他们经常被派去抓俘虏。

有一个德国特种兵以前曾多次成功地完成这样的任务，这次他又出发了。他很熟练地穿过两军之间的无人区，突然出现在敌军战壕中。

一个落单的士兵正在吃东西，毫无戒备，一下子就被缴了枪。他手中还举着刚才正在吃的面包，这时，他本能把一些面包递给对面突然闯入的敌人。这也许是他一生做得最正确的一件事了。

面前的德国兵忽然被打动了，这个举动引发了他奇特的行为——他没有俘虏这个敌军士兵，而是自己回去了，虽然他知道回去后上司会大发雷霆。

这个德国兵为什么这么容易就被一块面包打动呢？人的心理其实是很微妙的。人一般有一种心理，就是得到别人的好处或好意后，就想要回报对方。虽然德国兵从对手那里得到的只是一块面包，甚至他根本没有接过那块面包，但是他感受到了对方对他的一种善意，即使这种善意中包含着一种恳求。但这毕竟是一种善意，是很自然地表达出来的，并在一瞬间打动了他。

德国兵在心里觉得，无论如何都不能把一个对自己好的人当俘虏抓回去，甚至要了他的命。

其实这个德国兵不知不觉地受到了心理学上"互惠定律"的左右。这种得到对方的恩惠，就一定要报答的心理，就是"互惠定律"，这是人类社会中根深蒂固的一个行为准则。

一位心理学教授做过一个小小的实验，证明了这个定律。他在一群素不相识的人中随机抽样，给挑选出来的人寄去了圣诞卡片。虽然他也估计到了会有一些回音，但却没有想到大部分收到卡片的人都给他回了一张，而实际上他们并不认识他。

给他回赠卡片的人，根本就没有想到过打听一下这个陌生的教授到底是谁。他们收到卡片，自然地就回赠了一张。也许他们以为是自己忘了这个教授是谁，或者以为自己忘记了这个教授给他们寄卡片的原因。不管怎样，自己不能欠人家的情，给人家回寄一张，总是没有错的。

这个实验虽小，却证明了互惠定律的作用。当从别人那里得到好处时，我们总觉得应该回报对方。如果一个人帮了我们一次忙，我们也会帮他一次，或是给他送礼物，或是请他吃饭。如果别人记住了我们的生日，并送我们礼物，我们也会对他这么做。

中国讲究礼尚往来，也是互惠定律的表现。这似乎是人类行为不成文的规则。

一个人向朋友请教一件事，两人一起吃饭，那么账单就理所当然应由请教人的一方支付，因为他有求于人。如果他不懂这个道理，反而让对方付，就很不得体。

在不是很熟悉的朋友之间，你求别人办事，如果没有及时地回报，下一次又求人家，就显得不太合适。因为人家会怀疑你是否有回报的意识，是否感激他对你的付出？及时地回报，可以表明自己是知恩图报的人，有利于相互的继续交往。

而且如果不及时回报，会给你带来一些麻烦。你一直欠着这个情，如果对方突然反过来要求你一件事，而你又觉得不太好办的话，就很难拒绝了。俗话说："受人一饭，听人使唤。"可以说，为了保持一定的自由，你最好不要欠人情债。

当然，在关系很亲密的朋友之间，就不一定要马上回报，那样可能反而显得生疏。但这也不等于不回报，只是时间可能拖得长一些，或等到机会再回报。

朋友间维护友谊遵循着互惠定律，爱情里也是如此。其实世上没有绝对无私奉献的爱情，不像歌里和诗里表现的那样，爱情也是讲求互惠互利的，双方需要保持一个利益的平衡。如果平衡被严重打破，就可能导致关系破裂。

人与人之间的互动，就像坐跷跷板一样，要高低交替。一个永远不肯吃亏、不肯让步的人，即使真正得到好处，也是暂时的，他迟早要被别人讨厌和疏远。

对别人过好，对自己不利——交往适度定律

我们讲过互惠定律，就是人们对别人给予的好处，总想要同等地汇报。于是有的人便以为，他如果对对方特别好，对方也会对他特别好。其实，互惠定律如世间一切规律一样，就是适度最好，过犹不及。

你对别人过分地好，在人际交往中"过度投资"，可能引起三个不良后果。

第一个不良后果是，对一个有劳动能力、智商健全的人来说，独立和付出是个性成长的需要，人际关系中如果不能相互满足某种需要，那么这种关系维持起来就比较困难。心理学家霍曼斯曾提出，人与人之间的交往本质上

是一种社会交换。这种交换同市场上的商品交换所遵循的原则一样，就是人们希望在交往中，得到的不少于所付出的。这也是我们在互惠定律里阐释过的。

正因如此，虽然人有自私的本性，不希望得到的少于付出的，但出于互惠定律，如果得到的大于付出的，也会让人心理失去平衡。因为这会使人感到无法回报或没有机会回报对方，而在心里感到愧疚，感到欠对方的情。这种心理负担会使受惠的一方只好选择疏远。

所以，在人际交往中，要有所保留。初入社交圈中的人容易犯一个错误，就是"好事一次做尽"，以为自己全心全意为对方做事，会使关系更融洽、密切。事实上并非如此。因为人如果一味接受别人的付出，心理会感到不平衡。所以不要把好事一次做尽，要留有余地，或者给对方回报的机会。

第二个不良后果是，对对方过好，会令对方对这种恩情感到麻木，时间长了，就不觉得你对他有多好。中国俗话说："一斗米养个恩人，一石米养个仇人。"说的就是这个道理。就是说，你对别人适度地好，对方会感激你，也会回报你；如果你对对方过好，时间长了对方就麻木了，而你某一次达不到原来的标准，反而会引起对方的不满，反而得罪了他。用通俗的话说，就是把对方给惯坏了。

这在父母对孩子的教育中显现得很多。俗话说："棍棒底下出孝子。"如果你对子女过好，会让他习以为常，觉得理所当然，一旦将来让他独立解决困难，他就觉得你对他太不好了。还怎能指望他孝敬你呢？

夫妻之间也是如此。有时，妻子对丈夫太好，生活上照顾得无微不至，什么事都对他百依百顺，反而让对方轻视你的感情。因为人们对于太容易得到的东西，就不懂得珍惜了。而对方对你付出的不珍惜，反过来可能引起你的怨恨，结果在感情上形成了恶性循环，很不利于夫妻感情的健康发展。所以，在爱情关系里面，一个人不要只求付出，不求回报，而应该适当地向对方提出索取，以保持感情付出的平衡。

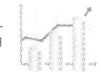

在公司里面也有这个规律。有的老板一开始比较仁慈，给员工较高的工资。可是市场风云变幻，后来生意发展不顺利，公司财务吃紧，只好又降低员工的工资，而这又导致了员工的抱怨。作为老板，应该在开始的时候就避免过于乐观，不能把员工工资定得太高，因为你提高他的工资他高兴，你一旦降低，他就怨你，人大多如此。为了鼓励员工的积极性，可以许诺年底发奖金，但那要以公司经营状况良好为前提。

第三个不良后果是，容易让别人觉得你心太软，不怕你，对你无所忌惮。生活中并不是所有的人都是善良的，所以让自己有点威严，可以更好地保护自己，也能让自己更有影响力。如果你总是对别人太好，会让人觉得你善良而软弱，你会很容易被利用。尤其是作为领导一定要懂得恩威并施的方法，既要有软的一面，也要有硬的一面。

以己之心，度人之腹——投射定律

有这样一个笑话。

一天晚上，在漆黑偏僻的公路上，一个年轻人的汽车抛了锚——汽车轮胎爆炸了。

年轻人翻遍了工具箱，也没有找到千斤顶。怎么办？这条路半天都不会有车子经过。他远远望见一座亮灯的房子，决定去那户人家借千斤顶。可是他又有许多担心，在路上，他不停地想：

"要是没有人来开门怎么办？"

"要是没有千斤顶怎么办？"

"要是那家伙有千斤顶，却不肯借给我，该怎么办？"

……

顺着这种思路想下去，他越想越生气。走到那间房子前时，他敲开门，主人刚一出来，他冲着人家就是劈头一句："你那千斤顶有什么稀罕的？！"

主人被弄得"丈二和尚——摸不着头"，以为来了个精神病人，就砰的一声把门关上了。

这个笑话是说，人把自己的想法投射到他人身上，是多么可笑，因为人家未必像你想象的那样。

在心理学上，那种把自己的某些心理特点加给对方的现象，叫作"投射"，也就是我们平常所说的"以己之心，度人之腹"。

有很多时候，人们不考虑别人的情况和自己是否相似，就胡乱推测别人。比如有时我们和别人交往，感到对方似乎不像以往那么热情，或者没精打采，就怀疑对方是不是对自己有什么意见？其实对方可能是身体不舒服，或者遇到了什么不愉快的事而心情不好，当然无法像平时那么热情，但并不是对你有什么意见。我们不要轻易下结论，而要继续观察观察。

总之，每个人的生活都是一个小世界，我们很难了解其他人的世界里发生了什么事，怎样影响了他的心情和状态。所以我们对别人的表现不要过于敏感，以己度人，疑神疑鬼。

当然我们也不否认，有时候的投射是正确的。因为人性有相通之处，有些事情不同的人的确会产生相同的感受。但是，人和人也有不同，所谓"性相近，习相远"。如果任何时候，都拿自己的感受去揣度别人，主观想象别人会和自己一样，是会经常发生错误的。

有这样一个故事。有人向一个国王进献了一只珍贵的小鸟。国王从没见过这么可爱的小鸟，非常喜欢，就用金丝笼子把它养起来，天天给他吃山珍海味，给它奏最好的音乐听，让人伺候它的起居，对它进行细心的照顾。没想到的是，没过多久，这只鸟竟死掉了。这是因为，人喜欢的，不一定也是鸟喜欢的。而国王却犯了以己度鸟的错误。

生活中，我们也经常犯类似的错误，以为自己喜欢的就是别人喜欢的，

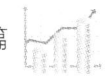

爱把自己喜欢的东西强加给别人。比如妻子喜欢逛商场，以为丈夫也喜欢，就强迫丈夫陪自己逛；家长觉得弹钢琴是好事，想让孩子多才多艺，就逼迫孩子学……

其实每个人都是一个世界，不同的人看到的世界可能是大相径庭的。瑞士精神科医生罗夏曾编制了一种测验人格的方法。他设计了十张墨迹图，有五张是黑白色的，三张是彩色的，另外两张除黑色外，还有鲜艳的红色。这十张图片都编有一定的序号，施测的时候每次出示一张，问被试者："你看这像什么？"或者"这让你想起了什么？"结果每个人的描述都各不相同。这个有名的实验证明了不同的人看问题的角度不同的事实。

也就是说，"人心如面，各不相同"，俗语中还有"尔之砒霜，吾之熊掌"，都是告诫我们不要轻易地以己度人。

对陌生人的最初印象比较深刻——首因定律

一个新闻系的毕业生正急于寻找工作。一天，他到某报社问总编："你们需要一个编辑吗？"

"不需要！"

"那么记者呢？"

"不需要！"

"那么排字工人、校对呢？"

"不，我们现在什么空缺也没有。"

"那么，你们一定需要这个东西。"说着，他从公文包中拿出一块精致的小牌子，上面写着"额满，暂不雇佣"。总编看了看牌子，微笑着点了点头，说："如果你愿意，可以到我们广告部工作。"

这个大学生通过自己制作的牌子，表现了自己的机智和乐观，给总编留下了美好的"第一印象",引起对方极大的兴趣,从而为自己赢得了一份满意的工作。

当我们进入一个新环境,参加面试,或与某人第一次打交道的时候,常常会听到这样的忠告:"要注意你给别人的第一印象噢!"

第一印象又称为初次印象,指两个素不相识的陌生人第一次见面时所获得的印象。那么,第一印象真的有那么重要,以致在今后很长时间内都会影响别人对你的看法吗?

心理学上有一个规律,在和陌生人的交往中,他早期给我们的印象往往比较深刻。有这样一个心理学实验证明了这个规律。

心理学家设计了两段文字,描写一个叫吉姆的男孩一天的活动。其中一段将吉姆描写成一个活泼外向的人:他与朋友一起上学,与熟人聊天,与刚认识不久的女孩打招呼等;而另一段则将他描写成一个内向的人。研究者让有的人先阅读描写吉姆外向的文字,再阅读描写他内向的文字;而让另一些人先阅读描写吉姆内向的文字,后阅读描写他外向的文字,然后请所有的人都来评价吉姆的性格特征。

结果,先阅读外向文字的人中,有78%的人评价吉姆热情外向,而先阅读内向文字的人,则只有18%的人认为吉姆热情外向。可见,人们在不知不觉中,倾向于根据最先接收到的信息来形成对别人的印象。

由此可见,第一印象真的很重要!人们对你形成的某种第一印象,通常难以改变。而且,人们还会寻找更多的理由去支持这种印象。有的时候,尽管你表现的特征并不符合原先留给别人的印象,人们在很长一段时间里仍然要坚持对你的最初评价。第一印象在人们交往时所产生的这种先入为主的作用,被叫作首因定律。

其实,人类有一种特性,就是对任何堪称"第一"的事物都具有天生的兴趣并有着极强的记忆能力。承认第一,却无视第二,不经意地你就能列出许许多多的第一。如世界第一高峰、中国第一个皇帝、美国第一

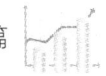

个总统、第一个登上月球的人等，可是紧随其后的第二呢？你可能就说不上几个。

在生活中，人同样对第一情有独钟，你会记住第一任老师、第一天上班、初恋等，但对第二就没什么深刻的印象。这就是"首因定律"的表现。

因此，我们要特别注意给别人的第一个印象，要争取在第一次亮相的时候，就表现出最有光彩的自己。

对熟人的近期印象比较深刻——近因定律

在生活里，我们总是强烈谴责喜新厌旧的人，认为他们的行为是不道德的。然而，在交往中，其实很多人都有"喜新厌旧"的习性——比较重视新的信息，而不太重视旧的信息。

新近的信息比以前得到的信息对于交往活动有更大影响，突然的一个"信息"会使人们早已习惯的认识和印象发生质的飞跃，这和首因定律正好相反，在心理学上叫作"近因定律"。

那么首因定律和近因定律岂不是自相矛盾？其实，它们并不矛盾，而是各自有着适用的范围。心理学家告诉我们，一般地说，当两种矛盾的信息连续出现时，首因定律突出，而当两种矛盾的信息间断出现时，近因定律更为明显；在与陌生人交往时，首因定律影响较大，而在与熟人交往时，近因定律则有较大影响。

生活中有许多近因效应的例子。比如某人犯了一个错误，人们便改变了对这个人的一贯看法。

某电视台著名节目主持人，一生声名卓著，到了晚年却晚节不保，因为一桩私生活的丑闻而败坏了一世名声，这就是近因定律的作用。在朋友交往中，有时多年的友谊会因一次小别扭或误会而告终；夫妻之间吵架，一气之下，可能全忘记了对方过去的好处和恩爱，只想着离婚，这也是近因定律"惹的祸"。

民政部门似乎对近因定律有所了解，所以在夫妻前往办理离婚手续的时候，往往会劝他们先冷静一段时间，等考虑好了再来办也不迟。于是很多夫妻回去仔细一考虑，又想起了对方的种种好处，就又不想离了。

近因效应还有一个表现就是，在人与人交往的过程中，往往最后的一句话决定整句话的调子。比如老师跟学生说："随便考上一个学校，该没有什么问题吧？虽然录取率那么低。"或者说："虽然录取率那么低，总能考上一个学校吧？"这两句话的意思是一样的，只因语句排列的顺序不同，给人的印象也全然不同。前者给人留下悲观的印象，后者则给人留下乐观的印象。

曾国藩有一个有趣的故事，也能说明这个效应。曾国藩在最初和太平军的交锋中，一直处于劣势，于是在奏折中称自己"屡战屡败"。但他幕下的一个师爷告诉他不要这样写，而将四个字的位置调动了一下，变成了"屡败屡战"。曾国藩恍然大悟，把奏折改了过来，交了上去。结果一个"常败将军"的形象变成了败而不馁、坚忍不拔的形象。

因为这个规律的存在，老师批评学生或上级批评下属时，也应该注意语句的先后顺序，尽可能使它产生一个良好的近因效应。比如在进行了严厉的批评后，不要忘了安抚对方的情绪："……也许，我的话讲得重了一点，但愿你能理解我的一番苦心。""……很抱歉，刚才我太激动了，希望你能好好加油！"用这种话作结束语，被批评者就会有受勉励之感，认为这一番批评虽然严厉了一点，但都是为自己好。

近因效应提醒我们在人际交往中，不能依靠吃老本，而要时刻注意近期的表现，时刻注意保持已经树立起来的形象。

平时在和老朋友的交往中，每一次交往都要认真对待，特别是每一次交往的最后几分钟留给别人的印象。由于是老朋友，就没有什么首因定律可

言了，而到底哪一次交往能发生近因定律，却是无法预料。只要有一次表现得有点异样或特别，那么，过去的表现就可能会大打折扣甚至一笔勾销。因此，每一次交往都得小心行事，不能因为是老朋友就"忘乎所以"。

近因定律包含着人类喜新厌旧的本性。这提醒我们人际关系是需要"保鲜"的——尤其是夫妻之间。我们大概都还记得电影《手机》中那句流行一时的台词："在一张床上睡了20年，难免会有一些'审美疲劳'"。就是说，不管当初如何恩爱，如何甜蜜，如果不能经常保持新鲜感，近因定律会使我们忘记对方过去的好，而因为喜新厌旧，人会产生移情别恋的可能。

人们都喜欢和自己相似的人——相似定律

古时候钟子期和俞伯牙的友谊非常有名。俞伯牙有出神入化的琴技，而只有钟子期才能听出他琴技的高超，于是钟子期和俞伯牙成为知己。后来钟子期在政治斗争中被杀，俞伯牙非常伤心，终生不再弹琴了，因为已经没有人能够听懂了，何况这还会勾起他对钟子期的怀念和伤感。

钟子期、俞伯牙之所以有超乎寻常的友情，就是因为他们有个相似的特点——对音乐的高超的鉴赏力。因为无人能取代钟子期，所以在俞伯牙心中，钟子期的地位是独一无二的。

有个成语叫"臭味相投"，还有个俗语叫"物以类聚，人以群分"，说的都是人们对和自己相似的人容易看着顺眼，容易成为朋友。相反，如果志趣不投，人和人就不容易成为朋友；即使本来是朋友，发现志趣各异，也会变成陌路。古时候"割席断交"的故事，就和钟子期、俞伯牙的故事正好相反。

管宁和华歆在年轻的时候是一对非常要好的朋友，经常一起吃、一起住、一起读书。有一次，他俩一块儿在地里锄草，管宁碰到了一锭金子，但是他自言自语地说了句："我当是什么硬东西呢，原来是一锭金子。"接着，就继续锄草。

华歆听说捡到金子了，忙跑过来，激动地拿在手里看，显出贪婪之色。管宁责备华歆说："钱财应该靠自己的辛勤劳动去获得，一个有道德的人不该贪图不义之财。"华歆不赞同他，也不好意思说什么。

又有一次，他们坐在一张席子上读书。忽然外面沸腾起来，一片鼓乐之声，夹杂着人们看热闹的声音。他们走到窗前一看，一位达官显贵正从这里经过，他的队伍衣着华丽，威风凛凛。

管宁看完了，就回到原处继续读书。华歆却完全被这种张扬和豪华的排场吸引住了，书也不读了，干脆跑到街上去看个仔细。

管宁看到华歆的行为很失望。等华歆回来后，管宁拿出刀子把他们共同坐的席子从中间割成两半，痛心地宣布："我们两人的志向和情趣太不一样了。从今以后，我们就像这被割开的草席一样，再也不是朋友了。"

所谓"道不同者不相为谋"，志向不同，就像两条道上跑的车，怎么也走不到一块去。所以真是没有必要在一起了。

心理学家做过这样一个实验：他们要求一些年轻人回忆他们结交的一位最亲密的朋友，并请列举这位朋友与他们自己有哪些相似之处与不同之处。大多数人列举的尽是他的朋友与他的相似之处，什么"我们性格内向、诚实，都喜欢欣赏古典音乐"，什么"我们都很开朗、好交际、还常常在一起搞体育活动"，等等。

在日常生活中我们也经常可以看到，人生观、宗教信仰、对社会时事的看法比较一致的人，更容易谈得来，感情融洽。相似性包括很多方面，如态度、信念、兴趣、爱好、价值观等。同年龄、同性别、同学历和相同经历的人容易相处；行为动机、立场观点、处世态度、追求目标一致的人更容易相互扶持……

那么人为什么会喜欢与自己相似的人呢？

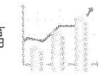

首先，人们与和自己持有相似观点的人交往时，能够得到对方的肯定，便会增加"自我正确"的安心感。他们之间发生争辩的机会较少，双方都容易获得对方的支持，较少会受到伤害，比较容易有安全感。

比如，有两个素不相识的酒鬼因喝醉了酒，在同一辆电车中睡着了。他们一直坐到郊外的终点站。当时又没有返程电车，于是这两个同病相怜的醉鬼之间产生了友情，他们一起寻找出租车，车费两人各半。他们愉快地聊着，踏上了归途。这两个酒鬼也许不被别人理解，可是他们之间却同病相怜，惺惺相惜，或者说臭味相投。

其次，相似的人容易组成一个群体。人们试图通过建立相似性的群体，以增强对外界反应的能力，保证反应的正确性。人在一个与自己相似的团体中活动，阻力会比较小，活动更容易进行。

人们都喜欢和自己形成互补的人——互补定律

在生活中我们可以发现，不仅特征相似的人会相互吸引，而且彼此之间差异较大的人，也能够建立较为亲密的关系。在需要、兴趣、气质、性格、能力、特长和思想观念等方面，如果存在差异，而双方的需要和满足途径又正好成为互补关系，就可以产生相互吸引的关系。这证明人不仅有认同的需要，也有从对方获得自己所缺乏的东西的需要。

那么互补定律和相似定律是否矛盾呢？它们并不矛盾，因为差异并不一定都能形成互补。互补性的前提是，交往双方都得到满足，如果不能满足这一要求，那么相反的特性就不能够产生互补，甚至还产生厌恶和排斥。比如高雅和庸俗、庄重和轻浮、真诚和虚伪等，这些就只能造成"道不同者不相为谋"。

或者说，形成相似的那些条件，往往是大的方面，比如人生观、做人处世原则、人生追求等。这些如果不同，就难以理解，不容易吸引。而形成互补的，往往是相对较小的方面，比较具体的特征。就像人们常说的："该相似的地方相似，该互补的地方互补。"

互补一般可分为两种情况：一种是交往中的一方能满足另一方的某种需要，或者弥补某种短处，那么前者就会对后者产生吸引力。如能力强、有某种特长、思维活跃的人，对能力差、无特长、思维迟缓的人来说，就具有吸引力；依赖性特别强的人愿意和独立性强的人在一起；脾气暴躁的人和脾气温和的人能够成为好朋友；支配型的人和服从型的人能够结秦晋之好。试想，如果两个都是支配型的人结为夫妻，那家中还能太平吗？另一种是因为别人的某一特点满足了你的理想，而增加了你对他的喜欢程度。比如一个看重学历的人，自己又没有拿高学历的机会，就会很看重高学历的朋友。

任何人都与生俱来地具有一些缺点，而且性格不是那么容易改变。为了弥补自己的不足，我们往往在寻求生活伴侣和事业伙伴时，注意寻找能弥补自己缺点的人。

如小张是一个好与人争辩且十分任性的人，他找的是一个大大咧咧的老婆。小张之所以喜欢她，是因为她能够让小张从容地依照自己的步调行事，不和他较真，让他很安心。

在事业的合作上，寻找和自己互补的人是非常重要的。比如比尔·盖茨原来自己经营微软公司，时间长了，逐渐发现自己在管理方面的能力欠缺。而且他自己真正的兴趣是在软件开发上，所以逐渐感到分身乏术，力不从心，工作兴趣也下降了。他逐渐认识到管理方面需要有专门的人才来为他打理，于是就找到了大学时的同学鲍尔默。而鲍尔默恰恰是个管理方面的天才。他热情万丈，善于影响别人，善于调动职工的积极性。对比尔·盖茨来说繁琐乏味的管理工作，对于他来说则乐趣无穷。这就形成了很好的互补关系，强强联合，缔造了辉煌的成功。

人们都喜欢也喜欢自己的人——相互吸引定律

人大概都有些自恋，就是喜欢自己。这个世界上，你最爱的人是谁？恐怕大部分人都会回答是自己。人们都把自己当成世界的中心，把自己作为衡量一切的标准。

这种情况一点也不奇怪，符合人的自我中心的本性。比如，如果别人喜欢我们，就比较容易赢得我们的喜欢，而不管他客观上是怎样的人。当然，我们说的是大多数人的情况，而不是所有人。

看看你身边的人，你想过你喜欢的人通常具有哪些特征吗？你喜欢他们，是因为他们漂亮吗？还是因为他们聪明？或者是因为他们有社会地位？

心理学的研究表明，我们通常喜欢的人，是那些也喜欢我们的人。她不一定很漂亮，或很聪明，或者很有社会地位，仅仅是因为她很喜欢我们，我们也就很喜欢她。这个规律叫作相互吸引定律。

那么，我们为什么会喜欢那些喜欢我们的人呢？因为喜欢我们的人使我们体验到了愉快的情绪，一想起他们，就会想起和他们交往时所拥有的快乐；一看到他们，自然就有了好心情。

而且，那些喜欢我们的人使我们受尊重的需要得到了满足。因为他人对自己的喜欢，就是一种对自己的肯定、赏识，表明自己对他人或者社会是有价值的。

有人说过这样一句话："什么是好人？对我好的人就是好人。"其实这种观点是很有代表性的。人们大多是以这个标准来衡量周围的人的。

有些人很善于利用这个心理定律赢得别人的好感。那就是，为了得到别人的认可，就表现出喜欢对方的样子。比如推销员，他每天要面对许多从未谋面的人，他也许并不了解那些人，但是，他必须表现出对对方的喜欢，这是为了让对方也喜欢他、接受他，他的生意才好做。

可以说，这个规律在社交场中很具有实用价值。这是赢得别人好感的捷径。你可以经常表现出对别人的兴趣，这就表明对对方有好感，就很容易赢得对方同样的情感回报。

为什么说这条定律来源于人的自恋心理呢？因为当人们发现一个人喜欢自己，不管对方客观情况怎样，是否具有让自己喜欢的特点，都会无条件地比较喜欢对方。人们大概是想象，既然对方喜欢自己，那么一定是他在某些方面和自己相似，认可自己的为人和某些特点，那么自己有什么理由不同样喜欢对方呢？

这种心理规律，在某种程度上，也和人们的自信缺乏有关。

一个人如果自我尊重程度较强，较为自信，那么别人表示出来的对他的喜欢和赞扬，对他的影响就不是很大，人际吸引的相互性原则对他的作用也就不是很大。而那些具有较低自我尊重的人，往往不喜欢那些给他否定性评价的人，因为他极不自信，所以特别需要别人的肯定，特别看重别人表达对自己的喜欢。

在实际生活中，严格地讲，没有人是完全自信的，因此大多数人都特别需要别人对自己的肯定。

在生活中，有很多这样的情况，就是两个人的相互喜欢是由一个人对另一个人单方面喜欢开始的。比如一个女孩开始时对一个男孩并没有多少好感，但是这个男孩子表现出了对她特别喜欢的态度，久而久之，这个女孩也会对这个男孩动心，以致最后接受他的追求。

当然，这个规律也不是绝对的。有时我们会喜欢某个并不喜欢我们的人，相反，我们不喜欢的人有时却很喜欢我们。我们只能说在其他一切方面都相同的情况下，人有一种很强的倾向，喜欢那些喜欢我们的人，即使他们的价值观、人生观都与我们不同。

殷切期望的事终会发生——皮格马利翁定律

古希腊有一个著名的神话故事。一位年轻的王子名叫皮格马利翁，他很喜欢雕像。有一天，他得到了一块洁白无瑕的象牙，就用它雕刻了一个美丽的少女。这个雕像太美了，以至于王子爱上了这个雕像，热切地希望"她"成为一个真正的少女。后来王子的诚心感动了天神，天神就让这个雕像真的变成了一个美丽的少女，和王子生活在一起。

心理学上用这个故事命名了一个心理定律——皮格马利翁定律。意思是，热切的期望能使被期望者达到期望者的要求。

发明大王爱迪生小时候只上了3个月的学就被开除了，老师说他太笨了。但爱迪生的母亲坚信自己的孩子并不笨，她经常对爱迪生说："你肯定要比别人聪明，这一点我是坚信不疑的，所以你要坚持自己读书。"同时，她还亲自辅导爱迪生的学习。在母亲的鼓励和教导下，爱迪生经过不懈努力，成为伟大的发明家。

爱迪生的母亲就像皮格马利翁，爱迪生就像那个雕像。在母亲的热切期望下，爱迪生真的成了母亲热切期望的那种人才。

那么，这种神奇作用是如何发生的呢？心理学家经过研究认为，这是通过对对方的心理暗示实现的。

在前面我们讲过暗示。在爱迪生的例子中，他的母亲对他施行了一种心理暗示，就是"你很聪明"，"你一定会通过自学成才"。这种暗示很强烈，让幼小的爱迪生深信不疑，从而在学习中发挥出了自己的聪明才智。

对别人的心理暗示作用有时是很大的。这在教育领域里经常可以见到。

美国心理学家罗森塔尔和雅可布森曾做过一个非常有名的实验。他们在一所小学里，针对1～6年级的18个班的学生，进行了一次所谓的"发展测验"。测验结束后，他们给每个班级的教师发了一份学生名单，并告诉教师说，这名单上列出的全班学生的20％是班上最有优异发展可能的学生。

8个月以后，心理学家们又来到了这所学校，对18个班的学生的学习成绩进行了追踪检测。结果发现他们提供给教师的名单上的那20％的学生，学业成绩有了显著的进步。教师们连连点头说，两位心理学家的测验可真准。

其实，各个班级的这20％的所谓更有发展可能的学生，是心理学家们随机抽取出来的。

为什么这种期待心理可以产生如此之大的作用呢？因为信任在人的精神生活中是必不可少的，它代表一种对人格的积极肯定与评价。每个人都有被别人所信任的需要，而当这种需要得到满足的时候，人们就会感到鼓舞和振奋，就容易发挥出自己的潜力。

人们通常这样来形象地说明皮格马利翁定律："说你行，你就行；说你不行，你就不行。"

当我们希望别人成为我们希望的人时，就应该给他传递积极的信息，告诉他可以成为这样的人。

作为老师和家长，如果希望孩子变得更好，就要尽量鼓励他们，夸奖他们，告诉他们，他们很行。如果总是批评他们，暗示他们"马尾穿豆腐——提不起来"，"朽木不可雕"，那他们就会觉得自己真的不行，就会自暴自弃，不求进取，就真的会堕落下去了。

在管理过程中，也存在这个定律。古人说"用人不疑"。任用别人，就应该相信别人的能力，给别人传达一种积极的期望。要想使你的员工发展更好，作为一个好的管理者就应该给他传递积极的期望。当然，如果一个管理者认为自己的下属都是饭桶，一无是处，并经常批评指责自己的下属，那么他的下属也可能真的变得一无是处，成为公司的负债资本。

这个定律对夫妻之间的融洽相处也有影响。

我们在结婚前想象自己的另一半应该是什么样什么样，但是结了婚后发

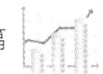

现对方还是个"毛坯"，离我们理想中的还有相当的距离。那怎么办？就该由我们把对方改造成"成品"，成为适合婚姻的成熟的丈夫或妻子。

为达到这个目的，最好的方法不是批评和指责，而是暗示，就是用自己的期望去左右对方。你要鼓励对方做你希望他（她）做的事，当他（她）做到了，你就说他（她）做得太好了，真是个好老公（老婆）。天长日久，他（她）就被你改造过来了。总之，你不能要求对方一开始就什么都懂，毕竟大家都是在婚姻这个学校里不断学习，而不断进步和成熟起来的。最重要的就是让对方知道自己的期望，并让对方感到你相信他（她）可以做到。

人们都喜欢模仿和攀比别人——攀比定律

战国时代，越国有一个最出色的美女，名叫西施。她长得非常漂亮，据说有沉鱼落雁之貌。她无论怎样打扮，一举一动都是美丽动人的。西施有个心口疼的毛病，犯病的时候，总是用手按着胸口，皱紧眉头。而她犯病时的状态，在别人眼里就显得更加妩媚可爱了。

有一天，她在村中的小路上走着，突然，胸口疼了起来，她紧皱眉头，便不知不觉地用手按着胸口。正巧，迎面走来一位东村的丑姑娘。因为她住在东村，故称东施。东施长得丑得很，她看见西施皱着眉头，用手按着胸口，就觉得西施的样子十分好看。于是，东施姑娘就照样模仿起来。丑姑娘东施本来没有胸口疼的毛病，却也用手按住胸口，把眉头也照样紧皱起来，自以为这样就美丽了。村民们看到她一反常态的样子，莫名其妙地多看了她两眼，丑姑娘东施却以为人家喜欢上她了，于是她更加紧皱眉头咧开大嘴强笑，这一下，把路人都给吓跑了。

东施效颦，其结果不但不美，反而更丑了。这个故事用来比喻不了解对方的长处而胡乱学样、生搬硬套的行为。

东施的行为，在心理学上叫作模仿。模仿是每个人都有的一种心理机制，是指有意和无意的效仿和再现与他人类似行为的活动。模仿是学习的基础，人们学习任何知识和技能，都离不开模仿。而我们这里说的是日常生活中作为社会行为的模仿。

当我们看到别人有比我们好的条件或东西，我们就倾向于模仿别人。因为"人往高处走，水往低处流"，谁都想变得更好，那么比我们强的人，就成了我们模仿的榜样。

生活中模仿很常见，比如看见别人留长发，自己也留长发；看见别人穿牛仔裤，自己也穿牛仔裤；看见别人家里怎样装修，自己也怎样装修；等等。但是有的模仿因为差距太大，而显得可笑，比如东施对西施的模仿就是如此。

法国剧作家莫里哀曾塑造了一个文学形象——"茹尔丹先生"。这个茹尔丹先生是个模仿迷。他得知别人家在举办家庭音乐欣赏会，"那么我家也应该有"，于是赶忙去请音乐教师到家里来。服饰穿戴，茹尔丹也处处向"上等人"看齐，却又模仿得很不得体。大白天，他要穿一件据说是"上等人"才有的睡衣；裁缝给他裁错了衣服，编瞎话哄他，他居然也信以为真了。结果，尽管衣服上的"花朵都是头朝下"的，但他只要听说是模仿而致，"那么行啦"，就这样干。

这个形象或许有点夸张，但他之所以成为文学史上的经典形象，正是因为它来源于现实生活，非常有代表性。让我们看看周围的"茹尔丹先生"吧。

有的人看到邻居为女儿买了架钢琴，也想为自己的孩子买一架。听说表弟买了一辆新摩托车，觉得自己也应该买一辆。他们觉得：自己凭什么要比别人差呢？别人有的自己也该有。

就连小孩子也学会了攀比。孩子想买个游戏机的时候，他会说："妈妈，我想买个游戏机，我们班好多同学都买了。"或者，"我班上一个同学

浑身上下都是名牌！"这么一说，父母也不忍心让孩子明显比别的孩子差，就只好忍痛给孩子买东西。

说到底，我们今天的许多消费，倒没有多少一定是出于物质上的需要，很大程度倒是出于心理上的攀比。手机一定要那么高级的吗？其实许多功能你很少用，但你就是要买个新潮的、高级的，不能比同事的那个差。手上戴着个几千元的戒指，有什么实际用途呢，不过是为了让别人看，显示自己的"身价"。

看到别人结婚摆排场，自己也不甘于落后，根本不考虑量力而行，即使勒紧裤腰带，甚至举债，也要办得大张旗鼓。

有的女孩子，在择偶方面眼光过高，看到同事或同学的老公"身家"多少多少，便觉得自己也不能差了。看到几十万元的，觉得还有几百万元的，要是幸运，找个几千万元的才最理想！就这样等下去，结果一晃就错过了适婚年龄。

完全避免攀比也许办不到，但攀比也应该适度。别人的生活是别人的，也许并不像我们想象的那样。当你真正过上了别人的生活，可能也会发现许多不尽如人意之处。所以不要盲目地去模仿别人、去和别人攀比，最重要的是了解自己，知道什么能给自己带来最大的幸福。

人们会对容貌好的人更有好感——以貌取人定律

《三国演义》中讲了这样一件事。庞统相貌丑陋，但很有才能。他去拜见孙权，想要效力于东吴。孙权本来是个爱才的领袖，但是一看到庞统相貌丑陋，就不太喜欢他。再加上看他性格傲慢不羁，便更加没了好感。最后，他竟把与诸葛亮齐名的旷世奇才庞统拒之门外，鲁肃苦劝也无济于事。

孙权以貌取人，显然是种偏见。可是连孙权这样的英雄人物尚且有此偏见，生活中这样的例子也就更不足为奇了。

人们总爱说："人不可貌相，海水不可斗量。"似乎以貌取人是不明智的做法。但是，这个道理认识容易，真正做起来却不容易。就是说，大多数人，无论理智上怎样认为，但真正在对别人进行判断时还是多少都会受到对方外貌的影响。

其实，相貌对人心理的影响是很突出的。就连父母对待自己的孩子，也是对漂亮的要更加喜欢一些，对长相丑的孩子，就不太喜欢，有的甚至有所嫌恶。

成人世界里也是如此。相貌漂亮的人，尤其是年轻的女子，会在人际交往、婚姻等事情上更容易博得他人的青睐，激起他人的热心，从而获得帮助，在生活的各方面也更加顺利一些。而相貌丑的人则容易碰壁，导致心灰意冷，自卑心理严重。

国外有过一项针对这个问题的研究，并得出这样的结论：长相好看的人比相貌平平的人挣钱更多，拥有的工作更让人羡慕，而相貌平平的人比相貌丑陋的人又会好一些。

虽然长相不代表一切，但的确可以构成一项资本。比如一个单位要雇佣一个秘书，如果两个候选人其他条件相同，而一个更漂亮些，那么漂亮的这个一定会有更大的优势，尤其在经理是男性的情况下更是如此。毕竟人们更喜欢天天看到漂亮的脸蛋，用通俗的话来说就是"养眼"。这就是为什么电视、电影里的明星，大多长相俊美，很简单，因为可以让人赏心悦目。

在爱情中，美貌更是一项资本。情侣一般在相貌上是般配的。当两个人不般配时，丑的一方通常要在其他方面有更好的条件来平衡。

男人似乎对容貌更加重视一些，就是人们常说的"世上没有不好色的男人"。男人如果带着个漂亮的女人，会觉得脸上更有光彩。

实际上，如果我们理性一些就会认识到，以貌取人的确有很大的局限性。因为人的长相和心灵是两回事。即使是看相的，也注重"眼相"，也就

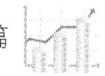

是更注重一个人的内在神韵，现在也许可以称为"气质"。其实，气质美要比容貌美更高一等。内在的美才更耐看，也更能成为判断一个人的依据。

实际上，以貌取人更容易发生在认识的初期，就是不太熟悉的时候。

有心理学家做过一个实验，将一群陌生人一连4天聚在一起，每次聚1个小时。

第一天，研究人员认为接受实验者对于美的评判有32％来自外貌，20％来自对内在的了解。评价的人比较重视外貌。

第二天，情况改变了，评判中的23％来自客观的印象，而33％来自对内在的了解。

第三天，这一比率为26 / 34。

第四天，也就是最后一天，则是23 / 48。

这个实验说明，人们对容貌的重视，会随着彼此的熟悉而减弱。这就是为什么我们对熟悉的、喜欢的人，会觉得越来越顺眼。

邻近的人会对我们形成某种感染——邻里定律

我们都知道孟母三迁的故事。

孟子的母亲带着幼年的孟子，一开始住在一所公墓附近。孟子看见人家哭哭啼啼地埋葬死人，觉得好玩，就跟着学。孟母心想："我的孩子住在这里不合适。"孟母就立刻搬家，搬到了集市的附近。

孟子看见商人自吹自夸地卖东西赚钱，孟子又学着玩。这可不是母亲想让孟子学的。孟母说："我的孩子住在这里也不合适。"孟母就又立刻搬家，搬到了学堂的附近。

在这里，孟子就开始跟学堂里的人学习礼节，并且也要求上学了。孟母欣慰地说："这才是适合我孩子居住的地方啊！"于是孟母便高兴地在

那里定居下来。

孟母为了给孩子创造良好的成长环境，不嫌麻烦，带着孩子搬了三次家。这说明孟子的母亲很懂得心理学上的"邻里定律"。

生活中有一些人比较有主见，态度比较坚定，似乎不太容易受到周围其他人的影响。实际上严格地说，世界上没有一个人能够完全避免周围人的影响。心理学上的"邻里定律"告诉我们，邻近的人会对我们产生一定的影响，这是每个人都无法避免的。

这个定律是经过心理学实验证明的。

1950年，美国有三位社会心理学家，针对麻省理工学院17栋已婚学生的住宅楼进行了一次调查。这是些二层楼房，每层有5个单元住房。住户住到哪一个单元，是纯属偶然的，因为原先的住户搬走了，新住户就会搬进去。

调查中，每个住户都要回答这样的问题：在这个居住区中，和你经常打交道的最亲近的邻居是谁？

结果表明，居住距离越近的人，交往次数越多，关系越亲密。在同一楼层中，和隔壁的邻居交往的概率是41％，和隔一户的邻居交往的概率是22％，和隔三户的邻居交往的概率只有10％。

其实多隔几户，距离上没有增加多少，可是亲密程度却差多了。这似乎说明，人们和邻近的人打交道更多一些。

想想我们自己吧，我们的朋友大多不是同学、同乡，就是熟人介绍的。凭空认识一个陌生人，并成为好朋友，这种情况毕竟很少。

理解"邻里定律"存在的原因并不难。因为和邻近者交往，要比和距离远的人交往代价要小。一是了解对方比较容易，只花比较小的工夫，就能了解到对方的信息，也比较容易预测对方的行为。这样，在和对方交往时，也更有安全感。二是打起交道来方便得多，比如向近邻借东西，起码可以少走几步路。

这大概就是中国古话说的"远亲不如近邻"的原因所在。俗话还说，

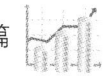

"三年不上门，当亲也不亲。"也说明距离近，经常来往，关系才更容易变得亲密。

其实仔细观察一下，就会发现，人们大部分的朋友，不是同学、同事，就是近邻。

例如，在学校里，关系比较好的，往往是座位比较近的同学。

又如，人们在选择终生伴侣的时候，大多是在同学、同事或邻居中找到的，而所谓"千里姻缘一线牵"的概率却低多了。

因为邻里定律的存在，我们就要注意对周围人的选择，就像孟子的母亲那样，要有意识地选择对自己有利的人际环境。所谓"近朱者赤，近墨者黑"，周围的人总会对我们产生无形的耳濡目染，从而影响我们的个性成长，也会影响我们对的机会的获得。

现在时兴"圈子"一词，每个人都有自己的活动圈子。现在有一种流行的说法，就是多接近成功者，你就有机会从他身上学到更多关于成功的方法，你也会更容易接近成功。这就是我们对邻里定律的主动运用了。

先否定后肯定，容易给人好感——欲扬先抑定律

战国的时候，宋国有一个养猴子的老人，他在家中的院子里养了许多猴子。后来，这个老人和猴子竟然能互相讲话了。

这个老人每天早晚都给每只猴子4颗栗子。几年之后，猴子的数目越来越多，他就想把每天喂的栗子由8颗改为7颗，于是他对猴子说："从今天开始，我每天早上给你们4颗栗子，晚上给你们3颗栗子，不知道你们同不同意？"猴子们听了，不能接受，于是就吱吱地叫，而且还到处跳来跳去，非常地不愿意。

老人一看到这个情形，连忙改口说："那么我早上给你们3颗，晚上再给

你们4颗，这样该可以了吧？"猴子们听了，就高兴得在地上翻滚起来。

其实老人给猴子的栗子数量没有变，只是给的方法变了：一是先多后少；二是先少后多。那么猴子为什么对前者不满意，对后者却感到满意呢？

原来这是受到心理学上一个独特的心理规律支配的。心理学家发现，在对别人进行肯定或否定、奖励或惩罚时，并不是一味地施行肯定和奖励最能给人好感，也不是一味地施行否定和惩罚最能给人恶感；事实是，先否定后肯定，能给人最大的好感，而相反，先肯定后否定则给人的感觉最不好。

美国心理学家阿伦森·兰迪做过一个实验。他把被试者分为四组，施行不同的措施，得到了不同的结果，分别如下：

对第一组被试者始终否定（－，－），被试者不满意。

对第二组被试者始终肯定（＋，＋），被试者表现为满意。

对第三组被试者先否定后肯定（－，＋），被试者最满意。

对第四组被试者先肯定后否定（＋，－），被试者表现为最不满意。

这种心理规律，在现实生活中很普遍，平时人们所说："磕一千个头后放一个屁，效果全无"，"有一百个好，最后一个不好可结成冤家"，就是这种规律的反映。

也许我们会想到前面讲的近因定律，但这个定律比近因定律还多了一层意思，就是：先否定，后肯定，有一个对比的效果，比单纯肯定更给人好感；而先肯定，后否定，也因为有个对比的效果，要比单纯的否定效果更糟糕。

我们把这种先否定后肯定、先抑后扬给人最好的心理感觉的规律，叫作"欲扬先抑定律"。

某汽车销售公司的老李，每月都能卖出30辆以上的汽车，深得公司经理的赏识。可是这个月生意却不太顺利，由于种种原因，老李预计当月只能卖出10辆车。但是老李很懂心理学，他先是跟经理说："由于银根紧缩，市场萧条，我估计这个月顶多卖出5辆车。"经理点了点头，对他的看法表示赞

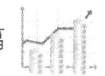

成。没想到1个月过后，老李竟然卖了12辆汽车，公司经理对他的业绩大大夸奖了一番。

如果老李一开始说本月可以卖15辆，或者事先不说自己的预计，结果只卖了12辆，公司经理的感觉可能就完全不同，他可能觉得老李做得太失败了，不但不会夸奖，反而可能批评他。老李就是采用欲扬先抑的方法，先降低别人的心理期待，再超出他的期待，就能给对方以好感了。

有一位著名的导演，也很懂得利用这个心理规律来激发下属——演员的积极性。这个导演素以要求严格著称，因此一般的演员都比较怕他。但是这个导演也很善于发掘演员们的潜力。他总是在工作的开始阶段，冷着脸，让演员们看见就害怕，非常担心演不好，达不到他的要求，以此迫使演员付出最大的努力，发挥出最好的水平。而当导演对演员感到满意时，就露出灿烂的赞许的笑容。这种难得一见的笑容对演员形成了极大的鼓舞，甚至有一位演员说，导演的笑容就是他演好的最大动力。

情感有时比利益更能打动人心——情感征服定律

赵先生与李先生同事多年，始终没有深交。李先生的工作表现平常，而赵先生则成绩突出，春风得意。

有一次，赵先生因为涉及一项重大变故，而受到董事长的冷落，被从销售经理的位置降了下来。祸不单行，他的母亲不久后突然去世了。双重打击使赵先生感到格外悲伤。

这时候，李先生很同情赵先生的境遇。在他母亲下葬的那天，李先生主动来帮忙，担任受礼的工作。当时正是寒冬腊月，北风大作，其他同事都躲进了屋里，只有李先生一直在外面帮助处理各种事情。

这让赵先生很意外，也很感动。他发现真是患难见真情，突然觉得李先生这时候的形象高大起来。从此李先生与赵先生来往甚密，赵先生一改以往的态度，也常主动帮助李先生。

1年以后，赵先生在公司东山再起，因为做了突出的贡献，他重新当上了销售经理，不久又迅速升任总经理一职。他忘不了李先生在他患难时的帮助，就提拔李先生为销售经理。

俗话说，人非草木，孰能无情。人心都是肉长的。无论一个人外表多么强硬，在内心深处都一定有情感的需要，就是希望从别人那里得到关怀、体贴和重视。有时候，人们即使在物质上得到了很大的利益，也代替不了情感上独特的需要。甚至有时候，人们把情感看得比物质利益更重。

世上许多人有幸灾乐祸的心理，看到别人过得比自己好，就不舒服，看到人家过得不如意了，他才高兴。相反，如果一个人忧他人所忧，乐他人所乐，对别人富有同情心，并在患难时伸出援助之手，就很容易征服对方的心。这也就是故事中李先生对赵先生所做的。

现在人们常说感情投资，因为在人际关系上，投资感情，往往能得到投资金钱和利益所没有的独特的征服人心的效果。

中国古话说："得人心者得天下。"许多领袖人物深谙此道，所以他们能够让许多人才为己所用。比如他们懂得通过情感的打动，将人才笼络在自己麾下。三国时的刘备就是在这方面情商很高的人。

有一次，刘备被曹操大败，在突围时他让赵云保护夫人和儿子阿斗。赵云被百万曹军围困，为保护幼主，他怀揣阿斗大战长坂坡，血战曹操百万大军，杀死曹营战将五十余人。当赵云抱着阿斗，见到刘备时，刘备接过阿斗，一下子扔在地上，恨恨地说："为这个浑小子，差点折损了我一员大将！"赵云忙从地上抱起阿斗，流着热泪说道："赵云就是肝脑涂地，也不能报答主公的恩情啊！"从此对刘备更加忠心耿耿。

刘备的做法是在表明，阿斗似乎还没有赵云在他心中重要，当然这很可能只是一种作秀罢了。但是起码也让赵云感到了他在刘备心中的分量。这恐

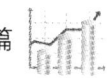

怕比给他加官晋爵和物质奖励更能打动他的心，同时也让其他将领看到刘备的一片爱才之心。看看，刘备是多么善于收买人心啊！

有时候，情感似乎就是人的软肋，是"阿喀琉斯之踵"，是人最容易攻破的地方。

设身处地理解别人能给人好感——换位思考定律

古希伯来有一个国王叫所罗门，是个令后世敬仰的"有道明君"，据说，他也是有某些神力的传奇君主。关于他有一个广为流传的故事。

一次，在国王办公时，一对老夫妇闯了进来，老翁说他想离婚，所罗门问他为什么，老翁讲出了若干条理由。所罗门边听边点头，最后说，"是的，你是对的，你们应该离婚。"话音未落，老妇人强烈反对，说绝对不同意离婚。所罗门问她理由，她的"理由"比老翁还要充足。所罗门同样边听边点头，最后说，"是的，你是对的，你们不应该离婚。"

这时，国王身边的大臣见国王如此断案，忍不住站出来反对说："大王，你不应该这样断案，你这样断案是不对的。"所罗门同样边听边点头，最后说，"不但他们是对的，你也是对的，确实没有如此断案的，尤其是作为一个国王。"

这个故事启示我们在交往中"换位思考"的重要。所谓换位思考，就是要把自己设想成别人，以他们的角度考虑问题。很多时候甚至需要暂时抛开自己的切身利益，去满足别人的利益。其实，利益在很多时候是互相关联的，你能考虑别人的利益，别人也会考虑你的利益。

国王所罗门成为西方世界智慧的象征，他在断案时，不仅用心地倾听，而且在听的同时把自己想象成对方，所以，他是从另一个角度去思维的，这就是所谓的换位思考。而换位思考是有智慧的人所共同具有的素质。

因为所谓智慧在很大程度上是源于理解力的。一个人只有具备习惯于换位思考的素质，具有过人的理解力，才能去理解平时所无法理解的东西。而对方也才会感觉到自己被尊重了。这样，人家才愿意与你交流与沟通。

美国的开国元勋杰菲逊有一句名言："也许我不同意你的观点，但我一定举双手维护你说话的权利。"

换位思考到底是什么呢？其实就是"移情"，去"理解"别人的想法、感受，从对方的立场来看事情，以别人的心境来思考问题。当然这并不是很容易做到的。

有时我们以为别人遇到了痛苦的事，我们就该安慰他（她），这样会抚平别人的创伤。而实际情况却不一定那么简单。

倩倩的丈夫心脏病突发去世，料理完丧事，她疲倦且悲伤地回到家后，就开始面对亲友日复一日的关心询问："他是怎么死的？""你怎么没有及时呼救？""之前你们夫妻吵过架吗？""天哪，怎么会发生这样的事！"还有"你要母兼父职，好好照顾小孩"等一类的话。

这些人的出发点当然是关心，但对处于情绪低潮的她，却可能造成重大的伤害。后来她一看到"来人"，就害怕起来。"我最需要的，是沉默的体谅，但却没有人给我。"她说。

在生活中，我们有时很想帮助别人，但是帮助别人只有好心是不够的。我们还需要一定的生活阅历和体谅别人的能力。即使安慰也是需要技巧的。有时我们太急着给人我们的观念、判断和看法，却忘了输送真正的温暖；太急于知道自己想知道的，却忘了别人的伤口还没好。

换位思考不但需要转换思维模式，还需要一点好奇心来探求他人的内心世界。

真正的换位思考必然是一个"移情"的过程，要从内心深处站到他人的立场上去，要像感受自己一样去感受他人。但不幸的是，许多人的换位思考却缺少了"移情"这一个根本要素。他们或是站在自己的位置上去"猜想"

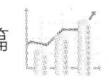

别人的想法及感受，或者是站在"一般人"的立场上去想别人"应该"有什么样的想法和感受，或是想当然地假设一种别人所谓的感受。这样的换位思考，其实仍局限于自己设定的小圈子之中，绝对无法体验他人真正的感受和思想。

好的交际氛围有利于交际成功——交际氛围定律

有一次，一位专家应一个学术会议之邀，作一个讲座。他到了会场才发现，到会人数很少，只有10多人。他有点尴尬，但不讲又不行，于是他随机应变，说："会议的成功不在人多人少，中共第一次党代会才到了12人，但意义非同小可。今天到会的都是精英，我因此更要把课讲好。"

这句话把大家逗得开怀大笑，这一笑，活跃了气氛，再加上专家讲课充满激情，使得那一次讲座非常成功。

人际交往就如同舞台上的演出，为了演出成功，不仅需要很好的台词、演技，还需要一种看不见、摸不着，却必不可少的东西——氛围。就像电影中要有背景音乐来渲染气氛一样。在人际交往的场合，也往往需要营造点氛围，让它成为交际的润滑剂，使交际能顺利地进行下去。

比如在演出和演讲的现场，气氛就非常重要。气氛热烈，听众、观众爆满，才容易促成演讲或演出的成功。如果没有营造出比较热烈的气氛，显得冷场的话，无论你的演讲内容多么精彩，恐怕也会成为失败的演讲，不能达到很好的宣传效果。而当场面不理想的时候，演讲者或演员如果能像上面故事中的随机应变的专家那样，进入角色，投入激情和技巧，给听众、观众一个积极的刺激，就可以将冰冷的气氛激活。

生活中在许多场合下都需要有一定气氛来烘托。

有的商人请客或赴约，总喜欢带一个漂亮的女助手前往，就是为了依靠女人的美丽与温柔，给交际场增添一点情趣，营造一种融洽的氛围。

在交际活动中，如果把交际桌看成是会议桌，气氛就很难营造起来，也无法让对方投入。要想让对方投入，一般需靠自己的带引。

有一种生意人，他们可以在会议桌上非常严肃，非常理智，然而，一旦到了社交场合，却又能放得很开，与人斗酒、唱卡拉OK，开各式各样的玩笑，一副百无禁忌的样子。其实，他是在营造气氛。

生意场的交际活动，既是正式会议的延伸，又不等于正式会议，也取代不了正式会议，然而，它却能起到正式会议所难以起到的作用。在交际场上和会议桌上都能做到应付自如的商人，才算得上一个能力比较全面的商人。

气氛也常常由物品来营造。比如春节前夕，家家户户贴的春联，便会引起人们欢快的感觉。商家的门面在开张时，总要挂满彩旗，摆满有关单位和亲朋好友、捧场人所赠的花篮（其实有许多是自己买的或租的，只是写上别人的名字以显气派），还要让门口站满花枝招展、披着缎带的迎宾小姐；有的地方还要放鞭炮，在声、色上共同营造气氛。

商家用这种手段就是为了招徕顾客，引人注目，以达到广告效应。其实，婚、丧、嫁、娶仪式，会议召开的宣传，都需要营造相应的气氛。这样除了为表达自己的某种心情外，更多的是给他人看，达到一种变相的广告宣传的目的。

在两性的交往中，气氛对于男女感情的发展也是很重要的。性心理学告诉我们，一定的色彩、气味、环境、形象、声音，能快速引发人的情欲。一般来说，情侣们都喜欢到幽雅、安静的地方交流，如选择公园的某个角落、幽静的丛林中、树荫下的石椅或溪边的绿茵上等。因为那里立即接触大自然，让人心旷神怡，容易唤起对生命的热爱和美好人生的向往，双方可以尽情地倾吐心声。更亲密的情侣，则选择在幽雅的咖啡馆、酒吧或茶艺馆，原因是那里灯光柔和，并伴有轻柔、优美的音乐做背景。几杯香茶，几盅葡萄酒或两杯咖啡下肚，会催起一股浓情与爱意。

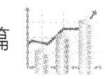

完美的人不如有缺点的人可爱——讨厌完美定律

美国心理学家阿伦森发现，一个能力非凡而又完美无缺的人的吸引力，远不如一个能力非凡但身上却有着常人的缺点的人。

这恐怕是人们认为太完美反而缺少人情味，倒不如个性有棱角、有小毛病的人更贴近人性。

人本来就是活生生的、有血有肉、有个性棱角的个体。"四人帮"时期的文学艺术作品中常有许多"三突出"和"高大全"的人物。其实那种十全十美、不食人间烟火的人，与现实生活严重脱节，根本就不可信，更谈不上让读者喜爱了。实际上，看起来的"高大全"，本质上往往是"假大空"。

生活中有一些看起来各方面都比较完美的人，但是他们却往往不太讨人喜欢。而讨人喜欢的，却往往是那些有优点，但也有一些明显缺点的人。

为什么会这样呢？这是因为，一般人与完美无缺点的人交往时，总难免因为自己不如对方而感到自卑。如果发现精明人也和自己一样有缺点，就会减轻自己的自卑，感到安全，也就更愿意与之交往。你想，谁会愿意和那些容易让自己感到自卑的人交往呢？所以不太完美的人，比缺点很少的人，更容易让人觉得可亲、可爱。

世界上不可能存在真正完美、没有缺点的人。如果一个人总是表现得很完美，倒很容易让人怀疑其中有造假的成分。或者说，故意把自己表现得很完美，这本身恐怕就是一个不好的缺点。

追求完美的人，一定活得比一般人更累。而且与他们一起生活或合作的人，也容易因为被他们要求，而活得比较累。

有一位大龄女青年，具有较高学历，长得很漂亮，事业上也很有成就。她在方方面面都对自己有严格要求，在很多人眼里，她可以说是一位相当完美的人。当然她在择偶方面的标准也相当高，稍有缺点的男士就看不上，觉得配不上自己。可她又觉得婚姻是终身大事，不能马虎，宁可等着，也不能将就。结果，抱着这样的观念，一晃40岁了，还是孑然一身。她自己感到很奇怪，像她条件这么好的人，为什么就不能被好男人发现呢？

其实她不知道，也许正是她的"完美"把许多男士吓着了。每个人固然希望自己的对象能具有较多的优点，可是如果这个人真的完美，却也让人受不了。首先，会怕自己配不上对方；其次，因为对方要求高，你稍有缺点，他（她）就要求你改正，你肯定会活得很紧张、很累。

如果让人们选择是活得累而完美，还是活得轻松而稍有缺陷，恐怕大多数人都会选择后者。因为我们都知道自己不是神仙，我们认可自己的缺点。

实际上，缺点和优点也要辩证地来看。人是一个有机的整体，往往是因为他的某个优点，才导致他的另一个缺点。比如一个慷慨大方的人，可能也有大大咧咧、粗心大意的毛病。一个爱干净、处处完美的人，也容易显得小气和斤斤计较。很多时候，要看你选择什么，放弃什么。很多的情况是：你选择一个优点，也往往必须放弃另一个优点。

古人说："水至清则无鱼。"接受自己和他人的缺点，往往是一种实事求是的态度，也是一种达观的表现。

男女搭配干活不累——异性定律

赵女士是某公司公关部经理。她人脉很广，出师必胜，为公司做了很大贡献。公司的原料短缺，材料科的同志四处奔走，连连碰壁，而赵女士一出马，问题不久便迎刃而解。公司资金周转不灵，急需贷款，急得总经理像热锅上的蚂蚁。而赵女士周旋于银行之间，没多久，就获得贷款上百万元。赵女士因此格外得到领导的器重。

有人笑说："女将出马，一个顶俩。"而人们仔细观察就发现，赵女士成功的秘诀，有两方面的原因：首先，她具有清醒的头脑、敏捷的口才、丰富的知识和阅历，待人接物也比较灵活。其次，她的成功其实也和她端庄的容貌、优雅的仪表有很大的关系。可以说，富有女性魅力的外表为她的成功加分不少。

　　心理学上有一个定律叫做"异性定律"，说的是人和人之间"同性相斥，异性相吸"的现象，以及这种现象对社会交往产生的微妙影响。

　　我们都知道，人们一般比较对异性更加感兴趣，特别是对外表漂亮、言谈得体的异性，最容易产生好感。

　　在日常生活中，我们可以看到男营业员接待女顾客，要比接待男顾客热情些。一般人们对异性的评价，也总是不太客观地比同性高些。这些都是异性对我们的吸引力比较大的缘故。

　　那么赵女士成功的原因就不难理解了，当今的社会还是一个男性占很大优势的社会，外出办事多数要和男性打交道。有的事，由比较有魅力的女性出面，可能会更为顺利。这就是异性独特的吸引力导致的。

　　生物学家发现，异性之间的相互吸引，气味在其中扮演了重要角色。

　　在宇航员、野外考察人员或男性工种较单一的职业中，时间长了，其工作人员会产生一种莫名其妙的头晕、恶心和浑身不适感。这种状况用药物治疗往往无效，但在与异性接触后，就会很快得到缓解。原来，这种"病症"是性别比例失调严重、异性气体极度匮乏的结果。所以，目前一些国家在派往南极的考察队员中，往往有意识地安排一些女性介入，是有其良苦用心的。

　　我们还听说过："男女搭配，干活不累。"一个有男有女的群体，和单独一种性别的群体相比，会有一些微妙的差别。无论男性或女性，长时间从事某一单调工作时，会感到寂寞、觉得疲劳来得快，而增添了异性后，马上会觉得很快活，时间也感觉过得很快，工作也感到轻松多了。

如果对异性定律进行合理的利用，可以让许多事情达到事半功倍的效果。异性掺杂在一起，往往有以下好处。

1.取长补短，完善个性

男人一般性格开朗、勇敢刚强、果断机智，不拘泥于细节，不计较得失，行为主动。而女人往往文静怯懦、优柔寡断、感情细腻丰富、举止文雅、灵活、委婉，性格比较被动。男女在一起，能够进行优势互补，同时双方都容易发现自己的缺点，并完善自己。

2.增强凝聚力

男女搭配，可以使一个群体的成员增强感情依托感，增进友谊、荣誉感和凝聚力，从而提高工作效率。

3.增强推动力和约束力

人总是想在异性面前表现出自己最好的形象，因为得到异性的青睐是我们的巨大动力。因此男女在一起，就容易激发出各自最好的表现，各显其能，发挥出最大的能力，同时有一种内在的心理约束力，来规范自己的言行。

不过"异性定律"也不能滥用。女性外表漂亮，讨人喜欢，如果再加上交往得当，在异性面前办事容易，这是正常的；但是，如果为达到某一目的，用色相去引诱别人，就不道德了。男性对异性，尤其是年轻漂亮的异性热情些、客气些也无可非议，但把异性当做刺激，想入非非，让人感到"色迷迷"的，就超过限度了。因此，与异性交往要把握住一个"度"。

第七章　那不只是一场风花雪月的事
——恋爱篇

羞答答的玫瑰火辣辣地开——热恋心理

找到梦中情人，经过热烈的追求，对方接受了你的挚爱，热恋就开始了。

如果是你的初恋，痴爱之中可能还包含着羞答答的浪漫。热恋中的爱情比羞涩的初恋要成熟得多：最初双方是基于外貌、职业、社会经济地位和家庭背景等客观条件相吸；初步交往之后，各自的需要、兴趣、爱好、价值观趋向一致；进一步地深入了解后，双方心灵相悦、精神相通，彼此真正地了解对方，已经能够完全接纳对方的一切。

热恋中的人往往存在以下的心态。

1.说不完的知心话

热恋中的男女，心是充分敞开的。他们心情特别容易激动，非常愿意坦白自己的内心，希望被对方所了解，也希望了解对方。热恋中的男女总是有说不完的知心话，他们都想用自己的观点来影响和说服对方，都想通过思想

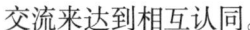

交流来达到相互认同。

2. 乐于奉献

热恋中的人是乐于奉献的，他们总想为对方做点什么，或者按照对方的愿望去做点什么，希望看到对方幸福的笑容。

3. 审美错觉

热恋中的人会出现审美错觉。"情人眼里出西施"，他们都将对方理想化，觉得对方一切都好，是世界上最棒的，尽管事实或许并非如此。这样能让双方都充分享受爱的乐趣，但这也可能产生问题，就是可能等到结婚以后才发现对方的一些缺陷，但那会儿为时已晚。

4. 相互改变

热恋双方都会通过对方的言谈举止、生活习惯等对于细微处的观察，逐渐把握对方的脾气、性格和爱好，然后逐步修正或改变自己的习惯和爱好，使自己尽量适应对方，正如车尔尼雪夫斯基所言："爱情是一位伟大的导师，他教会我们怎样做人。"

5. 独占欲望

热恋双方都有强烈的独占欲，不能忍受第三者插足。男女独占欲存在着一定的差异：在男性身上往往表现为性的独占欲，即要求与对方发生肉体关系，以证明对方只属于自己；女性的独占欲则表现为感情的独占，要求男性将感情全部用在自己身上。男性甜言蜜语的性爱要求往往使女性陷入既喜悦又不安的矛盾境地。

热恋中，要注意下面几个问题。

1.热恋双方要诚实和宽容

热恋双方要坦诚，这样才会相互信任，才会充分地了解各自的优缺点，也就会爱得更真。"金无足赤，人无完人"，刻意遮掩自己的缺点，反而会让对方生厌。双方都要宽容，要能接纳对方的缺点，不要太苛求完美，但也要提出纠正对方的意见。

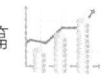

2.真爱需要时间来检验

一见钟情是美妙的故事。但钟情是否是真爱，则需要时间来检验。随着时间的推移，青年男女才会逐步认清和正确评判自己的爱情。闪电式的恋爱和结婚是不可取的，感情基础不牢固，婚后的生活也可能有麻烦。

3. 甜言蜜语不可少

热恋中的甜言蜜语能够稳固感情。对恋人的适时赞美、问寒问暖和绵绵情话，可以使恋人感觉到自己在对方心目中的地位，加深双方的感情和依恋。

4. 热恋中的矛盾要及时解决好

恋人闹矛盾是不可避免的，是正常现象，但要避免矛盾的激化，要及时解决矛盾。

矛盾主要是由于双方个性、认识水平、思维能力、生活环境、家庭教育或实践经历等方面的差异带来的。开始接触的时候，双方都自觉或不自觉地掩饰自己不好的一面，充分展示自己美好的一面；而到了热恋阶段，彼此的伪装也就慢慢卸去，本来面目露了出来，矛盾自然就开始出现。

解决矛盾，双方要以相互尊重和信任为前提，不要把自己的意志强加给对方，更不能把对方看成是自己的附属物。男性不要对女方呼来喝去，女性也不要过分干涉男性正常的生活习惯和业余爱好。发生矛盾时，忍让是最好的缓冲办法，男女双方均不可任性而毫不让步，这样做不仅不能维护自尊，而且还会深深地伤害双方的感情，把事情越搞越糟。但忍让不是一味退让，要分清轻重缓急、原则是非，对重大的原则问题，不能让步，但态度要中肯，因为目的是要解决问题。恋爱的双方要多学会互相谅解，男方对女方的任性和娇气不要过分地计较，女方要以宽容的态度对待男方的粗心大意和固执。

热恋之后厌倦生——心理宁静期

热恋之后便进入了心理宁静期，这是恋情降温阶段，但并不是消退，而是变得熟知和深沉，正如近代诗人徐志摩所言，"爱是帮助了解的力，了解是爱的成熟，最高的了解是灵魂的化合，那是圆满功德"。热恋中的爱情富有激情，心理宁静期的爱情则更多的具有了理性色彩；热恋中的爱情是波涛汹涌的激流，心理宁静期的爱情则是一汪幽静的潭，风平浪静的水面下是涌动的暖流。

可是，到了心理宁静期的恋人们，彼此无所不知，日子每天都一样，再无初恋时的新鲜感可言，于是厌倦感就慢慢地堆积起来。移情别恋最容易在宁静期发生，但心理学家指出，这并非人的本性，本性在于寻求新的刺激。新的刺激和新的恋爱对象不是等同的，如果用别样的眼光来看待你现有的恋人，你同样可以找到新的刺激，正如俄国文学家车尔尼雪夫斯基说过的一句话，"世界上不是缺少美，而是缺少发现美的眼睛"。

恋爱与失恋是孪生的，不可分离。失恋是痛苦的悲剧，失恋的人是痛苦的人。热恋中的情人在遭到挫折时，会出现烦恼、忧伤、焦虑、猜疑、厌恶、颓唐等不良情绪，还可能发生一种"爱情综合症"，表现为情神萎靡，四肢无力，不思饮食，严重者可心跳、心慌、胸闷、气喘。世界名著《修女》中写道："人生来是要有伴侣的，如果夺走他的伴侣，把他隔离起来，那他的思想就会失去常态，性格就被扭曲，千百种可笑的激情就会在他心头升起。"失恋后感到痛苦是正常的，但长期不能摆脱就不正常了。有的人甚至在失恋后进行自残，这是十分不可取的，就像歌德笔下的少年维特，失恋后在遗书中写道："昨天，我忍痛离开你的时候，真是五脏俱焚，往事一一涌上心头，一个残酷的事实猛地摆在我面前：我生活在你身边是既无希望又

无快乐啊……在我的脑海里翻腾着千百种计划，千百种前景，但最后只剩下一个念头，一个十分坚决、十分肯定的念头，这就是：我要去死……这并非绝望，这是信念，我确信自己已经受够，是该为你而牺牲自己的时候了……啊，亲爱的，在我这破碎的心灵里，确曾隐隐约约出现过一个疯狂的想法——杀死你丈夫！——杀死你！——杀死我自己！"失恋后如不及时进行心理调控，就有可能引发害人害己的严重后果。

时间是失恋最好的疗伤药。光靠时间是不行的，要主动出击。宣泄是非常必要的，不要闷在心里，比如摔点东西、用力哭泣、找人倾诉等都是可行的办法。如果你性格比较刚毅，可能更倾向于通过专心工作来转移注意力。

找真爱，路漫漫，不知倦——爱情的动力

古希腊有个神话传说：远古时代，人本来是雌雄同体的生物，叫作"男女"。它有四只手，四条腿，一颗头，四只耳朵，正反两副面孔，是个胆大妄为的怪物，搞得奥林匹斯山上的众神忐忑不安。为了安抚众神，宙斯将它撕为两半，每半有两条腿、两只手。被分开的"男女"痛苦不堪，忍着痛苦急切地寻找另一半，找到后就纠结在一起，强烈地希望融合为一体。于是，自此以后，世间的男男女女们始终不知疲倦地寻找另一半，演绎出了一段又一段的动人故事。

研究和观察表明，男子和女子的性欲是爱情的动力和内在本质，这是繁衍后代的本能。

美国心理学家和社会学家针对1 000对夫妻做了一个调查，结果表明，妻子需求的排列次序是：① 爱情；② 互相忍让；③ 互相尊重；④ 性生活美满。而丈夫的夫妻生活需求依次是：① 爱情；② 性生活美满；③ 思想沟通。

在法国民意测验调查所对各行业、各年龄阶段的1 000多人进行的调查中，当被问及"什么样的人最幸福"时，83%的人认为性生活美满是人最幸福的。

性欲是爱情的原始动力，但不是绝对动力，如果只承认性欲的绝对作用，就把爱情庸俗化、片面化了。老年人和一部分残疾人是基本丧失性欲的，但他们就不需要爱情吗？

法国19世纪的著名社会学家斯宾塞认为，爱情是由9个不同的因素融合而成的，每个因素都很重要：① 生理上的冲动；② 美的感觉；③ 亲爱；④ 钦佩与尊敬；⑤ 喜欢受人赞赏的心理；⑥ 自尊；⑦ 所有权的感觉；⑧ 因与他人之间隔阂的消除而取得一种扩大的行动自由；⑨ 各种情绪作用的高涨与兴奋。他在《心理学原理》一书中写道："我们把我们所能表示的大多数比较单纯的情绪混合起来而成为一个庞大的集体，这个集体就是情爱的情绪。"

爱是一种主动的能力，是一种可以使人突破那些隔阂屏障的能力，是一种把自己和他人联合起来的能力。爱是给予不是接纳。给予不是失去、放弃或牺牲，而是把自己身上存在的东西，如快乐、兴趣、同情、谅解、知识等无条件地给予别人。爱的本质就是为某种东西付出劳动使某种东西成长。责任感是一种完全自愿的行动，是对一个人的需要主动作出恰当的反应。爱情没有尊敬就会变成支配和占有；尊敬不是畏惧，是客观地观察一个人并能发现这个人的独特个性，并让这种个性自由成长。给予、关心、责任和尊敬都必须在了解的基础之上；爱一个人必须深入地了解，全面了解的唯一办法是爱的行动。

人类的爱情还有一个特点，就是人可以把爱的感受储存在大脑里。年轻时代轰轰烈烈的爱情，当老的时候再回想起来，仍然会感到心里美滋滋的。意识的作用能使爱情在某种程度上摆脱肉体的束缚，更多地表现为精神的依恋。

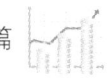

总之，爱情的动力既包括性欲本能，也包括相互的关心、思念、尊敬、给予、了解、赞美、责任等多种精神因素，这些因素的综合作用使我们自古至今都不知疲倦地渴望和寻求自己的另一半。

有人重外表，有人重内在——择偶的基本心理

现代社会，每个人的择偶心理各不相同，并且往往是多种心理的交织，只是以某种心理倾向为主罢了。现代人复杂的择偶心理，取决于社会时代背景、个人人生观、恋爱观、价值观等多种因素。

1.追求外表美的择偶心理

在年轻人中，追求外表美的择偶心理是很普遍的。希望自己的对象漂亮点、英俊些是人之常情，但如果一味地追求这种外表美，则会进入择偶误区。仅靠漂亮的外表维系的爱情，往往是短暂和肤浅的：当岁月使容颜衰老时，爱情拿什么来继续呢？相对于漂亮的外表，一个人的品行、才干和经济基础应该是更重要的择偶条件，就像歌德所说的："外貌美丽只能取悦一时，内心美方能经久不衰。"

2.追求完美的择偶心理

具有这种择偶心理的，也是以年轻人居多。年轻人选择对象时，往往事先制定一系列条条框框，凡不符合其中一二点的，哪怕其他方面都中意，都不在考虑范围，比如常听一些女孩子这样说："我的白马王子要帅、要心眼好、要会关心我、要家庭背景好、要聪明，更要有钱……缺了一条，一概不考虑！"具有这种择偶心理的年轻人，常常等到成为大龄青年的时候才找到爱情，但对象往往也不是最初的完美形象，这是因为处处完美的人几乎没有，即使有几个，大家都抢着追，成功的几率又何其小。纵使终于抓到一个完美的情人，交往中不可避免的瑕疵也会使追求完美的人无法忍受。在经历

了孤芳自赏或几度甩人之后，年龄大了，不得已，只好委曲求全嫁了人。

3.追求精神满足的择偶心理

随着社会经济的发展、文化的进步和个人素质的提高，追求精神满足恋情的人越来越多。这类人在择偶时，不拘泥于某种外在的东西，追求心灵上的相互沟通和共鸣，注重对方的道德品质、思想感情、性格爱好等方面的情况。建立在精神和感情上的爱情是让人称颂的爱情，但如果过于忽略爱情的物质基础，将会使恋人们爱得坎坷。

4.金钱至上的择偶心理

在现代社会，拜金主义流行，这种择偶心理自然比较普遍。有很大一部分人，把经济状况作为择偶的首要考虑因素，把婚姻认为是过上富足生活的手段。建立在物质、金钱基础上的爱情与婚姻，铜臭会淹没感情的温馨，况且，当金钱散去的时候，这种关系何以维系？

5.寻找政治靠山的择偶心理

在官僚主义社会，这种择偶心理相当普遍。婚姻，自古就有政治功能，比如众所周知的昭君出塞，还是一大壮举呢。通过婚姻打通自己的仕途之路，或者巩固官场上的裙带关系，即所谓的政治联姻。现在的中国社会，搞政治联姻的还大有人在。在他们眼里，感情算什么东西，婚姻又有什么了不得，什么浪漫的爱情更是荒谬，唯有仕途才是最重要、最迷人的。有政治目的的恋情和婚姻是可耻的。

6.以事业为重的择偶心理

在酒足饭饱、享乐、拜金和拜官风行的社会里，以事业为重的择偶心理并不多见。可在知识分子群里，还是大有人在的。他们把工作成绩、事业进展看成人生最大的快乐；把对方有无事业心和拼搏精神，作为择偶天平上的一个重要砝码；把爱情的幸福寄托于事业的奋斗之中。共同的奋斗会巩固两个人的爱情，可有时候事业与爱情又是矛盾的——事业上的奋进消耗了大部分的时间和精力的时候，疲惫的人们又如何缠绵悱恻呢？

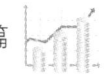

7.游戏择偶心理

有一部分年轻人，朝三暮四、寻花问柳，以爱情为掩护去玩弄他人的感情，以伤害别人为乐趣。这种人的人生观、恋爱观是无耻的，伤害了别人的同时也浪费了自己的青春。

男女的择偶心理多种多样，以上说的不过是几种基本的类型。无论持有什么样的择偶心理，都要牢记这样的格言：以利交者，利尽则散；以色交者，色衰则疏；以心交者，方能永恒。

若是武大郎，莫选潘金莲——男性择偶心理

由于受各自所处环境、文化教养和个性差异的影响，男性的择偶心理各不相同。比如说，体力劳动者的择偶心理和脑力劳动者不同；大学教授的择偶心理和一个搬运工人肯定也是不一样的。但毕竟都是男人，基本的共同点还是有的。

1.较好的外在形象

外在形象包括三个方面：① 容貌神韵；② 身材体态；③ 肤色。男性择偶大都很在意对方的外在形象，即看重对方的性吸引和体吸引，若感觉不好，往往就不愿再了解下去。女性择偶是不同的：除了外在形象之外，她往往还会考虑到个人品行、经济收入、社会地位、家庭状况等其他相关条件，因而不会一口回绝男方，而愿意进行试探性的接触。如果其他条件不错，很可能就会走到一起。

2.有较强烈的性欲

男性的性欲比较强烈，择偶自然看重性的吸引。择偶中的男子一闭上眼睛，就满脑子都是女方的最佳动作、服饰及面部表情，这就是体内性冲动使然。恋爱过程中，男性多数会有强烈的性要求，如果得不到满足，就

会感到很压抑和失落。在婚姻生活中更为严重，妻子的性冷淡甚至会使婚姻终结。

3.温柔贤惠

所谓温柔贤惠，具体来说，就是在夫妻关系上，对丈夫温柔体贴；在待人接物上，温文尔雅；在对待长幼上，贤淑大度。温柔贤惠的女性，尽管可能缺少一些爱恋激情，但大多数男性还是会比较喜欢的。

4.女方年纪较自己小

既然男性喜欢追求体貌美丽、感情纯真、温柔贤惠又性感的女性，自然倾向于和年龄较小的女性做爱人。一般来说，年龄较小的女性对男性的爱有较强的依恋感，而男子又最易被年轻女子所吸引和征服，两者相辅相成，会爱得比较持久。

5.会体谅人

为爱恋的姑娘费尽心机讨她欢心，哪个小伙子不希望姑娘说一句情意绵绵的关心话？为了家庭在外面劳碌一天的丈夫回到家，哪个不希望得到妻子的体谅和照顾？爱人的体谅和关心，始终是男人们最渴望得到的财富。

6.有学识又含蓄

没有哪一个男人会喜欢一个没什么学识的老婆，但也不喜欢老婆太过炫耀。女方要懂得隐藏自己的学识和智慧，要懂世故又要守本分，这样的老婆，丈夫即使不明言夸奖，也自然心悦诚服，喜欢和敬重得不得了。

总的来说，男性的择偶条件较少且较为宽松，多是要求女性长得漂亮、温柔，择偶的感情和审美色彩比较浓厚。男性的择偶条件比较现实、易变，比如自身条件差的男青年虽然也希望找一个年轻美貌的女子，但更倾向于找一个和自己般配的女性。男性对女人的才学不那么看重，不大欣赏女强人那样的女性，比较愿意找一位各方面条件都不如自己的女性。另外，男性的浪漫情趣比较少。

如意郎君，条件有异——女性择偶心理

1.择偶条件具体、现实

女性择偶条件比较具体、苛刻，更多考虑和关注现实问题尤其是经济方面。女性找男朋友的时候就考虑到了结婚及结婚之后的生活，男性则注重目前的恋爱感受。

2.坐享心理

择偶时，许多女性坐享其成的心理比较突出。许多女性不是想如何靠自己的双手去创造财富，她们会觉得那样太累，而是总想走捷径，其中最好的捷径就是嫁给一个富有的男人，如目前流行的嫁老外、嫁大款就是这种心理的表现。女性对金钱的欲望往往通过结婚这种形式体现出来，如高尔基在《克里姆·萨特金的一生》中的感叹："女人比男人更贪婪别人的财物……"

3.择偶的理性色彩比较重

女性择偶时，对男性的个性、气质、才华、品行等内在素质比对他的容貌、身材更感兴趣。女性希望她的恋人具有才华出众、个性开朗、幽默、风趣、诚实、有事业心、性格刚强等优点。女性喜欢可以信赖和依靠的男性，喜欢能在精神、情感和心理上给她抚慰的男子汉。

4.择偶条件苛刻，过于追求完美

女性择偶条件有时显得很苛刻，有的甚至脱离现实，如要男友的身高在一米八以上，差一厘米也不行，这样就人为地缩小了自己的择偶范围。她们在择偶时挑挑拣拣，高不成，低不就，有的女青年跨进大龄青年行列，仍在坚持择偶条件的既定标准而不肯降低要求，显得比较任性和好钻牛角尖。另外，女性由于受影视作品的影响，常将爱情过于理想化，在择偶时要求十全十美，也是不好的。

5.攀比与从众心理

由于女性的自尊心和虚荣心，女性在择偶时常有攀比心理。比如自己的几个小姐妹的男朋友都身材高大，她就会担心选择一位身材略矮的男友将遭到姐妹们的小视，从而定下了身材高大的择偶标准。女性从众心理较强，如果同伴比自己强，她会觉得在她们面前抬不起头来。因此，她需要攀比，以便在同伴面前炫耀，令她们羡慕、嫉妒。

不幸的原因各有不同——择偶的心理误区

1.太过追求外在美

择偶时太过注重对方的外在因素是心理误区之一。有的甚至制定身高必须多少、身材必须怎样、容貌必须如何等硬性标准，不达标准不罢休。忽视了人的内在素质会给将来的婚姻埋下隐患，性格不合、兴趣迥异、好吃懒做等缺陷会使美丽的外貌顿失色彩，也会使婚姻最终走上末路，更严重的是，这可能影响你的命运、改变你的前途。比如，俄国文学大家普希金，娶了个美丽的女人，却最终因为她的美貌与贪图玩乐享受的性格而荒废了自己写作，更因为她而与人决斗，落了个英年早逝的下场，这是一个典型的因为太注重美貌而酿成的悲剧。

2.太注重社会地位

太注重对方的政治、经济地位和学历等因素而忽视了内在素质，也是择偶的误区。要知道，人的地位是不断变化的，因为地位而维系在一起的婚姻，当地位丧失的时候，该如何是好？忽视品行、个性等心灵因素是不可取的。

3.太在乎别人的看法

择偶时缺乏主见、太在乎别人的看法也是不可取的。毕竟是你自己的终身大事，一定条件下听取他人的意见是有必要的，但最终决定权还是在你自

己，不要被他人的错误意见所左右。择偶时也不要跟朋友攀比：自己爱人的外在条件不如朋友的爱人，并不代表内在素质比他们差；目前不如他们，并不代表以后不如他们。人没有十全十美的，也没有一无是处的，对一个人要综合评价，不要因为他人而误了自己的幸福。

4.过于相信一见钟情

一见钟情而定终身的美丽浪漫爱情故事，似乎在文学作品中更为多见，现实中实际上是很少的，这是因为一见钟情是不可靠的。一见钟情只是被对方的某一优点所强烈吸引，而并没有仔细考量其他因素，就草率结合。一见钟情的婚姻，往往会因为婚后生活中才暴露出来的个人缺陷而导致矛盾重重，甚至过早终结。

5.补偿心理

恋父恋母情结会导致爱情上的补偿心理。有些人从小缺少父母的爱护，为了弥补这种感情的缺失，择偶时就会无意识地选择在某些方面与父母相似的人。与父母相似，并不代表婚姻上就会融洽，所以，婚后生活也很可能会不幸福。

6.自卑心理

有的人自卑心理严重，反映在择偶上，会比较随意地选择跟一个条件不如自己的人在一起，而且往往不会主动去追求对方。婚后夫妻生活里，这种自卑心理会有所缓和，不满足的心理就会凸显出来，婚姻也不会幸福。

多疑是对恋人的折磨——爱情中的猜疑心理

先来看三个案例。

【案例1】 阿云是一个温柔体贴的女人，曾经和丈夫很是恩爱。可是，她却有一个喜好胡乱猜疑的坏习惯，最终毁了自己的爱情与婚姻。

结婚前，她的丈夫曾经有过一个女朋友，是他的大学同学。他们曾经深爱着对方，可是由于女方家人的反对和异地工作的原因，两人最终忍痛分手。后来，痛苦之后，她的丈夫在工作期间认识了阿云，并在朋友的撮合下，与她结了婚，双方也很恩爱。后来，丈夫的前任女友又调回到这个城市，阿云听说后非常紧张，害怕丈夫旧情复燃。于是，她开始仔细研究丈夫的一言一行，疑虑重重。她经常偷偷检查丈夫的钱包、公文包，想找到蛛丝马迹；经常往丈夫办公室打电话，以确定丈夫在不在工作；丈夫外出时，她还经常偷偷跟踪。丈夫逐渐觉察到妻子的种种猜疑行为，很是反感，觉得自己受了侮辱，对妻子的挚爱渐渐淡去。他开始讨厌妻子的关心，讨厌回家听到妻子的盘问，于是向单位主动要求长期出差，回来后也找借口不回家。妻子的疑心为此自然越来越重，最终，他们选择了离婚分手。

【案例2】　小丽的丈夫是个事业型的男人，大部分精力都放在工作上，这也是养家糊口所必需的。可这样一来，对爱情和家庭的情感投入自然就少了许多。小丽原本是个喜欢幻想和浪漫的人，但整日面对的却是哭闹不止的孩子和永远做不完的家务，而且因为懒于学习，她与丈夫的差距逐渐拉大，时间一久，心理便开始失衡了。她认为自己为家庭和爱情投入了这么多，丈夫却不爱家庭、不爱自己，肯定是因为爱上了别的女人。于是，她开始疑神疑鬼，丈夫一回家就问个不停，越问越怀疑，越怀疑越问，尽管丈夫一再发誓只爱她一个，她也根本不信。丈夫觉得小丽确实为了家庭牺牲了许多，自己应该多陪她，便努力留出精力和时间来陪伴她，并经常偷偷地买礼物，想给她惊喜。可是，这下更是"欲盖弥彰"，小丽冷笑着说："突然对我这么好了？在外面做了亏心事了吧？"丈夫顿时无言。

【案例3】　芳是一个漂亮的大学毕业生，工作中喜欢上了长相普通、个子又矮并且学历很低的勇。勇的朴实、善良、聪明吸引了她，爱上勇她一点也不后悔。可是勇却很自卑，认为年龄大、学历低、长得又不好，根本配不上芳，再加上芳开朗活泼，经常和一些男性在一起说笑，这都使得他对

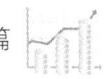

芳的爱抱着一种怀疑的态度。勇和芳在同一个单位上班，他每天第一个来到单位，隐藏起来，偷偷观察芳的一举一动，而且偷偷查看芳的信件和电话记录。他也知道自己的心态是不健康的，可是又控制不住，很是苦恼。幸好，芳帮助他克服了这种心态。

【案例1】说明，再真挚的爱情也经不起猜疑的折磨。阿云无休止地盘问、调查丈夫，全然不顾丈夫的反抗，把丈夫的离家当做印证猜疑的证据，最终导致婚姻破裂。猜疑是一个可怕的心理误区和一片阴暗的沼泽地，一旦陷入，几乎不能自拔，使人失去理性，失去爱情与婚姻。在猜疑者看来，自己的猜疑总是正确的，对方对猜疑保持沉默则被认为是默认或理亏，对猜疑进行解释则被认为是狡辩，这是一个死胡同。培根说过："心思中的猜疑就像鸟中的蝙蝠，永远在黄昏里飞。猜疑的确应当制止，至少应当节制，因为这种心理使人精神迷惘，疏远朋友，而且扰乱事务，使之不能顺利有恒。猜疑，使君王易施暴政，为夫者易生嫉妒，有智谋者寡断而抑郁。"

【案例2】说明，爱情中的猜疑有时候是情感失衡引起的。一方对爱情投入多于另一方时，前者就会产生情感失衡，比如案例中的小丽。情感失衡的人常常抱怨自己投入之多，对方回报之少，对自己感情之冷漠，抱怨之后，总是会归结到一种原因上：对方定是另有所爱。接下来的，就是到处搜寻证据了。喜欢猜疑的，多以女性居多。追求持久、热烈的爱情，是多数女人的共性，可是热恋结婚之后，一切会逐渐平淡下来，她们就会变得失落，并经常沉浸在对过去热恋的回忆之中。她们希望永远拥有这种爱情，于是便加强对家庭生活和情感的投入，总是处于爱的饥渴状态。投入和期望越高，失望自然就越多，情感失衡便容易产生。把一部分精力投入工作中去，可以有效地减轻这种失衡感，减少猜疑的发生。那些有事业、有信心的女性一般都是不怎么猜疑丈夫的。

【案例3】说明，爱情中的猜疑也可能来自一方的自卑心理。弗洛姆说过："爱是信心的行为，谁没有信心谁便没有爱。"自卑也是一个让人无法自拔的陷阱，会使人自毁爱情的长城。比如案例中的勇，若不是芳帮助他解脱，他们的爱情定是要结束的。克服自卑，首先，要建立信心。比如案例中的芳是这样开导勇的："你虽然学历低，但是聪明进取，工作认真；虽然个子不高，但你很健壮；你虽然年龄大，但是很成熟啊。我喜欢你是因为你的善良、朴实、聪明又成熟，这些都是很珍贵的。"建立信心，不要拿自己的短处和别人的长处作比较，要反过来才行。其次，要积极进行沟通。对于勇的种种猜疑行为，小芳没有一味地讨厌和反抗，而是坐下来和他积极地沟通，找出问题的根源，解决问题。

有一种爱，叫放手——爱情中的控制心理

爱情生活中，相互的控制无处不在，很多的争吵都是控制与反控制的结果。诸如对某人的态度、饮食的习惯、家居的摆设、作息时间安排、孩子教育、爱情开支等，每天有多少相爱的人在较劲、冷战、伤害、争吵甚至打架。不妨来看看下面几个案例。

【案例1】 涛是某广告公司的品牌经理，应酬很多，答应的事说变就变。他的妻子菲是自由职业者，总在家里。这天是他们的结婚纪念日，菲早早地准备好了可口的饭菜和礼物，要涛早点回家。他满口答应，无奈实在抽不开身，到了半夜还没回家，手机也不接。

菲很伤心，又困又饿，迷迷糊糊和衣而睡，眼角挂着泪珠。凌晨1点的时候涛终于回来了，妻子大发脾气，不听任何解释。此后几天，涛都千方百计推掉应酬，陪妻子，好不容易菲有了笑容，可不久，老问题又来了。

【案例2】 红和丈夫住了好几年老旧楼，终于要搬新居了。没想到因为装修，小俩口整日战火弥漫。红心目中的新居，要有情调，多放些装饰品，而丈夫认为装饰品俗不可耐，不如实在点，搞套家庭影院。红要买一盏华丽

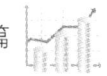

的枝形吊灯，丈夫却觉得烦，枝枝杈杈的什么灯，吊在客厅里多难受。结果，红一气之下回了娘家，把丈夫扔在装修一半的新居里。

【案例3】 蓉和丈夫吵架，动不动就提上小包，夺门而去，无论什么时间和什么天气，这时是她的杀手锏。丈夫只能追下去，找到在小区里转悠的蓉，好言劝回。时间久了，往往不等蓉拿起包来，老公就发话："又出去啊？烦不烦呢？"杀手锏没有了，蓉叹息道："以前是相互折磨，现在是自作自受。"

蓉和丈夫经常为了孩子的问题吵架。丈夫经常出差，回来给孩子买玩具、巧克力、动画片光盘等，蓉见了立即出面，告诉孩子别要这些没用的东西，弄得孩子左右为难。丈夫要送儿子到一家需缴纳高额赞助费但离家较远的幼儿园，蓉受不了每天长途接送，两人都诱导孩子否定对方的意见，结果又爆发了一场激烈的争吵。

【案例1】说明，我们必须明白这样一个道理：爱一个人，不是把一切都交给你控制，让事情只像你所希望的那样发生。爱情的权利，不在于对方必须回报爱；爱情的意义不在于保证你一定可以得到照顾。害怕黑夜的女人，仍然需要准备独自面对黑夜。爱不可以交换爱，付出是自愿，得到是幸运。付出金钱可以得到某种东西，付出爱却不等于你可以得到爱。爱是双方的，只要两厢情愿、互作多情，不管是和睦还是折磨，不管是不是幸福的爱，都是爱。爱的权利就是都自愿为对方多做些事情，你不能比这要求更多。

【案例2】说明，爱情中的相当一部分人，只了解自己不了解对方，而且喜欢想当然地强加于人。一个人家的摆设是一个人的信念的体现，在这个例子中，当没有条件按自己的意愿布置家居时，双方相安无事；有条件之后，两个人潜在的信念都被体现出来了，矛盾也就来了。为什么自己喜欢的就必须强加于人呢？爱的奇妙感觉往往使我们形成错觉和偏颇的信念。要知道，不管两个人多么相爱，信念却可以相差十万八千里。爱情需要信念的相互接纳与协调。

【案例3】说明，要记住一点：不管爱情多么真挚，对方都不可能照顾你一辈子。不要以为找到了真挚的爱就找到了最终的归宿，就应该得到无微不至的、永远的照顾和保护。得到爱人的支持和帮助，当然是幸福；但是别忘了，爱你的人是会变化的，什么时候都要保持自己的独立性。

如果你把自己的人生托付给他，就给了他控制你的权利，你就没有权利抱怨了。既然你把照顾自己的权利交给对方，或者全盘接受照顾他的要求，那你就应该准备接受可能的烦恼与婚姻中的不悦。

情深义重"醋劲"大——爱情中的嫉妒心理

嫉妒也是爱情的一大敌人。说起嫉妒，不得不先说下吃醋，因为两者是分不开的。吃醋是一定程度上的嫉妒心理。吃醋到了一定程度就成了嫉妒，嫉妒是一种不健康的心理。因此，在恋爱中，首先要掌握好吃醋的尺度。

某种程度上说，吃醋对爱情可以起到一定的积极作用。

首先，吃醋在某种程度上是爱的体现。没有爱也就没有嫉妒，没有醋意的爱情等于没有灵魂的躯壳。假如自己对恋人所做的一切都无所谓，看到自己的恋人与别的异性去春游、跳舞等，一点反应也没有，这实在不能说你是爱他（她）的。

其次，吃醋能促进爱的追求。例如，一个男孩对一个女孩，可能开始并没有很强烈的好感，但若发现某一天另外一个男孩正在苦苦追求这个女孩，那么他就会开始吃醋，并立刻加入追求的行列中来。

再次，吃醋还可使女孩显得更加妩媚可爱。爱情具有排他性和独占性，正所谓"卧榻之侧，岂容他人酣睡"。女性的情感难以捉摸，一会儿怡然自得，一会儿又愁云密布。当女孩发觉她的恋人对她的爱减弱时，她会采用疏远的行为、以退为进的方法，或声东击西，用故意对别的男孩表示好感的方

法来刺激恋人的爱，锁住恋人的心。这种逆向刺激反应会使对方神魂颠倒，强化他对于爱的专注。因此，女孩子在恋爱中的撒娇、赌气、猜忌、泪水既是爱的伎俩，也是女性情爱中一道美丽的风景线。

不过需要注意的是，醋意要有限度，如果太离谱，就变成了嫉妒。

其实，人类的嫉妒心理在公有制的原始社会并不存在，同样的道理，爱情中的嫉妒心理在群婚制的时代也不存在，它产生于一夫一妻制。在群婚制的时代，一个男人，可以和一群女人"结婚"，其中任何一个同某个男人或女人发生性关系的异性，都不会去嫉妒别的异性。在人类婚姻史上，一夫一妻制占据主导地位、两性关系在法律和伦理意义上得到框定之后，爱情就不仅仅是异性间的吸引，而是具有了更重要的特征。这时，爱情中的嫉妒心理就蓬勃发展起来。

与人在其他行为中的嫉妒心理不同，爱情中的嫉妒心理，几乎每个陷入爱情中的人都难以彻底摆脱。另外，自然的性嫉妒实际上可以促进爱情的发展与稳固。正如哲学家所说的，"爱情的快乐同人类的所有快乐一样，需要一定的刺激——愉快感的对立面。这种快乐绝不会长期'晴空万里'（连一片透明的薄云也没有）。如果没有不快乐作陪衬，则快乐也会显得平淡。感受总是一幅色彩比较鲜艳的情感镶嵌图画。在'晴空万里'的爱情里，幸福一般都是很快就要消失的。爱情的幸福是不能离开陪衬的感受而单独存在的。正因为如此，爱情需要薄薄的一层忧伤，需要一点点嫉妒、疑虑、戏剧性的游戏。"

嫉妒的危害也是很大的。心理学家弗洛伊德曾经说过："一切不利影响中，最能使人短命夭亡的，是不好的情绪和恶劣的心境，如忧虑和嫉妒。"嫉妒心理犹如心灵的肿瘤，危害人们的身心健康。

那么应该如何克服爱情中的嫉妒心理呢？

（1）要认识自我。分析自己是否过于敏感、缺乏自信。自卑的人容易产生嫉妒心理。

（2）分析嫉妒根源。嫉妒心的产生往往是由于误解所引起的，要先搞清楚是不是误解了自己的恋人。

（3）积极消灭嫉妒心。要主动进取、充实生活、转移注意力，比如将更多的精力放在工作上，就像培根说的："每一个埋头沉入自己事业的人，是没有工夫去嫉妒别人的。"

（4）要学会控制情绪，尊重对方的感情。尤其是恋爱时，要允许对方有自己的人际交往空间。

美好的初恋，甜中有苦——初恋特殊心理

初恋是美好的，常常是幻想式的美好。

世界名著《飘》的主人公郝思嘉的初恋，就是幻想式的单相思：郝思嘉爱上了希礼，可她从来没有主动地向希礼表示过，只是沉醉于自己的幻想中，主观地推断亚士利的言行都是爱她的，等待亚士利主动向她求婚，可事实上她的推断是完全错误的。

在青春期发育的初始阶段，少男少女们情窦初开，常常选择生活中或者影视中的突出异性作为自己仰慕、暗恋的偶像。这时候的单相思带有很大的盲目性，一旦确立了心中追求的偶像，就会陷入想入非非之中，总是一厢情愿、顽固不化地爱恋对方，而全然不顾对方的感受。初恋中的人很容易把爱全部倾注于对方身上，而不管此人的优缺点到底是什么，甚至缺点也是对方的魅力所在，这是初恋中所特有的心理现象，也是很正常的。

大多数人在懵懂的初恋时期，都会冲动、盲目地向意中人直抒胸臆，并且会死缠烂打，一旦受了挫折则很容易一蹶不振。

初恋是苦涩的，大多数初恋都不会持续到谈婚论嫁的时候。年轻人对爱情认识得并不透彻，心理承受能力也差，接触时间较短的时候，还不能充

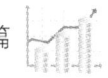

分了解彼此的性格，等一段时间的深入了解之后，可能会发现对方并不适合自己，或是觉得不能忍受对方的一些缺点，于是因此产生矛盾，最终热情下降，导致分手。年龄偏低的青年男女，往往不懂得在恋爱中如何培养感情，只是一味地亲昵，最终不可避免地伤害对方，导致恋情的终结。

初恋的失败让人终生难忘，会给年轻人的心理造成很大的压抑，甚至会给以后的恋爱和婚姻蒙上不可磨灭的阴影。举个案例说吧：

有个小伙子叫涛，在中学时就暗恋同班的女生雨，总是在雨的身边默默地为她做事。高考后，雨考入了某名牌大学，而涛落榜了。为了追求雨，涛发奋补习了1年，第二年也考入了雨所在的大学。两人在共同的学习中慢慢地建立起了感情，涛终于如愿以偿。但好景不长，接触一段时间以后，雨觉得涛做事唯唯诺诺、男子气不足，便与他分手了。涛经受不住初恋失败的打击，万念俱灰，甚至想一死了之，他无法安心学习，最后不得不辍学回家。不仅如此，涛在此后的很多年里都没有走出痛苦，最后随便找了村里的一个姑娘，放弃了自己的前程。

初恋的失败有时候也并非坏事，它可以使人成熟起来。失恋者不应沉溺于失恋中而痛不欲生，应该采取积极的态度化解内心的痛苦，要总结经验教训，以便在面对以后的爱情时不会再犯同样的错误。大多数人都能顺利地度过初恋的痛苦期，然后进入下一次甜蜜的热恋中，直到走入婚姻殿堂。就像现在正在幸福地生活着的人们，有几个没有经历过失败的初恋呢？

父母要为孩子导航——孩子的初恋心理

如果你是为父母者，自己才上中学的孩子恋爱了，你必须选择妥善的处理方法，不可只是一味地强硬阻击。父母要懂得善待孩子的初恋，以免造成不可挽回的悲剧。

上初三的15岁的小美长相秀美，心地也善良。她与同班一个男生恋爱了，这个男生学习又好，又多才多艺，吹拉弹唱样样行，可他是个小儿麻痹后遗症患者，双腿有毛病。小美喜欢上他，究竟是出于对他的同情，对他的钦佩，还是朦胧的异性好感，或者是几种感觉的交织？没有人能够给出一个明确的答案。小美的爸爸知道后，在没有仔细分析缘由的情况下，便立即警告她："我告诉你，不许这么早搞对象，即使将来搞对象咱也不能嫁给一个瘸子！"小美尽管难以接受爸爸刺耳的警告，但她还是把与那个男生的恋情转到了地下。性意识的觉醒使这对少男少女有了一些亲吻之类的肌肤接触，再加上地下恋情的紧张刺激，越发使他们的爱恋突飞猛进。小美爸爸知道后怒不可遏，于是在某晚上将那个男生抓了现形。小美的爸爸举起棍子就打，吓得正在卿卿我我的两个人狼狈不堪。男生的家长闻讯赶来，与小美爸爸打成一团。小美趁机跑回家，又气又羞又急之下，最终跳楼自杀！

这场悲剧到底应该归咎于谁？难道是两个懵懂的孩子吗？应该是不懂得善待孩子初恋的家长！尤其是部分中学生的家长，对早恋一律下禁令，格杀勿论，而且态度粗鲁。更有甚者，一见孩子和异性交往，哪怕一起聊过一次天、走过一段路，偶尔写过一封信、递了一张纸条，就将其定性为恋爱，然后就开始研究如何阻击。

少男少女之间发生的相互爱慕之情或者说初恋，是一种脱离世俗与功利主义的、不考虑婚姻的、纯洁美好的情感经历。初恋是人生绽开的第一朵鲜花。一个正常人，包括那些阻击孩子初恋的家长们，谁没有过年少时朦胧的初恋或者对初恋的渴望与幻想？虽然初恋往往都像梦一样迷幻而短暂，但它是培养人美好情操的动力，也是提高爱情智商的必备步骤。

不能野蛮阻击初恋，并不意味着可以放纵孩子们的盲目行为。孩子毕竟是孩子，处理感情的能力不够，经受不住爱河漩涡的冲击，难以避免怀孕、私奔或辍学等不可收拾的结局的出现。作为家长，要对孩子们与异性的交往加以指导，但无端的禁止和阻挠往往会使孩子们的异性交往发生畸变，正确

地疏导才是明智的态度。

和孩子坦诚地进行交流是疏导的好方法，不妨看一下下面的例子。

一个16岁的高一男孩与同班一个女孩相恋，而且爱得挺认真。男孩的爸爸不赞成他们的事，但并没有棒喝儿子，而是与儿子进行了一次真诚的、朋友式的对话：

父：儿子，你觉得她怎么样？真的很好吗？

子：我觉得她是我认识的女孩里最好的。

父：爸爸相信你的眼光。但是，你才上高一，你认识的女孩有多少？

子：……

父：你说你将来要出国上名牌大学，想成为一名律师或金融家。你知道你将来会遇上多少好女孩？爸爸并不反对你现在谈女朋友，但是爸爸最反感的是见异思迁。你16岁就有了女朋友，这女朋友是你到目前为止认识的最好的女孩，可是，等将来你遇到更好的，你会不会后悔？你敢保证一辈子都守护她一个人吗？

子：……可是，现在让我离开她，我很痛苦。

父：去年给你买的那个彩屏手机呢？

子：您不是给我买了个更好的吗？我把原来那个送人了。

父：儿子，这就叫喜新厌旧、见异思迁。今天好好学习，你明天的世界只会比今天更精彩，到时候你的选择只会比今天更好，更适合你。如果真的放不下，那就先把与这个女孩的情缘放一放，等将来读了大学再让它开花结果多好。儿子，一个人一生不可能不做几件错事，但是，人生大事只有几件，做错了就会遗憾终生。

子：爸爸，我明白了。我会处理好的。

当孩子恋爱了，为人父母的应该和这个男孩的爸爸一样，给孩子们的心灵加以导航，指导他们学会把初恋的纯情珍藏在心底，并把它转化为一种学习奋进的动力，更好地把握人生。

喝下冰水，再一颗颗化成热泪——失恋心理

失恋，对于任何人来说都是一杯浓烈的苦酒，都会在其灵魂深处烙上深深的伤痕，甚至这种心理隐痛会伴随其整个生命旅程。如何对待失恋的不幸，是被痛苦所吞噬还是将痛苦升华？不同的人会有不同的体验。

1.男性的失恋反应

男性自尊心比较强，对待失恋，或许你表面上看不出他的痛苦，但背地里的他其实痛苦不堪。失恋对于男性的打击实际上是巨大的，有时也许会摧垮他的人生信念，使他丧失生活的勇气，甚至会导致终止生命的诉求。在社会生活中，男性往往肩负着比女性更多的义务、责任和期望，因此对于同样的失恋结局，男性要承担比女性更多的来自自我及社会的压力。被迫失去女方的爱，对不少的男性来说在身心上都是不可接受或忍受的，这会使他的心理产生连锁反应，进而改变整个心理品质和人生态度。

2.女性的失恋反应

与男性相比，女性的情感显得温柔而细腻，虽不像男性情感如暴风骤雨，却也好似春风细雨，润物无声。滋润于甜蜜爱情中的女性，比起容易性冲动的恋人，更愿陶醉于如云般的飘忽与似雾般的朦胧幻想之中，更喜欢品味感情的真谛。可想而知，失恋的现实对于女性同样残酷无情，它会揉碎少女甜美的梦境，吞噬姑娘纯真、空明的情感世界，给她们带来毁灭性的打击。相比男性，女性更富有奉献精神，更易把爱情作为人生的最高追求与生命支柱。当她把爱情看成是自己最大的幸福和满足时，如果爱突然终结了，女性的柔弱和痴情怎能使自己内心的波澜得到平息？不过，对于少数性格开朗、心理成熟或者是主动绝情分手的女性来说，要另当别论。

3.不同年龄阶段下的失恋反应

对于失恋，不同年龄阶段的人会有各不相同的心理反应。

处于青春期的少男少女富于激情和幻想，对于朦朦胧胧的初恋会感到神秘和神魂颠倒。他们心理还不成熟，对爱情缺乏长远的考虑和准备，最容易在感情的深海之中迷失。而且，少男少女的情感虽然纯真却显得稚嫩，很易受挫折，而一旦遭受失恋的打击，就很可能身心俱碎，极度痛苦而不能自拔。他们还可能因为失恋而变爱为恨，肆意报复，粉碎一切美好的回忆，甚至连起码的友情也破坏殆尽，给自己和对方都留下了深深的心理伤痕。

年龄较大些的男女有着较为健全成熟的理性能力和意志能力，也具有比较稳定的情感表达方式，恋爱之前会仔细考量对象候选人；热恋之中，也比较能够妥善处理各种矛盾与原则问题；失恋之后，他们在巨大的痛苦面前仍能镇定自若，将创伤掩埋在心底，会比较冷静的面对现实、调适心理，继续自己的人生之路。对于曾经深爱的人，他们大多也能报以宽容和理解的微笑，仍可以和对方做朋友，不会将其变为一生一世的敌人。

4.不同个性特征下的失恋反应

对于失恋，不同性格特征的人也各有不同的心理反应和解脱方式。

一个活泼型、多血质的人，可能比较容易接受失恋的现实和承受心理打击。失恋之初，此类人或许会非常敏感地表现出强烈的反应，他们会极度悲伤、哭天抢地。但是用不了多久，他们就能从痛苦的情绪中解脱出来，恢复到一副乐呵呵的模样下，表面最起码是会如此的。

5.不同社会角色下的失恋反应

不同社会角色下的人会有不同的失恋反应。比如，一个学生失恋，会容易让他觉得失去了一切而万念俱灰；一个工人失恋，他会利用埋头做工来赶走痛苦，再加上这时会有很多的热心人前来介绍新对象，他就比较容易走出失败的阴影；一个官员受了爱情的打击，再痛苦也必须憋在心里，不能影响工作和形象，他同样也会埋头在各种应酬与事务当中，并尽快走出心理的痛苦。

　　人生大悲之事，失恋为其一。失恋给人带来的烦恼和苦闷，是没有恋爱或没有失恋过的人所无法体会的。失恋既可以使人消沉，也可以使人奋起，最重要的是要学会心理调适。

莫愁天涯无芳草——失恋心理调适

失恋后进行心理调适以走出失恋，需要掌握以下原则和调适的方法。

1.正视现实，不要纠缠与责难

　　如果他（她）已经真的不爱你了，到了必须分手的时候，就不要再纠缠不放，纠缠也许会令对方一时难以逃脱，但却更坚定了其离开的信念；不要再一味地责难，责难也许会让你感觉一时痛快，但却可能粉碎曾经的美好回忆；更不要怪罪自己天生缺乏魅力，活在怨恨里会令你的生活更沉重。既然你已得不到所希望的那份真情，又何必再为她（他）伤心劳神、浪费感情与青春呢？放弃一段已经死亡的情感，你也许仍会痛苦，但却有了新的爱情空间，有了重新选择的机会。

　　但是，如果你认为你们的关系还有挽回的余地，可以选择离开他（她）几天，给双方都留出认真体会与权衡的空间。如果他（她）真的需要你，请相信，没有人会轻易放弃自己的真爱，他（她）一定会重新回到你身边。

2.忘记过去，放眼未来

　　失恋了，就要有忘记过去的决心，忘记过去所有的快乐与悲伤，忘记他（她）的一切；更要有放眼未来的智慧，放眼新的恋人、新的生活目标和新的幸福。

3.心胸要豁达，懂得宽容与原谅

　　不需要为恋人的一时冷漠而忧愁，如果存在第三者，而他（她）又舍不得你时，重要的是不要放弃自尊，告诉对方你的真实感受；不要做生活的配角，公平地与对方争辩。如果他（她）认识了错误，真诚地想重新回到你身边，就宽容地再给对方一次机会，帮助其重新进入你的爱情生活，发掘自己的美德和爱情的魅力，放弃牢骚唠叨，用健康的方法挽救你们的婚姻和爱情。

4.保持尊严，凝视前方

失去爱情但不要失去自尊。要坚持着不要去找他（她）、不要再联络、不要再眷恋以往。或许分手是因为你的错，但人都会犯错；或许分手是因为你的缺点，但谁没有缺点？失去你或许是他（她）一生的遗憾，你要维护自己的尊严，凝视前方、放眼未来。

5.适当地发泄情绪

别总是强忍悲痛或怨恨，这对身心健康相当不利。想哭的时候就找个地方尽情地哭；想大声喊的时候就找个无人之处用力嘶喊；想砸想撕的时候就关起门来个痛快；想倾诉的时候就找个知心好友说个痛快。但要注意发泄的对象，不要抓住无辜的人或人家的东西不放，那样会节外生枝，反而更不利于心理调适。

6.清除他（她）的痕迹

分手了就把与他（她）相关的东西处理掉，要么撕掉扔掉，要么找个地方锁起来再狠狠地丢掉钥匙，清除他（她）的痕迹。也不要去你们以前常去的地方，以免触景伤情，让你情绪低落。不过不要过分，比如他（她）拉过你的手，你可不要把手也扔掉或包裹起来。

7.作出不在乎的样子

失恋了，一点感觉也没有是不可能的，但表面上装作不在乎有利于控制自己的情绪，积极的自我暗示在这时候是非常重要的。你可以这样暗示自己："对付负心人最好的办法就是让自己好好地活下去！"或者"是不是都要看我难过痛苦？没门！"又或者"他都不在乎了，我为什么要在乎？一定要镇静，就当什么也没有发生过，只是梦醒了而已。"

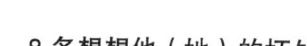

8.多想想他（她）的坏处

失恋了，就要多去想想他（她）的坏处。仔细甚至夸张地去寻找他（她）的缺点，以至于你再也不愿去想对方。如果想来想去，他（她）的坏处寥寥无几或者只有好处没有坏处，那你自己就要这样想："他（她）真的是完美的吗？不可能。可能只是我了解得不够深入全面而已，或者我产生了审美错觉。这样的恋爱不真实、不扎实，失去了也不是坏事。"

9.多参加集体活动，多和别人在一起

失恋之后不要一个人闷在家里，要积极参加聚会、出游、看表演、打球等有意思又有很多人参与的集体活动，并尽量和别人谈一些有趣的话题，跟着大家一起笑，有利于驱散心理阴霾。

10.出门去旅行

失恋后留在故地，只会让你陷于痛苦无法自拔。不妨离开你们曾经的幸福天堂，跟随旅行团或与一群朋友到异地去游玩。异地的人文风情会让你耳目一新、视野开阔，新的感受会冲淡你内心的烦恼。

11.与老友联络

恋爱期间"重色轻友"全然不问朋友死活，朋友也不会怪你。不过现在又一个人了，再不找老朋友叙叙旧可就有点太淡薄友谊了。朋友才是最靠得住的，又了解你、又包容你、又疼惜你。和他们在一起游玩、聊天、运动、喝酒唱歌或者干脆在他们面前大倒苦水，你不用掩饰、自在自得，全然没有失恋之后的自我否定和怀疑，有助恢复心理平衡。

12.用学习和工作来冲淡烦恼

热恋时落下的功课和工作现在终于该补一下了吧？不妨化失恋的悲痛为力量，努力学习、埋头工作，会有意想不到的成就与荣誉降临到你头上，正所谓"塞翁失马，焉知非福"。这时候，恐怕你感谢当初的失恋还来不及呢。

13.要懂得爱惜自己

要忘掉一段曾经真心付出的感情，绝非一蹴而就的事情。不要太苛求自

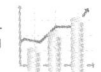

己，要给自己留出空间与时间。要知道，你的生命不光属于你一个人，还属于你的亲人、你的朋友和你的工作岗位，你必须珍惜自己，你没有权力自暴自弃。失恋了，不必再挂念那个人了，正好可以多疼惜下自己。

上面讲述的是几副失恋初期的"特效药"，可以暂时缓解强烈的心理刺激、疏导负面情绪，不至于被失恋的痛苦泥潭所淹没。但要恢复到恋爱之前的心理状态、重新定位自己，还需要加强长期的心理调适。

14.不要将新旧恋人作比较

有位小姐，对初恋的感情不能割舍，等她有了第二个男朋友后仍与初恋情人藕断丝连，影响到她对新恋情的投入。到她有了第三个男友的时候，她又对第二个男朋友念念不忘，常想起他的好处而不能专注地去发现现任男友的优点，结果她总是不能对在她身边的人感到满意。对方真的那么差吗？还是她开车只看后视镜，而没看到车子正前方的金矿？

有位女士，她的先生对他以往的情人十分眷恋，不仅把以前的信和照片小心收藏，还常拿以往情人的好处来和这位女士比较。那这位女士内心会有什么样的感受呢？又有谁愿意自己就是这位女士？

过去的事就让它过去吧。要接受并认定这个事实，收起回顾的眼神，转过身来向前看。把过去抛得越干净，将来就可能越幸福。拿过去来折磨自己也折磨后来人，是非常不负责任的行为。

15.不要模仿他（她）

如果你深爱的人拥有你所欣赏的优点和特质，热恋中你也要做自己，不要把其性情习惯"内化"到你自己的人格与生活里，失去后更不要模仿他（她）。世界上没有第二个人会和你一模一样，某种意义上说你就是最美的，何不保持我们自己的本色？本色才是魅力的来源。

16.不要马上再找一个类似前恋人的人

虽然失恋了，但和他（她）有些相似的人仍会对你有吸引力，要注意不要立刻去找个那样的人替代前恋人。首先，要冷静下来分析这类人身上究竟是哪一点令我们无法抗拒？那种特质是否也有缺点？跟我们的性情是否可以配合得来？如果合得来，为什么会分手？其次，将以后的恋人看作是前恋人的替代品是不道德的，既是对自己的折磨，也是对别人的伤害。

17.多交普通朋友

多交些普通朋友对你是有好处的。特别是与异性的普通朋友交往，不仅可以学习如何与异性相处，还可以培养自己对异性的判断力。等到真正适合的人出现后，你就不会错过机会了。但是交往时不妨先当做普通朋友，敞开心与人自然地交往。有道是"有心栽花花不开，无心插柳柳成荫"，越不苛求，缘分可能越容易到来。

18.完善自己

失恋后要仔细检讨自己的不足之处，想想自己有哪些缺点？是不是人际交往能力不强？比如和人说话时语气粗鲁，或唯唯诺诺，或者动不动就发脾气？是不是自己不够成熟独立？比如依赖性太强、没有安全感、占有欲太强等？如果答案是肯定的话，那就要适度地改变自己，使自己成长。成长之后的你，以后在拥有爱情时就不会再犯同样的不利于培养感情的错误了。不过，找自己的不足之处时要把握分寸，不要陷入自卑的泥潭。

寻找爱情就像寻找工作，失败一百次何妨，成功一次足矣。如果你就是那失恋的人，如果你还困在它的阴影里，那么现在该破茧而出了。接受现实，放眼未来，勇敢前行，你终会获得的是属于你的爱情。

你我情深，只限友情——异性友谊

异性之间存在真正的友谊吗？这个问题一直困扰着许多人，不少男男女女生活在同一个班级或同一个单位的男男女女有时候却行如路人。不少人也认为，男女在青少年时期不可能建立起像同性朋友之间那样亲密无间的纯洁的友谊关系。

人类的爱有许多种类型，比如血统爱（如母子、兄弟、姐妹之间的爱）、性爱（如爱情）、敬爱（如学生对老师，幼辈对长辈的爱）、抚爱（如长者对幼者，老师对学生的爱）、友爱（包括同学、同事、朋友之爱等）。人类各种爱的感觉有时候会发生交叉，如血统爱中可以包含敬爱、抚爱和友爱的成分，而抚爱、友爱和敬爱也可能发展成为性爱。现实中，异性友谊往往发展为爱情，但并不能说明异性之间不可能存在纯洁的友谊。认为异性间的友爱必然要发展成为性爱，或者必然与性爱纠缠不清，是缺乏依据的偏见。

心理学家指出，亲密纯真的友谊是人类优美的感情之一，是人们在共同理想、共同学习、共同工作的基础上产生的相互团结和帮助，并激励和鼓舞人们前进的高尚的道德力量。爱情作为异性爱的一种，是包含有性意向的，它不仅需要思想的沟通，而且还要有性的吸引，而这种吸引则是一种微妙的心理感受。存在于异性知心朋友间的心灵的沟通虽是爱情产生的一个条件，但仅有这个条件，爱情并不会翩然而至。总之，达到知心程度的纯真的异性友谊是存在的。

不妨来看几个真实的异性友谊的故事。

【故事1】　大明和小玲是从小玩到大的好朋友，但却没有发展成青梅竹马的恋人，而是成了最好的异性知己。他们两人同岁，两家是邻居。当还是小孩子的时候，小玲的妈妈工作一忙，便会让大明带小玲去玩。于是大明就经常带着小玲一起玩耍，友谊自童年便建立了起来。稍大一些后，两人都上学了，从小学到高中居然都在一个班。

小玲爱学习，学习成绩很好，而大明天性好玩，上课也不集中精神，所以成绩不怎么好。两人经常在一起学习，小玲帮大明补习功课，因此感情得到更进一步的发展。到了青春期，两个人有了完全可以成为恋人的可能，但两人都没有往这方面想，仍认为对方是最好的异性知己。

后来两人都找到了各自心爱的人，谈起了恋爱。有许多人不太理解，一些邻居以及大明的妈妈都说过："小玲这孩子不是挺好的吗？你们两人青梅竹马，从小玩到大，你为什么不喜欢她呢？我看她不错，你如果和她谈对象，多好啊。"大明就不停地解释说小玲是他"哥们"，和恋人是两回事。他们都听得一头雾水。不过，大家对大明的女朋友都非常满意，也就不再提他和小玲的事了。

小玲也是一样，她妈当时也说："大明不错啊，要不你们俩就处处。"她就说大明是她的"蓝颜知己"，也就是异性知己。她妈也是愣不明白什么意思。后来，见了她男朋友之后，也就不说什么了。

不过两人都谈恋爱之后，就免不了会有些小问题。虽然双方的恋人并不反对他们的这种友谊，但有时候当他们在一起有勾肩搭背等亲密举动时，他们的恋人就会显得很不舒服，醋意浓浓。于是，他们在相处中不再像以前那样随便了，但知己仍是知己，哥儿们还是哥儿们。

【**故事2**】 小文是南京一家外企的行政秘书，月收入不菲，属于白领阶层。她已经二十五六岁了，曾经谈过几个男朋友，可后来都分手了，至今仍就单身。但她这几年并不因没有男友而在生活上得不到照顾，因为她的大学同学阿强一直都在帮助她。

说实话，她对阿强也没什么感觉，所以她知道自己不会跟他有什么，因此对他反而并不顾忌，有什么心里话都跟他说。小文不放心自己的一些同性朋友，她认为她们并不可靠，而阿强是她真正的朋友、知己。

想想自己和阿强成为好朋友，还是大学以后的事，当时在大学里两人关系还仅局限于同学之交，并没有什么深交。而毕业后，小文找到了现在这份好工作，租了一间非常不错的房子，与阿强也没什么联系了。当时她谈了一个男友，有一次家里马桶的进水管坏了，让男友过来修修，男友却说这东西他不会搞，让她找家政公司。

她觉得男友对自己也不够关心，这时正好阿强打电话通知她参加一次同学聚会。她于是告诉他自己家的马桶有毛病了。阿强听后马上赶过来，买了一个进水管装了上去，解决了问题。

小文十分感激他，后来聚会又玩了很久，后来慢慢地两人的关系越来越好。阿强虽然很能干，但并不是小文喜欢的类型，因此她对他并没什么戒心，有什么困难也都找他，和阿强到了"称兄道弟"的地步。她常常对阿强说："真没想到，你竟然是我最好的朋友。"

保加利亚心理学家基·瓦西列夫曾经说过："男人真正的力量是带一点温柔色彩的刚毅。如果一个男人集中的全是男性的特征，就会因枯燥单调而令人生厌。男人具体存在于不同性别特征的搭配之中，这使他们的性格更加丰富多彩了，更表现出男性的魅力。女人当然也是如此。让我们在日益扩大的异性交往中丰富自己吧！"

研究表明，异性之间不但可以存在友谊，而且这种友谊具有同性友谊所不具有的互补性。性别差异之下异性友谊，既可以是对个性不足的一种互补，也可以是对心理、情感和思维的互励互慰。女性软弱时，男性对你的鼓舞可以使你坚强；男性暴躁时，女性对你的规劝可以使你温柔；女性忧伤时，男性对你的开导可以使你乐观；男性粗疏时，女性的提醒可以使你细致。性别差异本身就是人生的一种多彩，有助于人的冷静化、理性化，使世界滤掉各种盲动和迷惑。

第八章　为爱保鲜，为幸福护航

—婚姻篇

为什么会选择结婚——结婚的动力

男女的热恋最终会有两种结局：分手或结婚。"婚姻是爱情的坟墓"这句话，几乎所有人都耳熟能详，可人们仍然前赴后继地踏上红地毯，他们的动力是什么呢？

了解动力之前，不妨先来了解一下婚姻的社会特征和发展简历。

婚姻是合乎法律或者社会道德的男女两性结合方式，它包括了两个方面：其一是男女两性的生理结合，即性结合；其二是社会的、法律的规范，使婚姻克服了男女性行为的随意性。社会学家认为，婚姻有以下几个特点：①一对男女配偶的关系是社会认可的，并且这种配偶关系具有排他性；②同居，有建立家庭和生育后代的意向；③有共同的劳务和经济权益；④为生儿育女有积蓄，配偶之间以及子女和父母之间有社会公认的家庭财产继承权。

许多社会人类学家则认为，婚姻是社会所认可的、涉及男女双方制度化关系的匹配安排，具有两个特点：①男女同居，具有建立家庭和生育后代的意向；②婚姻中的性关系和婚前或婚外性关系以及通奸有区别。

随着人类社会的进步，婚姻也经历了不同的形态变化。最早实行的是群婚制，分为血缘婚姻和亚血缘婚姻两种。血缘婚姻是指在同一个群体中，同辈男女都互为夫妻，属于族内婚。之后发展为亚血缘婚姻，即两个群居集团之间的通婚，属于族外婚。群婚制逐渐发展为对偶婚姻，即男子在众多妻子中有一个主妻，或女子在众多丈夫中有一个主丈夫。对偶婚姻最终发展为现在的一夫一妻制婚姻。一夫一妻制是历史发展、人类进化的必然结果。一夫一妻制婚姻通过社会、法律限定了两性关系，可以抵制外来力量对爱情的摧毁，是爱情的保护伞和围城。

在一夫一妻制的前提下，人们结婚的动力包括以下几个方面。

1.社会的需要

满足社会需要是结婚的动力之一。结婚可以使两性情爱得到社会认可和法律保护，婚前同居等非婚两性关系则无法得到认可和保护。不受社会认可的情爱是不能健康发展的。比如你有了婚外情人，但只能且必须和合法配偶公开出入自己的社交圈，和情人的恋情只能是地下的。所以，和情人的交往最终不是结婚就是破裂。

如果纯粹为了得到某种社会地位而结婚，则走入了一个误区。比如为了提升官位，尽管毫无感情，却和某某高官的女儿走进婚姻的殿堂；一些年轻女子为了得到豪华生活或某种社会地位，弃感情于不顾，和有钱有势的男性结婚。这类婚姻即使没有或破裂，夫妻双方也不会有发自内心的幸福感。

2.爱情的意愿

大部分人结婚是两情相悦的结果，即出于爱情的意愿。

热恋中的人们总会有"海枯石烂"的誓言，都希望爱情永驻。他们希望永远占有对方，永远持续这种爱的幸福，于是发自内心地选择结婚，希望通过婚姻这种社会契约来保障爱情的永恒和美好。正如恩格斯所言："性爱常常达到这样强烈的持久程度，如果不能结合或彼此分离，对双方来说即使不是一个最大的不幸，也是一个大不幸；仅仅为了能彼此结合，双方甘愿冒很大的风险，甚至拿生命孤注一掷……"婚姻给了恋人们一个社会认可的、法律保护的、排斥其他异性干扰的保护伞，使恋人们充分地、安全地体验到了爱的满足感。

任何人都应该有爱的欲望和权利，不应该受学历、年龄、性别、人种、社会地位、经济地位等的限制。恋爱结婚不应只是年轻人的特权，那些离异或丧偶的老年人也有自由恋爱和结婚的权利，儿女或亲戚不应横加干涉。

3.满足性欲的需要

满足性欲望往往是被人回避的结婚动机，但却是客观存在的。就像饮食、睡眠等一样，满足性欲也是人的基本需要。在西方著名心理学家马斯洛所列的人的需要阶梯表中，性欲就与空气、水、食物、住所、睡眠一起被列为人的最基本需要。尽管如此，满足性欲望也不能为所欲为，性生活过于随便的人往往会受到疾病的侵袭和社会的谴责，而结婚则可以使人得到安全的性满足。

西方社会的性解放使人们在性放纵中得到了发泄，却失去了爱情的温馨、安全与稳定，还带来了艾滋病的流行，因此许多人开始呼唤婚姻的重要和爱情的忠贞。

4.繁衍的欲望

自我繁衍也是结婚的动机之一。繁衍后代是所有生物最重要的本能和任务，人类也不例外。结婚后生儿育女是天经地义的事情，不能生育会让人背负沉重的心理负担。结婚之后才有了家庭，有了家庭才能够养育孩子，给予孩子成长所需。正是夫妻情爱孕育了后代，人类才得以繁衍，生生不息。

离婚悲剧，也许婚前已酿成——不良结婚心理

热恋中的男女，头脑常常是不清醒的。许多自认为信奉"爱情至上"的

青年，其结婚的动机其实并不是真正的爱，而是掺入了许多其他的因素。在这种情况下，不必要的离婚悲剧和家庭危机便频频上演。研究发现，常见的不健康的结婚动机有如下几种。

1.出于同情

文坛"二萧"不知道你听说过没有。萧军和萧红是我国的文坛名家，他们的爱情纠葛为文人们所津津乐道。萧军侠义心肠，毅然将萧红救出困境，后来两人在文字耕耘和生活中渐生情愫，结为夫妇。但性格迥异的他们并不适合做夫妻，后来长时间分居两地。萧红去世时，也没有看到萧军最后一眼。

他们之间的婚姻在很大程度上建立在萧军对萧红的同情心之上，因而导致了最后的悲剧性结局。富于正义感的人看到异性处于困境时，容易冲动地用婚姻去拯救，可结果往往是伤人又害己。同情心是可贵的，但不能作为婚姻的动机，这样是不会幸福的。

2.报恩心理

伟最近感到非常痛苦，因为他发现自己的婚姻里没有爱。妻子是爱他的，可他对妻子至今也没有产生过真正的爱的感觉。伟与妻子是同事，当初她对他格外关心，经常主动给他打饭，还主动给他洗衣服，令他倍加感动，于是在报恩心理的驱动下，他接受了她的爱意，与她结为夫妻。然而他们的婚姻并不幸福。

报恩心理是与同情心理相对应的一种结婚心理动机，也是不可取的。

3.为逃避不愉快的家庭

阿光的父亲喜欢喝酒，喝醉了就和阿光的妈妈吵架，家里战火不断。阿光很讨厌这种家庭生活，便经常借故不回家。他开始想早点结婚，摆脱这个战火弥漫的家。于是在朋友的介绍下，结识了一个女孩，没过几天就匆匆结婚了。可婚后才发觉自己对妻子一点都不了解，两个人性格相差太远，战火比自己的父母还激烈。可是，后悔不也晚了吗？

为逃避不愉快的家庭而匆匆结婚，耽误了一辈子的大事。

4.一气之下的冲动

慧在毕业时收到男朋友的一封分手信，十分痛苦，也十分恨他。工作后，带着赌气情绪，她主动和单位的一位男同事接近，并结为夫妻。可婚后很多年里，她仍然放不下原来的男朋友，与丈夫过着同床异梦的生活。后来，她调动工作，和原男友不期而遇，多年的情愫再度迸发，引发双方家庭与婚姻的剧烈动荡，最终酿成了一场悲剧。

由于爱情受了挫折，很多人为了赌气而匆匆与人结婚，以为这样可以忘记前人、洗去屈辱或伤害到那个负心人。殊不知，这种不理智的结婚心理，不仅伤害了无辜人的感情，也可能就此葬送了自己一生的幸福。

5.屈从于外界的压力

华出生在干部家庭，父母都是当地的政府要员。华读大学时谈了女朋友，漂亮聪慧又善良，他们的感情很好。可是华的父母却极力反对，因为这个女孩家在农村，无权无势又没钱，跟华家没法比。他们给华找了一个"门当户对"的官家公主，全然不顾华的感受，并威胁说如不答应，就和他断绝亲子关系。慑于强大的家庭压力，华妥协了，痛苦地和心爱的女友分手，极不情愿地和那个千金确定关系，不久后结婚了。

门当户对又如何呢？无非是官运亨通、有钱有势，可这些不一定能换来发自内心的幸福感。华的懦弱使他失掉了真正的幸福。

6.冲动心理

有个小伙子和一位姑娘互有好感，可是任凭姑娘怎么暗示和催促，他始终不肯和她明确关系。姑娘急了，就向另一位小伙子抛起了媚眼。这下先前那个小伙子可忍不住了，急匆匆地和姑娘确定了关系，谈起了恋爱。这就是一种冲动心理。就像买东西一样，当正在犹豫不决时，如果别人加入购买的行列中来，你就会赶紧买下来。但拿回家后，冷静下来一想，才发觉这个东西对自己可能没什么用。

性冲动也是一种促使结婚的冲动心理。有些男性，为了满足性欲望而匆匆与并不十分了解的女性结婚。婚后，性欲望满足了，而其他方面却有可能暴露出不可弥合的矛盾和差异，甚至导致婚姻失败。正如著名心理学家霭理士所言："婚姻不仅是一个性爱的结合，这是我们常常忘却的一点。在一个真正理想的婚姻里，我们所发现的，不只是一个性爱的和谐，而是一个多方面的、与日俱增的协调发展，一个生育子女的可能的合作场合，并且往往也是一个经济生活的单位集团。婚姻生活在其他方面越来越见融洽之后，性爱的成分反而见得越来越不显著。性爱的成分甚至会退居幕后以至于完全消散。而建筑在相互信赖与相互忠诚基础之上的婚姻还是一样的坚不可摧。"

7.年龄偏大

小刘是一个漂亮、苗条而且学历又高的姑娘，工作很不错，家庭条件也好，所以对于对象的要求自然很高。看着同学和同事们一个个踏入婚姻殿堂，她却还没有找到一个心满意足的对象，可标准仍然不肯降一点。熬到30岁出头了，她终于挺不住了，标准不得不一降再降，最后匆匆嫁给了一个远不如当初相过亲的小伙子的人，好歹结束了大龄单身生活，父母也松了口气。可这匆匆的婚姻又怎能幸福呢？婚后不久，丈夫的各种缺陷让小刘无法忍受，虽然有车有房，可一点幸福感也没有。可有什么办法，如果离婚，不但大龄而且属于离异族，再婚也不会舒服，单身过一辈子更承受不起。后悔当初挑剔的同时，她不得不忍受婚姻的折磨。

大龄青年在选择结婚对象的时候，要面对的一个现实是年龄的增长使可选择的对象越来越少，但即使是这样，也不能仓促作出决定。因为选择和谁结婚是短暂的，但今后的长相厮守却是漫长的，所以，不能为了结婚而结婚，不能为了结束单身生活而结婚。

8.因恋人怀孕不得已而结婚

年轻人在性欲望的驱动下早尝了禁果，生米煮成了熟饭，并不慎致女友怀孕，你不娶她谁娶她？你不负责谁负责？至于性格、人品、学历、家庭条

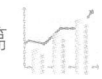

件等各种其他因素，已经容不得你细细考虑了。许多年轻人匆匆结婚就是因为这个原因。碰巧了，除了性生活和谐，其他方面也合得来算是幸运；若合不来，那只有慢慢品味自己酿的苦果了。

钻石恒久远，真爱永流传——婚内爱情保鲜

婚内爱情保鲜是一个永恒而新鲜的话题，更是至关重要的幸福生活的法宝。相关调查显示，由于不再拥有爱情的甜蜜感觉，婚后3年和10年成了不少夫妻的婚姻之"坎"。不少原先卿卿我的恋人，结婚3年后，竟不记得对方的爱好了。对于"你的爱人最喜欢吃什么"、"最喜欢什么颜色"等热恋时再熟悉不过的问题，不少夫妻却只能答出一句"不知道"。如何为婚内爱情保鲜呢？先来看看下面几个案例，也许值得你借鉴。

【案例1】　过"爱情假日"，让沟通为爱情保鲜。

小杜是某公司经营部的经理，与小薇恋爱2年后结婚，至今已有6年婚龄。在一起时间久了，爱情成了亲情，浪漫情话、卿卿我我少了，各种小矛盾却多了。

有一次，小杜的父母来看望他们，小薇炒菜时不小心放多了盐。吃饭时，小杜随口说道："这么咸，妈你多喝点水，别咸着。连菜都做不好，干什么行啊，真是。"结果，父母刚走，小薇便哭闹起来，说他让自己丢尽了脸。于是两个人开始相互指责，小薇说小杜不陪她购物却有时间玩游戏；把自己化妆称为"臭美"；把自己努力工作取得的成绩称为"运气好"。小杜则指责小薇爱唠叨；自己一看足球、玩游戏，她就横加干涉；照照镜子就说他要去干坏事……

尽管有些吵闹，但说心里话，小杜一直认为太太很优秀，只是不愿意光说些"肉麻"的好听话，因而很少称赞妻子；而小薇则认为，小杜对自己

渐渐地不关心，说不出好话来。后来两人经协商，定下"爱情假日"，并规定："爱情假日"期间，双方要互相尊重、互相真心赞美、互相宽容相待。

等到了第一个"爱情假日"，小杜真有点不适应：陪太太逛街时，强忍住没有中途告假；太太化妆时，习惯语"再折腾还不是那张脸？"好不容易才没有说出口；憋了半天终于说出一句赞美太太工作成绩的话来。不过等到第二个、第三个"爱情假日"时，他们已经逐渐找到了当初热恋时的感觉。

小薇幸福地说，在每个"爱情假日"，两人或是在湖边漫步、或是在西餐厅约会、或是手捧火红的玫瑰，重温热恋的温馨浪漫，让她感觉很甜蜜、很满足。小杜也感悟到，从"硬性纠偏"到"自然而然"，"爱情假日"帮他们化解了不少小矛盾。感情是需要互相鼓励的，再亲密的人，也要懂得相互赞美、欣赏与宽容。他们约定要把这样的"爱情假日"进行到底，还希望更多的夫妻能和他们一样。

【案例2】　夫妻耍贫嘴，用情趣为爱情保鲜。

小美结婚快6年了，尽管她承认老公有一大堆毛病，可小美却仍然觉得他们的婚姻很甜蜜，琐碎而平淡的生活在小美看来是那么有滋有味。这是为什么呢？

小美的老公是个马大哈，连老婆生日之类的纪念日也不记得。一天，他回到家，看见桌上放着一个大蛋糕，竟不知是何缘故。小美说："哦！你忘了吗？今天是你的结婚纪念日呀！"感动之下，老公对小美耍起了贫嘴："等你的结婚纪念日到了，我也好好为你庆祝一番。"一句话，逗乐了有点生气的小美。

老公还懒得要命，一下班什么事也不干，一屁股坐在沙发上一动不动地看电视，可总不忘赞美一下忙个不停的小美，说一些"老婆你辛苦了"之类的甜言蜜语；想喝水也不自己端，只会对小美说："美女老婆，我好渴，可怜可怜我，给点吧。"于是小美就心甘情愿地给他递水送饭；小美穿好衣服要出门和朋友会面，老公会上下打量一番然后装出吃醋的样子："打扮得这么漂亮干什么？又不是和我出去。给我早点回来，晚了我就去跳楼！"小美被老公逗得乐呵呵地出门，又乖乖地早点回家。

小美也会对老公耍贫嘴。小美的老公有睡懒觉的毛病，她从不打骂，而是用"你这只贪睡的小猪"之类的话把他从床上喊起；老公因临时加班，回家晚了，小美就在桌上放一张纸条，上面写着："饭菜在微波炉里，啤酒在冰箱里，我在床上。"看着老婆的贫嘴留言，老公一天的劳累顿消，满脸笑意。

现在明白了吧？正是戏谑俏皮的贫嘴，让小美可以忽略老公的一些毛病，觉得婚姻生活充满了情趣。

【案例3】互相指毛病，用投诉为爱情保鲜。

小菲结婚也已经快6年了，可和丈夫的甜蜜爱情却仍然鲜得很，这或许与他们婚内的互相投诉有很大关系。

刚结婚时，小菲真有点吃不消。因为老公的各种不良习惯凸显在她面前：每天早晨一爬起来就要大咳几声，漱口声音像轰天雷响，喝茶、吃面呼呼响……更不能忍受的是，夫妻俩的上下班时间不合拍，小菲回家时老公已睡着，而老公起床时她还在梦中。她觉得这样把生物钟都给搅乱了，十分难受。对此，小菲提醒了好多次，虽然老公每次都表示会改，但迟迟不见行动。千挑万选的老公突然有了这么多问题，小菲苦恼极了。

后来小菲学了个办法，把丈夫的缺点一个个写在小纸条上，临睡前贴在床头。第一次"投诉"就见效了：以前老公起床，总要吵醒小菲，可是那天她醒来时，老公已不见踪影，第一次来了个自然醒。没想到老公也学会了这招，给小菲写起了纸条，什么老是晚回家不太好，什么吃不上住家饭好寂寞等等。从此"投诉"便一发不可收拾，夫妻俩对对方的投诉也都能认真对待，自觉改正。在小菲看来，这种无声的投诉比起喋喋不休的指责好多了，又有实效又为对方保留了面子，有时甚至还带点浪漫。

你是不是动不动就歇斯底里地和老公或老婆吵个不停呢？学习学习小菲

夫妻的做法吧。

【**案例4**】 做周末夫妻，用分居为爱情保鲜。

阿玉结婚已经3年了，可是从结婚起就一直和老公过着"分居"的生活，为什么呢？原来他们当初有个约定：和恋爱时一样，只在周末过夫妻生活；如果实在想得不行，就再加一次周三的会面。虽然听起来不可思议，可老公还是答应了这个约定，并和她结了婚。

阿玉十分享受比别的夫妻更多的自由和随意。在其他同事心急火燎地赶回家做饭、洗衣时，她还可以潇洒地约上三五知己逛街、泡吧。她的老公仍住单身宿舍，也享受着单身汉的随意和快乐，玩球、读书、把酒论英雄。两个人都很是潇洒。

他们的朋友则很是不解："柴米油盐是婚姻的本来面目，你们如此这般，结婚跟不结婚有什么区别？"阿玉则说："这才是真谛，你们不敢尝试，所以不理解。"

这样的距离反而让他们更加思念对方，让他们更加期待每周末的夫妻生活。每到那个时候，他们两个人都会精心准备一番，仿佛又回到了热恋时光。一周的生活经历使得他们相处时有着说不完的话题，生活因此而变得乐趣无穷，仿佛每天都充满了热恋的新鲜感。阿玉深有感触地说，幸福的爱情生活仅仅靠一张结婚证书是无法保障的，只有留给对方独立的生活空间，让距离产生美，爱情才容易永久的保鲜。

看了几个婚内爱情保鲜故事，你应该学到了点什么吧？还应该再多学一点爱情保鲜秘诀，让你为爱情保鲜。

（1）信任你的爱人，不要动不动就检查对方的手机、钱包等，给爱人一定的私人空间。

（2）婚姻生活中的沉默不是金，两个人要多沟通、多交谈、多称赞对方、多表达心里的爱。

（3）生活琐事应该双方共同去做，而不是专属于某一个人。

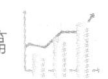

（4）闹矛盾是很正常的事，但吵架时要就事论事，不要翻旧账或互相揭伤疤。

（5）经常去看望岳父岳母或公公婆婆，像爱自己的父母一般爱他们。

（6）两个人每个星期出去放松一次，或郊游，或看电影，或出去来顿野餐。

（7）多拿出点时间来陪爱人满足一下其爱好，比如说老婆爱逛街，老公应该多陪她逛几次；老公爱看球，做妻子的不妨也陪他做几回球迷。

（8）要记住你们的结婚纪念日、爱人的生日等值得纪念的日子，要在这一天搞些浪漫的纪念活动。如果不小心忘了，也要记得向爱人道歉，不要一副无所谓的样子。

（9）如果出差外地，要坚持每天通一次电话，或者在思念对方的瞬间发个短信，告诉对方"我想你"，老夫老妻也是需要浪漫的。

（10）健康、和谐的性生活是爱情的强心剂，可以使婚姻幸福、美满。

婚前太理想化，婚后就会失望——婚姻期望

在一项婚后男女心理特征调查中，男性有诸多值得肯定的方面，但所占比例各不相同，比如90％的男性对爱情专一，80％的男性关心妻子遇到的困难，70％的男性有事同妻子商量，69％的男性在生活上关心妻子，56％的男性能注意妻子感情需要，52％的男性主动干家务，41％的男性较节省，38％的男性经常鼓励和安慰妻子。但也有许多应该否定的方面，并且调查得分高于女性，比如有感情转移或第三者介入的男性所占比例是女性的5.5倍，喜新厌旧者为女性的3.6倍，不主动干家务者为女性的3倍，自私、遇到困难抱怨妻子、不注意配偶感情需要、有事独断专行、花钱大手大脚者为女性的1.6～2倍。调查结果说明，部分男性在婚前为了追求女性而通常卖力表现，而婚后

达到了追求目的，逐渐放松了对自己的要求，表现不佳，令妻子失望。根据1～4年的追踪调查发现，男性对婚姻不和谐负有较大责任。

调查中发现，婚后女性在注意爱人的感情需要、生活上关心爱人、处理家务、生活较节俭、对爱情专一、有事同爱人商量、经常鼓励安慰爱人等家庭生活方面的表现优于男性。不足之处是女性在家中爱使性子、耍脾气。调查还发现，女性对婚姻的失望程度普遍高于男性，比如，数量3倍于男性的女性感觉爱人在婚后由完美变得平庸，2倍于男性的女性认为婚姻是爱情的坟墓，同样2倍于男性的女性认为婚后生活由婚前的浪漫变得平淡无味。这表明，女性在婚前的期望值和对婚姻的理想化程度高于男性，因此失望程度自然也高于男性。

最熟悉的陌生人——男女婚后心理差异

婚后，夫妻虽然朝夕相处，但并不见得能够"知己知彼"。夫妻之间的心理差异不可忽视，了解这种差异有助于夫妻生活的和谐、美满。

1.丈夫持家意识比较弱，妻子比较强

妻子的持家意识主要体现在两个方面：首先，亲自操持家务。大部分妻子在家中总是忙个不停，一会儿洗衣服，一会儿做饭，吃完饭还收拾碗筷，然后又要擦地板。即使现在越来越多的丈夫开始主动或被迫做家务了，妻子往往也不会闲着，定会对丈夫干过的活说三道四，或者干脆又把丈夫干过的活重新干一遍，结果挫伤了丈夫做家务的积极性"干了半天最后还落了个不是，以后你就一个人干吧，我不干了。"操持家务应该是夫妻双方的义务，妻子应调动丈夫的积极性，即使丈夫笨手笨脚，也要耐心教导，所谓熟能生巧嘛。其次，对家庭收支进行管理。妻子往往愿意掌管财政大权，尤其是现在的农村，丈夫大多外出打工，妻子则在家全面照料家务与掌管家庭财政。

不过不管当家理财的是妻子还是丈夫，在遇到重大家庭支出时，最好两个人共同决定。

2.婚姻生活中，丈夫通常刚毅、精力充沛、有意志力、情绪强烈、易冲动，有时候还很暴躁，妻子则往往表现得温柔、细腻、内向、含蓄

日常生活中经常可以看到，当孩子因为淘气而惹爸爸生气的时候，爸爸会大声斥责孩子，甚至要打孩子，妻子则会赶紧出面护着，并细声细语地埋怨孩子两句，之后还会埋怨丈夫不疼孩子。其实，双方做得都不怎么对：妈妈不应该溺爱孩子，爸爸不应该动辄打骂，而是应该对孩子晓之以理。妻子的情感比较细腻，想得比较多，遇到什么问题或心里有什么不满不愿意说出来，往往憋在心里生闷气，给家人脸色看，这就更需要丈夫充分理解女性的心理特点，平时注意观察妻子的情绪，及时加以开导，送上关心和体贴。

3.丈夫的情绪较为稳定，而妻子的情绪容易波动

无论在外面遇到高兴的事还是倒了霉，丈夫回家后比较沉得住气，喜怒往往不溢于言表，不急于向妻子述说。而妻子则不然，遇到高兴的事回家就会喜形于色、手舞足蹈，会把事情从头到尾说一遍，甚至还会反复说好几遍；遇到不高兴的事回家就会向丈夫大倒苦水乃至伤心落泪。

4.丈夫自尊心比较强，而妻子虚荣心有些强

丈夫往往有意或无意地表现出男子汉的尊严，而妻子特别愿意别人欣赏自己的穿着、容貌或者夸奖自己的孩子、丈夫。比如，丈夫给妻子买了一件衣服回家，觉得实惠、耐穿也好看，妻子则可能觉得一点也不漂亮，根本穿不出去。这时候，妻子可能会把丈夫数落一顿，或者是让丈夫退掉，或者是满脸冰霜不理丈夫，或者是违心地夸奖丈夫几句。妻子应当理解丈夫和自己之间的审美差异，更应当理解男人最需要尊严。如果满心欢喜买给妻子，而回家却遇到一盆冷水，丈夫会感到自尊受到伤害。最好的方法就是违心地夸奖丈夫几句，穿上衣服转几圈，然后温柔地跟丈夫说自己不是十分喜欢，但是丈夫买的就不一样了。

5.丈夫有时候显得反应比较迟钝，而妻子敏感又喜欢联想

比如，妻子满心欢喜地穿上一件新衣服给丈夫看，丈夫却呆呆地说："你穿这件衣服不好看，穿在你妹妹身上才好看呢！"说者无心，听者却有意。因为一句话，妻子心里会翻江倒海、浮想联翩，认为丈夫看不上自己了，嫌弃自己了，于是好几天不理丈夫，或者在丈夫面前又哭又闹，而丈夫往往不知道是何缘故。这样的事情多了之后，丈夫就会很反感，赌气不说话或干脆对妻子不加评论，夫妻之间的交流就会出现问题。这种情况下，丈夫应该理解女性的心理特点，不要和妻子计较，妻子也应该理解男人马大哈的毛病，不要想得太多，这样许多矛盾就会不复存在了。

6.丈夫遇事通常比较冷静、理智、有主见，而妻子则容易受外界的影响，容易情绪化

比如，在买东西的时候，丈夫比较理智，想买就买，不容易受外界干扰，即使买了之后发觉是伪劣产品也不会表现出很后悔的样子，认为无所谓。妻子则不同，买东西喜欢挑来拣去，或者和丈夫、同事或朋友反复商量，老拿不定主意，容易受他人左右。特别是买回一件东西，如果有人说不好，她们会感到后悔，而且在一段时间内耿耿于怀。因此，在处理一些事情上，妻子最好能听取丈夫的建议。

7.丈夫胸襟比较豁达，而妻子度量狭小，遇事往往想不开

妻子在家中用她那双灵巧的手料理全家的生活，细心周到，可是这种细致的心理特点，往往也表现为度量狭小。如果妻子遇到什么不顺心的事，会在一段时间里放不下，一想起来就会唠叨，甚至会无缘无故地冲着丈夫发无名之火。这时候，丈夫最好对妻子采取忍让的态度，并适时加以劝导，如果丈夫针锋相对，结果只会引火烧身。

以上所述的夫妻心理差异只是一些共性的，但实际情况自然是因人而异。无论具体差异如何，夫妻双方都应该懂得互相取长补短，促进夫妻生活的美满。

 婚姻和爱情不能画等号——婚姻与爱情的冲突

有一天，柏拉图问老师苏格拉底什么是爱情，老师就让他先到麦田里去，摘一棵全麦田最大、最好看的麦穗来，期间只能摘一次，并且只能向前走，不能回头。

于是柏拉图按照老师说的去做了。结果他两手空空地走出了田地。老师问他为什么摘不到？

他说："因为只能摘一次，又不能走回头路，期间即使见到最大、最好看的，因为不知前面是否还有更好的，所以没有摘；走到前面时，又发觉总不及之前见到的好，原来最大、最好看的麦穗早已错过了；于是我什么也没摘到。"

老师说："这就是爱情。"

又有一天，柏拉图问他的老师什么是婚姻，他的老师就叫他先到树林里，砍下一棵全树林最大、最茂盛、最适合放在家作圣诞树的树。其间同样只能砍一次，以及同样只可以向前走，不能回头。

柏拉图于是照着老师的话去做。这一次，他带了一棵普普通通，不是很茂盛，亦不算太差的树回来。老师问他，怎么带这棵普普通通的树回来，他说："有了上一次的经验，当我走完大半路程还两手空空时，看到这棵树也不太差，便砍下来，免得错过了，最后又什么也带不回来。"

老师说："这就是婚姻！"

人生其实就像穿越麦田和树林，只能向前走一次，不能走回头路。要找到属于自己的最好的麦穗和大树，找到自己最理想的爱情与婚姻，何其难也？而且，爱情与婚姻往往是不能等同的：自己爱的人并不一定能和你结婚，跟你结婚的未必是自己爱的人。

在现代的中国，爱情和婚姻的一致较以前有了很大的改善。1994年，在北京有一个抽样调查，结果正好有一半的人认为：自己最爱自己的妻子，妻子也最爱自己。在这一半的夫妻里，首先是有"爱的"，其次是"一般爱"、"不太爱"之类。可无论什么年代，爱情和婚姻的冲突是永远也不会消失的。

虽然爱情和婚姻都包含某种情感承诺，但爱情更多的是恋人们的彼此愉悦，是以自发的相互喜爱为主的，随意性较大，不受法律的约束。恋爱时，双方都很自由：想什么时候见面就什么时候见面，想什么时候分开就什么时候分开，感情不好了就分手，不会有太多的牵牵扯扯。婚姻就不一样了，它是双方承担责任与义务的法律契约。爱情在婚姻中也是一种责任。婚姻是爱的意愿，结婚实际上相当于对爱情发布永远相爱的誓言，正如弗洛伊德所言："不管婚姻是由他人撮合，还是个人的选择，一旦决定结婚，这种意愿行为就应该保证爱的持久。"与爱情相比，步入婚姻的围城需要具备以下心理素质。

1.必须具备利他的品质

步入了婚姻生活，双方就都不能以自我为中心，否则便会对婚姻彻底绝望。婚姻中最忌讳自我中心主义，许多无谓的夫妻争吵都是由此引起的。可现代人往往是这样的，一旦婚姻不如己意，就想离了再来。婚姻生活中夫妻双方应该具备一定的心理韧性，学会忍耐种种缺憾和承受种种挫折。但容忍并不是无原则地放纵对方，而是双方都合理地谦让，以减少婚姻矛盾。

2.必须具备责任感

结婚意味着责任、义务和忠实，不能太情绪化。热恋中的恋人吵架后可能好几天都互不搭理，但夫妻两个人吵得再凶，即使动手打起来，对方伤病了不能不管，家务该干的还是要干，饭该做的还是要做，老人孩子不能弃之不顾，客人来了还是要客客气气地一起接待。这就是责任和义务，正如日本学者国分康孝所说的："恋爱连孩子都会，结婚则非成年人不可。对于太幼

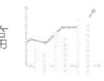

稚的人来说，结婚是负担。结婚要讲伦理，负责任，要有很强的实际生活能力。"

3.必须具有务实的精神

恋爱的人可以摆脱一切虚荣与世故，不顾一切现实条件的束缚，达到某种程度上的超脱境界，洒脱奔放。而婚姻必须面对和接受社会现实：每天都要与"柴米油盐酱醋茶"打交道，要经常探望双方的父母，要关心孩子的成长与前途……婚姻生活实实在在、点点滴滴，日复一日、年复一年，离开务实精神如何应付呢？

具备了以上几种心理素质是不够的，还必须充分认识和理解婚姻与爱情的冲突，只有这样才能更好地把握婚姻生活，更好地为爱情保鲜。

嫁给他，也是嫁给他的家人——控欲婚姻

现实中的婚姻生活是实实在在的，不像文学故事或影视剧里面所描绘的完美夫妻那样，它并不能使夫妻双方事事如愿。婚后的人要懂得相互谦让爱人，控制甚至牺牲自己的一些欲求。

1.冷静接受对夫妻角色期待的不满

结婚前，女性可能希望自己的恋人结婚后能够像自己的爸爸一样，无论自己怎么任性无理，他都能容忍；无论自己怎么啰唆，他都能微笑着倾听；无论自己怎么对他不好，他依然对自己疼爱有加。婚前的男性则可能希望以后的妻子像妈妈一样给自己做饭、收拾碗筷、洗衣服，给自己里里外外打理事情。然而，结婚后，他们就会发现情况通常并非自己想象得那么完美，丈夫比不了爸爸，妻子也不是妈妈，因而容易产生不满。结了婚就有了自己独立的家庭，虽说双方父母也会操些心，但主要是靠小夫妻自己去工作、生活，双方必须相互关爱、相互理解、相互包容、共同奋斗，才能经营出一个

幸福的家。男女双方在准备结婚前就应该对婚姻生活有所了解，做好心理准备。

2.要懂得控制性欲望

性生活是婚姻的重要组成部分之一，和谐的性生活能够促进夫妻感情、婚姻幸福。但不要以为结了婚，就可以随便发泄性欲望，也要懂得克制。比如在妻子怀孕、一方身体不适、暂时出差在外地、长期分离两地甚至一方去世的情况下，必须控制自己的性欲望；或者是由于外来原因、夫妻吵架等导致一方心情不好，不愿意过性生活的时候，另一方也要克制欲望，切不可霸王硬上弓。

3.要能够忍受琐碎的家务事

据调查，现在许多家庭的家务是由夫妻双方共同分担的，但大多数情况下，丈夫做饭、刷碗、洗衣、扫地都是出于无奈。比如，有一位常在食堂吃饭的男教师，渴望结婚后妻子每天给他做饭、洗衣，自己可以告别食堂，吃上可口的家常饭，还可以每天换上干净的衣服，美不胜收。可是结婚后，情况恰恰相反，自己不但要给妻子做饭，还要洗妻子的衣服，心里感觉很是不平衡，"早知如此，何必当初！"

调查显示，实际上现在仍然是妻子担负了大部分的家务活。她们白天在单位工作，晚上回家还要买菜做饭，有了孩子之后还要照料孩子，双重负担往往会给她们造成严重的心理压力。丈夫应该体贴妻子，放下大男子主义，主动分担妻子的负担。

4.有时候不得不牺牲自己的一些爱好

大部分妻子都喜欢逛街，而丈夫往往一听逛街就腿软，一进商店就头疼。也许是丈夫工作太过劳累，更有可能天生不是逛街的料，因此不要强求丈夫，即使勉强去了也只会扫妻子的兴。丈夫可能喜欢下棋、玩球、钓鱼，而妻子通常对这些不感兴趣，又或许还得陪孩子练琴，因此不得不放下自己的爱好。强压爱好时间长了，就会导致心理不平衡，影响婚姻幸福。

5.对情爱的欲求不满

在我国传统文化的熏陶之下，男人们都不喜欢将温柔、善良的一面表露出来，在朋友面前对妻子可能会故意粗声粗气的，怕被别人嘲笑自己不像个男子汉。妻子这时候要了解男人的虚荣心，不要当着外人的面和丈夫计较，等朋友走了再理论也不迟。奇怪的是，如果丈夫对妻子太依从和温柔，妻子也会不满，认为自己的男人缺乏阳刚之气。因此，妻子常陷于自我烦恼之中，要么觉得丈夫对自己太冷淡，要么觉得丈夫太女人味。

求爱的时候，男性都非常浪漫，而且温柔有加，对女朋友百依百顺，也将她们推进了不现实的理想王国。所以结婚后，当男人恢复而且必须恢复理性的时候，妻子们就感到委屈了，认为丈夫"恢复了本来面目"，自己上了他的当。丈夫则认为妻子很烦人，自己辛辛苦苦工作养家，累得不行，回家还老是遭埋怨，因此也满腹怨言。这样下去，婚姻如何能幸福呢？这时候，妻子应该多理解丈夫、理解生活，结婚和恋爱毕竟是有区别的，实实在在的家庭生活肯定不会像当初热恋时那么美好浪漫。有了家，男人必须牺牲掉缠绵与温存去打拼养家，妻子应该关心、支持丈夫，而不是一味地要求当初的浪漫。

6.性别差异带来的不满

结婚后，女性会因为做家务、生育而耗去大量的时间、精力，并会因此导致工作上没有成绩。丈夫却可以一直专心工作，容易出成绩，同时会因此而没有很多时间体贴妻子，妻子于是便会很不满了。比如，小刘和小冷是大学同学，两人又同时获得了硕士学位，对前途充满憧憬。结婚后，丈夫小冷到一家研究所工作，成果斐然，很快升为主任研究员，而同样高学历的妻子小刘却到一个私企任职，后由于生育和照顾孩子耽误了工作，一直没有取得什么事业成就，丈夫又忙于工作疏于照顾，她就非常不满，经常和丈夫闹矛盾。在这种情况下，丈夫应该理解妻子的苦衷，工作再忙也要多拿出点时间来陪妻子，常给妻子点惊喜；而妻子呢，也应该多体谅丈夫，工作忙是为了养家，孩子是两个人爱的结晶，既有努力的丈夫又有可爱的孩子，难道不应该感到幸福吗？

7.在教育子女的问题上有分歧时，要相互接纳，取长补短

许多夫妻会在孩子的教育问题上发生争执。孩子考试不及格，丈夫会斥责甚至打孩子，妻子则护着孩子，和丈夫吵闹，不久孩子出去玩去了，夫妻俩却还激战正酣。又或者，妻子指责做错事的孩子，丈夫往往将矛头指向妻子："还说孩子，先管好自己吧。不都是你宠的吗？"于是两人开战。教育孩子的时候，夫妻俩都喜欢按照自己的意愿来，从而燃起战火，这样不仅不能教育好孩子，还会给孩子造成心理阴影。正确的做法是夫妻共同商议育儿（女）大计、取长补短、互相忍让，即使忍不住争执，也要避开孩子。

8.社交生活不可以像婚前那么随便

喜欢社交的人结婚后可能会感到很压抑，因为与同性朋友的往来不能像婚前那么自由了，与异性朋友的交往更要注意分寸。不喜欢社交的人也可能会感到不舒服，因为逢年过节不得不硬着头皮去应酬爱人的亲戚朋友。有位新婚不久的妻子，不喜欢应酬，可丈夫的家人来探望的时候又不得不在一边陪着，说些有心没心的无聊话，如坐针毡。她不无感触地说："恋爱的时候多好啊，两人世界很浪漫，可是结婚后不仅嫁给了他，还嫁给了他们全家人。"

"试婚"是危险的游戏——试婚心理

所谓"试婚"，指的是男女双方不受法律约束，带有一定试验性质的同居行为。有人常把婚姻比做鞋子，舒服不舒服，只有穿了才知道。既然结婚像买鞋子，那么为什么不先试一试，看看合不合适，再决定是否常穿它呢？

不合适的话当然勉强不得。

在我国的一些大都市里面，试婚现象正悄然流行，甚至成为一种时尚。据调查，上海市5个区20～35岁的青年中，未领结婚证书的"野鸳鸯"占19.8％，达1 460对；在上海100对具有大专文化程度的新婚夫妇中，有30％曾有过婚前同居生活。福建省某市妇联的调查表明，试婚者已占婚龄人口的22.8％，而且有"方兴未艾"之势。

试婚为什么会产生呢？大概可以归为以下几种原因：

（1）有些人有过不幸的婚史，对不幸婚姻的痛苦刻骨铭心，对待第二次婚姻十分谨慎，甚至根本就不想再次进入婚姻，因此加入了试婚的行列。

（2）有些人从小生长在一个缺乏爱的家庭，目睹父母或周围人的不幸婚姻，从而对婚姻产生一种莫名的恐惧感，但又渴望能拥有温馨幸福的家庭。因此，为了看彼此是否能长久相处，进行试婚。

（3）对"婚姻是爱情的坟墓"这句格言深信不疑。有些人特别强调自己的独立性，虽然也希望婚姻家庭是一个美丽的花园，但又不喜欢其成为套在脖子上的枷锁，使自己失去自我，所以，积极试婚。

（4）以上的试婚者仍以婚姻为主要目的，但也不能排除打着试婚的幌子玩弄他人感情的骗子，这样的人以男性居多。在他们看来，试婚是一个与多名女性保持性接触的好借口，既满足了自己的欲望，又不会有任何经济上、心理上和社会地位上的损失。

就像罗素一样，很多人认为，试婚有助于充分了解对方的性格、兴趣、生活习惯，使将来的婚姻更加稳定；有助于预先感受性爱，了解彼此的性能力，从而提高今后婚姻质量。如果试婚双方都是朝着今后幸福婚姻的方向努力，都有着强烈的责任感和理智的话，那么试婚也可能会作为一种恋爱向婚姻过渡的阶段。然而在我国，尽管已经改革开放多年，人们对各种新事物、新观念已经具有一定的接受能力，但总体上，我们的社会仍有些"男尊女卑"。试婚如果失败，对于男性或许无所谓，可对于女性伤害就比较大了。其实，试婚失败后的分手也不会像事前想象的那么轻松洒脱。

婚后夫妻关系是否和谐、感情是否能够保鲜、生活是否稳定，短短一年半载的试婚期实际上是检验不出的。对于每一对要选择试婚的青年男女来说，不妨多些理智、少些冲动，多份责任感、少份游戏态度，以防为之付出不能承受的代价。

《婚姻与家庭》1995年11期上有这样一则试婚故事：

春世以积蓄夫妇神秘感为由，劝说妻子与自己进行尝试离婚。在尝试期中，他与另外一位秀丽的个体服装业姑娘乔玉过起了"试婚"生活。他们的试婚生活除了没有领结婚证之外，其他都与已婚夫妇没什么两样。乔玉完全做到了一个贤妻良母所应做的一切，每晚回家都要做好可口的饭菜犒劳春世和他的女儿小燕；星期天和节假日主动陪着春世郊游、跳舞、逛公园，他则发誓与乔玉长相守、永不分离。然而有一天春世发现乔玉竟然另外还有一个男人，于是和乔玉断绝关系。乔玉找到他，说已经怀了他的孩子，要求与他结婚，但被他拒绝。两人都陷于痛苦之中，相约以死来解脱。乔玉梳妆打扮一番，翻身上床，轻唤一声："亲爱的，你先走一步，我随后就来。"她用绳子向春世的脖子上勒去。春世死后，乔玉下床拧开煤气罐，浓烈的煤气在屋中弥漫，此时她突然觉得一阵恶心，犹如妊娠反应一般难受，她突然想起了腹中胎儿："孩子是无辜的，我不能死。"她打开窗户，关上煤气。几天后，她处理好了自己认为应该处理的一切事务后，径直向派出所走去……

这是一个试婚悲剧，付出了一方死亡另一方坐牢的代价。当然，试婚的失败未必都会引发如此极端的惨剧，但带来痛苦是必然的，对于女方尤其如此。试婚中，女方常常忧虑的是，如果这次试婚不成功，如何面对以后的丈夫呢？因此不得已的分手并不会很轻松，往往使女方陷入两难境地。再看下面的试婚故事：

　　小娜是一名公司职员，逐渐发现部门经理对自己颇有好感。经理英俊又温柔，对她关心有加。逐渐地，经理用炽热的心、出色的才能和潇洒的外表捕获了小娜的芳心。小娜想和他立即结婚，可他说要先试婚，不希望立即结婚，还说试婚是有现代意识的人所做的一种婚前准备，对婚后生活很有好处。小娜听信了他的话，和他同居了。然而，试婚一段时间后，小娜逐渐发现他是个大男子主义者，自私无理，刚愎自用，不尊重她的人格，只要求她全力服侍他。小娜想离开他，可是街坊邻居、公司上下都知道了他们的同居关系，如何退得出呢？她十分后悔搞什么试婚，如果没有同居，会毫不犹豫地和他分手，可现在晚了。小娜陷于痛苦和压力之中，不能自拔。

　　试婚者走入婚姻后，往往发觉试婚使婚姻变得十分乏味，偏离了使将来的婚姻更美满的初衷。不妨再看看下面这位朋友的故事：

　　小毅听说试婚能增加彼此的感情、减少婚后的矛盾，于是和女朋友同居试婚了。一段时间后他们结婚了，小军逐渐感到，由于试婚时已经尝够了一切，一点也体验不到新婚的惊奇、喜悦和甜蜜，婚姻变得十分乏味。拉着妻子的手就像自己的左手拉右手，感受不到一点新鲜和喜悦。更难以接受的是妻子的变化。结婚前，妻子怕失去他，因而特别小心翼翼、小鸟依人，然而结婚后一下子变得大大咧咧，一点也不可人了。他以前觉得她愿意给自己她的贞操是爱他的表现，现在却总感觉她太不自重，说不定哪天对别的男人也会轻易献出身体。婚后的小毅就这样总是心存芥蒂，过得很不舒服。

　　有少数人喜欢"尝遍鲜果不付钱"，打着"试婚"的幌子满足自己的肉欲。碰见这样的试婚者，结局只有分手一种，因此，对于女性来说，应该特别要提高警惕。

好男人也会出轨——男性婚外恋心理

和爱情、婚姻一样，婚外恋似乎也是一个永远都说不完的话题，而且就像魔鬼一样永不离爱情、婚姻之左右，可以说，提起爱情与婚姻，就免不了说说婚外恋。在当今社会里，婚外恋的事情我们已见怪不怪，电影《一声叹息》、《手机》向人们展示了婚外恋的"凄美"结局。而现实中，一个接一个因婚外恋而造成家庭破裂、反目成仇的生活剧也每每上演，但人们"你演罢来我登场"，婚外恋的是悲剧还是没有演完的一天。

婚外恋中的男女心理很复杂，而且存在性别差异，值得我们好好研究，以便更好地帮助人们预防与应对。

婚外恋中，有妇之夫在恋情正酣时往往信誓旦旦，向情人许诺一定会与妻子离婚，只对情人一个人好。然而，到头来真正履行诺言的少之又少，大部分男人都以种种借口拖延时间，迟迟不把诺言付诸现实。男人们在关键时刻临阵退缩，是否意味着他们都是自私自利、背信弃义、玩弄感情的骗子呢？

婚外恋中，确实有一些男子为了满足一时私欲或追求感官刺激，把情人当做临时替补和玩弄对象。更过分的是，有些男子在情人危及自己的仕途鸿运而无法摆脱的时候，为彻底清除障碍而大开杀戒。但这样的人毕竟是少数，更多的有妇之夫临阵退缩实在是有更深层次的难言之隐，不可仅以好、坏而一概论之。

1.在多数男子心中，家庭、事业与社会地位的位置重于婚外恋情

较之女性，社会伦理对男子越轨的行为比较宽容，尽管如此，家庭道德仍是评价个人价值的重要依据。即使在高度性解放的西方发达国家，私生活状况也依然影响着一个人的经济或政治前程。对于婚外恋情与家庭、事业成败及社会地位，男子总是更看重后者，而婚外恋通常只能是其风云人生中的一段小插曲。因此，如果婚外恋与其事业能齐头并进、两全其美，男人们自然不想游出令人陶醉的婚外情海；一旦婚外恋情发展到了可能使其家庭解体、事业发展受阻、社会地位受损的地步，他们就不得不忍痛割爱，弃情人于不顾。很少有男人会为了情人而牺牲自己的家庭、事业、社会名望，而背负道德败坏的名声。

2.没有家庭问题而步入婚外恋的男子们，时常负有对妻儿的愧疚感

婚外恋中，很多男子的婚姻并没有问题，只是自控力较差，因一时冲动而"失足"，因而对婚外恋人只会"动情"而不会"动心"，很少能够对情人投入全部的身心。其实，这些男子在家庭中大多并不缺少基本的生理和心理满足，也不缺少甜蜜、幸福，当他们在情人处头脑发热或出于无奈作出"休妻"的承诺后，回到家中面对现实，又常因妻子胜任家庭角色而自知理亏，欲言又止。另外，妻子一旦知道了实情，遭到报复的往往是丈夫的情人，对于丈夫，很多情况下妻子会以加倍的柔情去感化，使丈夫愧疚难当而重新回到妻子身边。也有些情况是，虽然丈夫与妻子性情不合，但妻子患难与共、对己有恩，因此不忍伤害糟糠之妻。

3.男人们虽然比女人容易花心，但在重要的抉择面前，他们往往比女人更理智、更现实

有妇之夫在偷尝婚外恋禁果时，大多没有与情人步入婚姻的目的。向往浪漫、刺激的婚外恋，并不意味着会割舍踏实、平淡的婚内情；情人虽能给自己带来如痴如醉的新鲜感和沁人心脾的罗曼蒂克，但毕竟不安全；家花或许不如野花艳媚、醇香，但却不失温馨、素雅，也更耐看、受用。因此，婚外恋常常只是为他们在超负载的社会角逐之余松弛一下神经，或者帮助他们暂时忘却一下家庭烦恼，只是他们人生的调味品而已。一旦面临两者必居其一的选择时，他们大多会放弃定时炸弹似的浪漫爱情，回归到平静的现实生活中来。

红杏出墙，孤注一掷——女性婚外恋心理

婚外恋中，女性与男性不同，她们很少"喜新不厌旧"，其婚外恋的一般历程是"厌旧喜新"、"弃旧图新"。在追求婚外幸福时，有夫之妇们往往比有妇之夫更勇敢、执著，敢于蔑视伦理道德，能够顶住种种社会压力，甚至放弃子女抚养和财产权益，毅然与丈夫决裂，投入情人的怀抱。然而，她们的结局通常很惨，在她们一无所有、孤注一掷的时候，情人却临阵退缩，最终弃之于不顾，害得她们人财两空、进退维谷。

有妇之夫们为什么在婚外恋中往往破釜沉舟、执迷不悟呢？下面就是她们的心理写照。

1.女人天生容易把爱情当做人生的全部

爱情对于女人，远比对于男人重要。女人们大多把爱情当做人生的主旋律，因此，进入婚外恋的有夫之妇，大多是对情人动了真感情，很容易在热恋中轻信情人的空头承诺，很容易进入痴情、忘我的梦境。痴情女人为了与情人长相厮守，会不顾事业前程，也不惜与丈夫、子女、父母反目成仇，不惜牺牲一生的名誉，所以，一旦梦碎，所受伤害何其之大？更有甚者，一些女性明知梦已破碎，但仍不肯接受现实，宁愿永远活在梦中，终身不婚，甚至以身殉情。

2.当与情人感情至深的时候，婚姻就成了对其身心的双重折磨

女性往往不会同时专情于两个人，又不容易做到性、情的分离，不像男子那样和没有感情的异性也可以获得性快感。她们只有在愿意付出真感情的时候才愿意付出性，陶醉于性情相融的境界。所以，当她们与情人感情升温的时候，与丈夫之间必然每况愈下，要忍受"身在曹营心在汉"的煎熬，婚姻便成了对其精神和肉体的双重折磨。为了解除这种灵肉分离的痛苦，她们

便会一断百断，孤注一掷地投向情人的怀抱。

3.害怕因红杏出墙而遭到丈夫的虐待报复

当丈夫获悉妻子红杏出墙时，大多会对其进行当众羞辱、粗暴殴打或性虐待，将妻子彻底推上一去不返的道路。东窗事发后，或许一些婚外恋女性有离开情人、重回本位的意图，但丈夫通常不会原谅妻子，而且会由于强烈的占有欲和嫉恨心而难以再信任妻子，甚至会限制妻子的人身自由，严重损害了妻子的自尊心，终至离婚。另外，有些丈夫猜疑心过重，把妻子与婚外异性的正常好感与交往当做妻子的不忠，并采取过激行为伤害妻子，反而损害了夫妻感情，将妻子彻底推入了别人的怀抱。

可见，对婚外恋用情更执著、更专一的是女性，而在美丽的陷阱中陷得更深、最后受到伤害更多的也是女性。因此，女性在婚外恋问题上更需要醒悟与反思。

 男出轨为性，女出轨为情——男女婚外恋心理差异

1.性、情的差异

女人的性欲望有一定的周期性，使大部分女人都不像男人那样只要不是太累，什么时候都会有性要求，因而她们不容易对一个男人产生感情；男人只要用视觉就可以唤起性冲动，而女人需要依靠触觉；男人很容易达到性高潮而获得性满足，而女人一般来高潮很不容易，据调查，约有40%左右女人婚后没有体验过性高潮；男人从眼睛里喜欢女人，只要看着顺眼就可以和她做爱，而女人是从心里喜欢男人，如果心里不喜欢就不会自愿与他发生性关系。

上述差异表明，男人很容易爱上一个女人，爱的最重要组成部分是性满足；女人很难爱上一个男人，但只要爱上了，尤其是倘若得到了从没有体验

过的性高潮快乐，她就会不顾一切、死心塌地地爱这个男人。

2.婚外恋中对原配偶的态度差异

男人虽然容易性冲动而乱爱，但在选择老婆时他们是比较理智、现实的。尽管花心在外，但真心却总留在踏实、温暖的家里。大多数婚外恋男性是由于一时的性冲动而越轨，并没有对情人动真心，所以，当他们回家看到妻子劳累的身影、听着孩子们纯真的笑声、受用妻子细心的照顾、想起妻儿带给他的一次次快乐的时候，就会懊悔得无地自容，很容易将婚外情人抛在脑后。

女人的爱是一锤子买卖，如果从心里爱上一个男人，这个男人又能让她得到飘飘欲仙的性快感，多数女人会死心塌地地爱这个男人一辈子。当她们遇到感情与性爱合二为一的爱情时，就会不顾一切地去追求，不惜抛弃几十年的夫妻感情，不惜让儿女恨之入骨，转而投入情人怀抱。而眼看事情严重了，她的情人就开始逃避了——要么改邪归正回家，要么又另觅新欢。

一句话，男人有了婚外恋，回家对老婆会比以前更好；女人有了婚外恋，回家看丈夫怎么也不顺眼。

3.传统男女伦理的差异

现代中国人仍然受传统男女伦理观念的影响：男人有点花心容易被人们接受，在现代社会中甚至是能力强的一种表现，只要愿意悔改，妻子一般也能原谅他，家庭因此遭到破坏的可能性很小；已婚女人有了婚外恋，就是给丈夫戴上了绿帽子，对男人来说是奇耻大辱，家庭破裂在所难免。男人们绝不会像女人那样用温情去拉出轨的爱人回家，有的只是暴跳如雷、拳打脚踢；即使女人回心转意，丈夫也不会再把妻子当自家人看。又由于伦理观念的原因，因婚外恋而离婚的男女的结局也有很大的不同：男人可以很快再成家了，因为有个痴心情人在等他；女人因为婚外恋离婚之后，再想成家就难了，情人多半已变心，并且没有几个男人愿意娶红杏出墙的女人，何况女人单单走出受伤的阴影就已经是很困难的事情了。社会男女伦理观念其实是不

公平的，是专为男人设计的。

根据以上分析可以看出，已婚女人是不容易发生婚外恋的，但一旦发生了就很难回头，导致家庭破裂的可能性较之男人发生婚外恋的情况要大得多。家庭破裂了，丈夫受到伤害，孩子更是失去了母爱，会影响其一生的命运；家庭破裂了，在你想投入情人的怀抱时，却发现情人早已变心，而自己在周围人的眼中也成了坏女人，没有人会瞧得起你，更没有男人愿意接纳你；事业也会受到影响，最终将会一无所有。就像前面所说的，已婚女性在婚外恋问题上更需要醒悟与三思。

出轨者的心理变化——婚外恋四阶段

人们在婚外恋中的心理变化大体上可以分为以下几个阶段。

1.心理准备阶段

已婚的人一开始通常都不是刻意去找婚外恋的，只是出于冲动和幻想，不自觉地对异性献殷勤，希望能吸引对方，不觉已越陷越深。大多数已婚的人都会有那种刺激的幻想，但并不是每个人都会付诸行动：有的人会出于对爱人和婚姻的许诺及道德的自我约束，挣扎一段时间后放弃实际行动；有的人体验了暂时的热情后，又迅速消退，也不会有再进一步的发展。

在这个阶段，人们其实大都希望能得到一种不同于婚姻之爱的浪漫、野性的爱。但要真正进入身心投入的阶段，恐怕离不开与婚外恋对象较为长期的日常接触与慢慢熟悉，离不开对新感觉的一个适应过程。这时候，人们通常会发觉她（他）才是自己苦苦寻求的真正的梦中情人和红（蓝）颜知己，而家中的妻子或丈夫则只是生活的伴侣，并且已经青春不在，早已没有激情可言。

就这样经过一个"幻想—接触—融合"的过程，感情逐渐深入，为步入

婚外恋做好了心理准备。

2.身心投入阶段

这个阶段的最初时期，他们大多还没有发生性关系，没有太多的负罪感，也遇不到什么抗争，两人名正言顺地在一起，多在餐厅、办公室、旅途中等较为公开的场合接触，享受那种暧昧而又兴奋的感觉。

随着时间的推进，总会有一些特殊的机会来临，例如，一方遇到困难或遭受挫折，另一方必然会给予贴心的安慰与帮助，或者一起出公差，在异乡感觉只有他们两人的存在，仿佛又回到了浪漫年华……于是，两人的亲密接触就不可避免了。

这时候，两人会感到兴奋、刺激、浪漫，但同时也夹杂着焦虑、担忧和愧疚，因而可能有忽近忽远、若即若离的现象。可是都已经身不由己了，此时现实暂时被抛在脑后，眼中只有了彼此，于是在适当的环境中在男方的主动进攻下，两人突破了最后的防线，发生了第一次性行为。

第一次之后，大多会期望进一步滋长爱情，会继续亲密接触，但也有其他的情况。大致可以分为四种反应类型：

（1）死心塌地型。这种反应类型的人会对情人全心全意地投入，并准备和对方再结婚姻。他们会感到自己当初娶错或嫁错了人，尽管也尽量避免离婚，但发现不离婚已经不可能了，不过婚离得也不会轻松。

（2）两全其美型。有些人确实深爱自己的情人，但也离弃不了家庭与婚姻，总想两全其美。他们常说的话是："我不能没有家庭、孩子，但我更不能没有你，真的爱你。"

（3）回归本位型。有些人事后发现对方原来并非自己的梦中情人，与其发生关系只是一时冲动，甚至发觉情人还不如原配好。因此他们会重新安定下来，回到原配身边。

（4）另有他图型。有些当事者发现情人不是自己梦寐以求的对象，但也对现有婚姻不满，因此婚外恋成了其用来跳出婚姻的工具。

3.发展分化阶段

婚外恋时间长了，难免会东窗事发，于是一场战争在所难免，给当事者造成莫大的压力。就情人本身来说，尤其是女性情人，开始可能只满足于拥有爱情，但随着感情的深入，嫌男方陪自己的时间不够、不能公开露面、也想有个新家等抱怨就多了起来，也给对方施加了压力。这种情况下，大多数人会两处敷衍、皆给承诺，但都无法兑现。

另外，时间长了，婚外恋者会发现当初新鲜、刺激的感觉越来越淡，与原先的婚姻越来越像，于是逐渐开始重新认识问题：要么再换情人，要么回到家中，要么都扔了省心。

4.最终结局阶段

前面已经提到，婚外恋通常有三种结局：与情人再婚、维持现状和分手。

对于第一种结局，显然是情人胜过原配，家庭最终破裂。这种结局，情人虽然获得最终胜利，但以后的路并不轻松，比如与对方父母、亲戚、孩子的相处就不是一件容易的事。

对于第二种结局，双方都妥协，继续维持婚外恋现状，但都舒服不到哪儿去。

对于第三种结局，双方分手后，男方可能回到家中，与原配复合，或者成为单身汉，最终再觅新缘；女方的处境就艰难了，难免离婚，另觅新缘也不容易，甚至最终一无所有。

婚姻危机，你怎么办——婚外恋应对心理

男女携手步入婚姻的殿堂后，应该互尊互敬、互亲互爱、互帮互助，为了家庭而并肩战斗，共同提高对婚姻的道德意识和对家庭的责任意识，共同

致力于夫妻关系的调适和婚内爱情的保鲜。如此一来，就可以尽量减少婚外恋滋生的土壤。

如果爱人一旦发生了婚外恋，要保持冷静，妥善处理，尽量争取最好的结局。

1.冷静分析

配偶有了外遇时，人们难免会感到天旋地转、肝肠寸断或者暴跳如雷。此时，人们最容易丧失理智，干出鲁莽的事来。正确的做法应该是先冷静地分析一下事情的原委：到底是如何发生的？他们两个人的关系到了什么程度？自己的反应有助于解决问题吗……

2.不要到处哭诉

爱人发生了婚外恋，自己即使再痛苦也不要到处哭诉与指控爱人的背叛。有的人就偏偏如此，尤其是做妻子的，向父母亲戚陈情、跟邻居诉苦还不够，甚至还要到爱人单位的领导那里去折腾。殊不知，如此一来，只会让你的爱人无地容身、甚感羞辱，更坚定了离开你的决心，你的情敌也会躲在一旁窃喜。

3.不要一哭二闹三上吊

尤其是女性，丈夫有了外遇的时候，通常会大肆哭闹。如果哭能使丈夫悔过，当然不妨用哭取胜。可是哭多了不仅没有实际效用，反而有可能使对方厌烦，更不愿回家，因此产生相反的作用。上吊更不可取，如此一来丈夫会觉得你远不如情人，即使因此回到你身边，心也会离你更远；另外，假如你不慎真的丧命，想想你的情敌该有多高兴呢？所以，千万别出此下策。

4.不要以牙还牙

有些人在发现配偶有外遇的时候，自己竟也去寻找婚外情以报复和"惩罚"配偶，这是处理婚外恋问题的最愚蠢的行径。事情变得复杂、涉足的人徒然增多，不仅问题不能解决，两人的关系会更加恶化，而且本该属于原配的权益（如赡养费、子女生活费，甚至在道德面前的"地位"）也会完全消失。自己损失惨重，还贻笑大方，万不可取。

5.不要轻易有成人之美、放弃婚姻的想法

爱人有了外遇，很多情况下是可以回头的，不会导致家庭破裂。如果你主动放弃婚姻，那么家庭破裂不可避免，日后最不幸的只是你自己和你的孩子。无辜的孩子其实是离婚最大的受害者，你的轻率决定会害了孩子一生。要有绝不放弃婚姻的决心，这样不仅让自己有更大的空间去努力挽回，而且可让你的背叛者和第三者出现关系危机，使第三者趋于死心。

6.学会宽容，以退为进

掌握了证据而一味紧逼，本想承认错误的爱人也会不厌其烦，容易产生"一不做，二不休"而与你彻底决裂的心态。此时，如果摆出宽容的姿态，则较能使配偶有"愧疚感"，深觉对不起你，不忍心再伤害你，这样无疑增加了你的向心力。然后，两人可一起找个合理的方式把自己受到的伤害和委屈宣泄出来。

7."出口转内销"

最明智的做法是"出口转内销"，和风细雨地交流思想、解决问题。回忆当初，哪对夫妻都有一段令人陶醉与向往的日子，只是时间的长与短而已；检讨当前，分析矛盾与冲突的根源，各做自我批评；展望未来，探讨夫妻重新契合的途径。这样做的目的，在于用加倍温暖的心去弥合对方心田的创伤，去唤回对方的离散之心。"拉"字当头，不计前嫌，允许"离"心，也允许"回"心。一般来说，将心比心、以心换心，精诚所至、金石为开，婚外恋者尽管婚外恋时感情炽热，但他们的内心始终被罪恶感和羞耻感所扰，只要阶梯搭牢，他们是会下楼的。如果对方一意孤行，视"内销"为软弱，视宽容为无能，则不得不诉诸法律。

8.不要把孩子当做砝码

孩子是无辜的，针对婚外恋的夫妻争吵，请不要让孩子看见或听见，更不要将孩子拉来扯去，当做谈判的砝码。可是现实情况是人们常犯这样的错误，要么用物质利益来收买孩子，希望孩子站到自己一边，要么故意在孩子面前揭发配偶的丑事，好让孩子能了解事情的真相，和自己一起憎恨背叛者。如此一来，不但使孩子学会了要挟大人以取得物质利益的手段，更会造成孩子的困惑、自卑及无所适从等不良心理，对孩子的成长贻害无穷。

9.清醒认识，当离则离

如果已经尽了最大的努力来挽回婚姻、避免家庭破碎，但背叛者就是屡教不改，视原配的宽容为无能，那么原配就要清醒认识，当离则离，不可一味姑息纵容。到了这一地步，尤其是女方，要先做到在经济上、心理上不依附于丈夫的准备，尽可能减少离婚对自己的物质和精神生活造成的伤害。

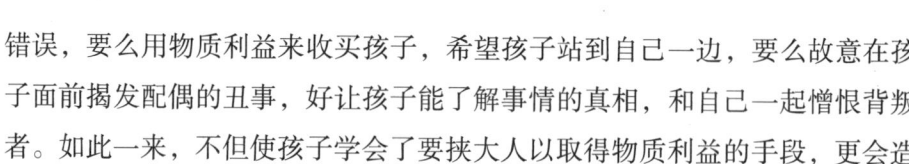

手已分，缘已尽，苦未消——离婚心理冲击

所谓离婚，是指从法律上解除夫妻的婚姻关系。有很多人把离婚看成是旧生活的彻底结束，是心灵痛苦的彻底解脱。其实，虽然通过离婚割断了婚姻关系，但并不意味着痛苦就此消失，离婚给有关当事人带来的心理冲击是不可忽视的。

1.痛苦心理

婚姻的破裂，通常伴随着感情的痛苦和必须面对的家庭残缺不全的现实。离婚之后，首先，经济收入减少了，只能靠一个人维持以前靠两个人共同维持的生活；其次，家务负担翻番，特别是抚养孩子的一方，既当爸又当妈，万分艰辛；再次，许多基本欲望无法满足，如没有了感情交流、家庭温暖，没有了性生活等。在种种重压之下，离婚者常与痛苦为伴。

2.仇恨心理

虽然大多数离婚的受害者都想忘记过去的一切、重新开始新的生活，但事实上，摆脱离婚所造成的心理阴影是十分困难的。离婚的不幸经历已经深深地烙在了他们心里，遇到"阴天下雨"，心理"伤口"还会隐隐作痛。这种情况下，受害者往往会鄙视、憎恨背叛者和第三者，一旦难以控制而爆发，形形色色的暴力悲剧就在所难免。

3.自卑心理

对于被动离婚者来说，婚姻破裂往往是一次不小的人生打击，可能会导致自卑、自暴自弃的心理障碍。被配偶抛弃难免成为人家的谈资和笑柄，而且离婚不可避免地会影响到孩子，于是他们在家庭破碎的巨大痛苦和心灵创伤之中产生了自卑感。长久在自卑的重压下生活，人的心灵会扭曲，会感到万念俱灰、一蹶不振。

4.孤僻心理

离婚者往往对自己离婚的事情忌讳莫深，生怕勾起痛苦的回忆。他们难以做到也不愿意与他人进行心灵沟通，即使是他们的亲人。离婚后的独身者，虽然形式上又回到了自由的单身状态，但内心世界和结婚前的单身状态迥然不同，没有了开心、憧憬，而多了痛苦、忧愁与失望。这种精神上和感情上的孤僻状态，十分有害于心理健康和以后的生活。

5.悔悟心理

有些人离婚后，体会到了单身生活的孤独艰辛、再觅婚姻的曲折、子女感情的牵挂，使他们不得反思当初离婚的草率，从而产生了悔悟心理，"还是原来的好"。在这种心理作用下，不少人"好马又吃回头草"，走上了复婚路。

6.再婚的随意和畏惧心理

离婚者不堪心理和生活的痛苦折磨，会如落水者一样近乎本能地寻求解脱。但年龄渐长，又加上孩子、财产等复杂因素，使不少再婚者将感情放在了次要位置，往往为了更容易地生活而随意结婚。

有过婚姻破裂经历的人，往往渴望在新的婚姻中得到心理补偿，但又怕婚姻破裂的悲剧重演，正所谓"一朝被蛇咬，十年怕井绳"。存在这种心理，即使真的再婚之后，也不会过得很轻松。

关上一扇门，打开一扇窗——离婚心理调适

离婚对当事人及其子女的身心健康是十分有害的，然而对于感情已经完全破裂、修复无望的夫妻来说，勉强维持即将倒塌的围城、长期忍受同床异梦的折磨，对身心健康又是何等不利？

该离就离吧，但是要提醒离婚者的是，在离婚的前前后后要注意保持心理平衡，维护好自身和子女的身心健康。

1.将离婚当成解脱，重获新的人生

应该这样想：终于解脱了，再也不必忍受同床异梦的折磨了，可以重新选择自己的生活了。其实这正是法律规定离婚自由的根据所在。社会的正确理解与支持，可以帮助离婚者振作精神，走出离婚的心理阴影。

2.离异双方要心平气和，切勿报复

离异者要注意保持一种理智、达观的心态，拿出一定的美德风范，合理地解决财产分割、子女抚养等问题，做到好离好散，切勿在经济上、心理上和身体上报复对方。近年来，人们也正力求以一种稳妥、友善的方式进行离婚，心平气和的"协议离婚"越来越被人们所接受，这是社会进步的表现。

3.要坦然面对现实，积极转移注意力

离婚后，不要再怨天尤人，要坦然面对现实，积极转移自己的注意力，减轻离婚的痛苦。要将更多的精力放在事业进步和对长幼的爱上，以冲淡离婚的心理阴影；要鼓足勇气、投身到集体中去，获得集体的关怀和温暖，不可整天自我封闭、长吁短叹、难以自拔；或投身到大自然中，借美丽的自然风光欢愉身心、豁达心胸，摆脱心灵的痛苦。

4.注意维护孩子的身心健康

离异者，无论是在离婚过程中还是离婚之后，都要注意维护孩子的身

心健康。双方必须要继续承担起抚养、教育子女的责任和义务，为他们提供更多的关怀和保护，继续培养其对父母双方的感情，训练孩子的自我照顾能力。双方要用爱心去抚慰孩子受伤的心灵，一旦发现孩子出现了不良心理反应，要及时请专业人士对其进行诊治。

别带着未愈合的创伤披上婚纱——再婚心理调适

民政部门的有关统计资料显示，再婚夫妻的离婚率高于初婚夫妻。原因有多方面的，但最根本的原因在于再婚者因离婚而受到的心灵创伤、因既有的生活习惯和传统道德观念的影响而存在的种种不良心理，致使产生夫妻感情产生隔阂，最终再度离婚。

婚姻心理学家认为，第二次穿上结婚礼服的人，必须防治以下几种可能存在的不良心理，才能使再婚生活幸福美满。

1.怀旧心理及调适

这种再婚不良心理，多见于前婚夫妻感情深厚、一方因故死亡的再婚者。此类人再婚后会时常流露出对前婚配偶的思念之情，最易引起再婚配偶的痛苦与嫉恨，不利于再婚生活的幸福。有些丈夫或妻子看到爱人有触景生情怀念前人的情况，就认为在爱人的心目中，自己的地位还不及她（他）的先夫或先妻，由此对爱人表现出不满。这种做法并不妥当，结果往往适得其反。正确的做法应该是互相体谅与照顾。无可否认，爱情应该是专一的，但专一的爱情并不意味着要彻底清除已经逝去的爱情在对方心中留下的痕迹。同时，对怀旧一方来说，对前任配偶的思念要注意方式和方法，尽量避免引起现任配偶的不满，因为毕竟已重组家庭，需要对新家庭负责。

2.比较心理及调适

由于其中一方或双方已经有过一次婚姻，再婚夫妻在进行外部比较的同时，也会进行内部比较。不能说这种比较不正常，关键是看怎么比较。如果是用原配偶的优点与现配偶的缺点相比较，那就进入了一个误区。特别是当双方闹矛盾时，这种不公平的比较心理就越发膨胀。这种心理使人表现出处处挑剔与不满，会恶化其情绪、扩大同现配偶间业已存在的矛盾，非常不利于再婚的美满。

人各有所长，亦各有所短。应当积极地全面地评价对方，了解对方，认识对方的优点，帮助其克服缺点，使对方成为自己理想中的配偶。有矛盾时最好就事论事，不要进行有损感情的比较，更不要说容易伤害对方的话。伤害了对方的同时，也使自己对重建的家庭失望，容易导致婚姻的再度破裂。

另外，再次婚姻中，初婚的妻子或丈夫总喜欢问有过一次婚姻的爱人：我比她（他）怎么样？提出这个问题所希望得到的答案是不言而喻的，但却令对方左右为难。如果对方真心给出了令人满意的答案，什么都好说；如果不慎说错了话，难免引起矛盾，岂不是自讨没趣？因此，这样的问题最好不要问。

3.嫉妒心理及调适

许多再婚者闻及配偶曾有过的痴情和幸福，便生出嫉妒之心，动不动提及配偶的前婚生活，不时地揭其隐私、捅其伤疤，侮辱其人格，必然会影响双方的感情。

再婚夫妻必须防范嫉妒心理，要尊重配偶的隐私、感情与人格，重视其心理贞操，抚慰其受伤的心灵，只有这样才能培养出新的深厚情感，才能使两颗心紧紧地结合在一起，再婚生活才能幸福。

4.报复心理及调适

婚姻破裂的受害一方往往对前配偶心怀怨恨，在重新选择配偶时会对某一项或几项条件特别苛刻，比如要求新配偶的外貌或某些方面必须超过前配偶，以释放自己的怨恨情绪，从而达到报复的目的。在这种心理的驱使下，

对新配偶的选择常带有忽视感情基础的盲目性，这样只会使再婚后的家庭基础也不稳固，报复不了那个背叛者，却报复了自己。

婚姻心理学家指出，反思自己是十分重要的：重新评价一下自己在前家庭中的表现，找出曾经的误区，不断地完善充实自己，才有助于在重组家庭中做一个好妻子或好丈夫，提高二次婚姻的质量。

5.惯性心理及调适

人们在婚姻生活中通常会形成一些特有的兴趣、爱好和生活习惯，因此再婚后，双方都在一定程度上保持原婚姻中养成的特有兴趣、爱好和习惯，相互之间一时还不能适应。尤其是性生活习惯，如果不主动去了解和熟悉对方的欲望、要求和技巧，很可能会导致性生活不和谐，进而影响夫妻感情。

再婚夫妻应当在尊重对方兴趣、爱好与生活习惯的基础上，扬长避短，相互忍让与协调，寻找一个折中的解决办法，逐步建立起新的生活习惯。

6.猜疑心理及调适

目前社会上有相当多的人认为离过婚的人定然是有严重问题的人。这种观点缺乏依据、不符事实。其实，生活中有相当一些离婚情况不涉及道德问题，只是因为夫妻双方性格不合、感情破裂而已。但是这种不正确的观念却左右着相当一部分再婚者，比如双方发生矛盾时，猜疑心理就会显露：如果他（她）是一个好相处的人，为什么同他（她）原来的爱人合不来，而要闹离婚呢？这种猜疑心理的存在，对于夫妻间的真诚相处非常有害。另外，再婚夫妻一方或双方鉴于前次婚姻破裂的经验教训，在财务问题上也往往不信任对方，戒备心理常在，于是实行经济封锁、耍心眼、留后手、闹独立，使现实家庭名存实亡，毫无温馨可言。

要避免这种情况的发生，关键在于消除对离婚者的偏见。这种偏见常使离婚者不敢向新的恋人祖露自己离婚的原因，而往往把责任完全推到原先的爱人一方。其实，把自己的弱点、缺点乃至错误毫不隐瞒地告诉双方，会加深夫妻之间的相互信任与了解，有利于感情的稳固。在财务上，既然重建了家庭，就应该毫无保留地共同使用一切财物，这样才能密切夫妻感情。

7.自私心理及调适

再婚夫妻容易在自私心理的作用下各自偏袒自己的亲生子女，由此家庭战火常燃。如何正确处理和亲生子女及继子女之间的关系，是涉及再婚生活是否幸福的关键问题。

（1）不要让孩子支配自己的生活。俗话说"满堂子女不如半路夫妻"，离异者再婚时适当考虑儿女的感受是必要的，但不要因为孩子而冷淡了夫妻感情。孩子毕竟会长大成人，总会建立自己的家庭生活，而夫妻则是终身的伴侣。摆正孩子在自己生活中的位置，可以减弱因再婚而产生的对孩子的负疚心理。只要再婚配偶和自己的子女能够和睦相处，并且自己的子女没有因自己再婚而出现明显的身心异常，那么就不必对子女感到深深的愧疚，而应该在夫妻生活上多下点工夫。

（2）要公平对待继子女和亲生子女，不要偏袒。在生活、教育、关心爱护等各方面都应该一视同仁，并注意培养孩子之间的亲密感情，这样家庭才会和睦。即使继子女一时误解你的一片苦心，也不必担忧，随着年龄的增长，他们终会明白的。

（3）别逼着继子女喊自己爸爸或妈妈。这样只会使孩子产生逆反心理，不利于感情的培养。孩子们喊爸妈自然要高兴地答应，喊叔叔或阿姨也不要介意，顺其自然就好了。

（4）要容忍继子女的生活习惯。很多孩子认为改变原有的生活习惯是对亲生父母感情上的背叛，因此如果逼着继子女去完全适应自己，往往会引起他们的反抗和仇视。要学会容忍。当然对于不良生活习惯，要在容忍的基础上，循序渐进地帮助他们改正。

（5）不要期望继子女对自己像对亲生父母一样感情深厚。无论如何，在孩子的本性中，继父母都无法与亲生父母平起平坐。也不要期望成为一位出色的继父或继母，因为即使你做得再好，孩子也不一定领情，只会使自己陷于失望与痛苦之中。

（6）要理解和支持孩子看望他们的亲生父亲或母亲。或许在这个时候你并不开心，但也不要表露出不满，理解和支持继子女会赢得他们的尊重与感激，至少不会挑拨离间。孩子的亲生父亲或母亲也会感激你。这样有利于再婚生活的和睦与幸福。

第九章　你可以做自己的心理医生

——调适篇

你的心理健康吗——心理健康的标准

下面的10项心理健康标准，也是比较受大家所认可的。

1.具有十足的安全感

安全感是人的基本需要之一，如果惶惶不可终日，人便会很快衰老、抑郁、焦虑等心理，会引起消化系统功能失调，甚至会导致病变。

2.充分了解自己，对自己的能力作出恰如其分的判断

如果勉强去做超越自己能力的工作，就会显得力不从心。超负荷的工作，会给健康带来麻烦。

3.生活理想和目标切合实际

社会生产发展水平与物质生活条件总是有一定限度的，如果生活理想和目标定得太高，必然会导致产生心理挫折感，不利于身心健康。

4.与外界环境保持良好的接触

因为人的心理需要是多层次的，与外界环境接触，一方面可以丰富精神

生活，另一方面可以及时调整自己的行为，以更好地适应环境。

5.保持个性的健全与和谐

个性中的能力、兴趣、性格与气质等各种心理特征必须和谐而统一，方能充分发挥个性能量。

6.具有一定的学习能力

现代社会知识更新很快，为了适应新的形势，就必须不断学习新的东西，使生活和工作能得心应手，少走弯路。

7.保持良好的人际关系

人际关系中，有正向积极的关系，也有负向消极的关系，而人际关系的协调与否，对人的心理健康有很大的影响。

8.适度的情绪发展和控制

人有喜怒哀乐等不同的情绪体验。不愉快的情绪必须释放，才能达到心理上的平衡。但不能发泄过分，否则，既影响了自己的生活，又加剧了人际矛盾，于身心健康无益。

9.有限度地发挥自己的才能与兴趣爱好

人的才能和兴趣爱好应该得到发挥和满足，但不能妨碍他人利益，更不能损害集体利益，否则，会引起人际纠纷，徒增烦恼，无益于身心健康。

10.在不违背社会道德规范的前提下，个人的基本需要得到一定程度的满足

当然，必须合情合理又合法，否则将受到良心的谴责、舆论的压力乃至法律的制裁，更无益于心理健康。

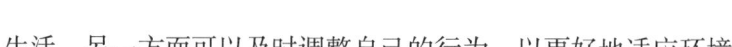

人人都可做自己的心理医生——心理调适

据专家介绍，由于现代人生活方式的改变，生活节奏的加快，一些人的盲目行为增多，加之过分追求短期效益，因而失败的几率较高，内心失去平衡，容易产生心理问题。心理专家认为："一个人的心理状态常常直接影响他的人生观、价值观，直接影响到他的某种具体行为。因而从某种意义上讲，心理卫生比生理卫生显得更为重要。"

从理论上讲，一般的心理问题都可以自我调节，每个人都可以用多种形式自我放松，缓和自身的心理压力和排解心理障碍。面对"心病"，关键是你如何去认识它，并以正确的心态去对待它。虽然我们找心理医生看病还不能像看感冒、发烧那样方便，但提高自己的心理素质，学会自我心理调节，学会心理适应，学会自助，每个人都可以在心理疾患发展的某些阶段成为自己的"心理医生"。

首先要掌握一定的心理卫生科学知识，正确认识心理问题出现的原因；其次要能够冷静清醒地分析问题的因果关系，特别是主观原因和缺欠，安排好对己对人都负责任的相应措施；再次要恰当地评价自我调节的能力，选择适当的就医方式和时机。最后一点，也是日常生活中最关键的一点，就是树立正确的人生观和处世观，拥有正常而睿智的思维，避免走入心灵的误区。

要加强修养，遇事泰然处之。要清醒地认识到生命总是由旺盛走向衰老直至消亡，这是不可抗拒的自然规律。应当养成乐观、豁达的个性，平静地接受生理上出现的种种变化，并随之调整自己的生活和工作节奏，主动地避免因生理变化而对心理造成的冲击。事实上，那些拥有宽广胸怀、遇事想得开的人是不会受到灰色心理疾病困扰的。

1.要合理安排生活，培养多种兴趣

人在无所事事的时候常会胡思乱想，所以要合理地安排工作与生活。适度紧张有序的工作可以避免心理上滋生失落感，令生活更加充实，而充实的生活可改善人的抑郁心理。同时，要培养多种兴趣。爱好广泛者总觉得时间不够用，生活丰富多彩就能驱散不健康的情绪，并可增强生命的活力，令人生更有意义。

2.尽力寻找情绪体验的机会

一是多想想你所从事的事业，时时不忘创新，作出新的成绩，跃上新的台阶；二是要关心他人，与亲朋、同事同甘共苦，无论悲欢离合，都是对心理的撼动，它会使人头脑清醒，心胸开阔；三是多参加公益活动，乐善好施，为子孙造福。最好学会一门艺术，无论是唱歌弹琴、写作绘画，还是集邮藏币，都会使你进入一种新的境界，产生新的追求，在你的爱好之中寻找乐趣。

3.保护心理宁静

面对大量的信息不要紧张不安、焦急烦躁。手足无措，保持心情宁静，学会吸收现代科学信息的方法，提高应变能力。最后，要尽量多地设想出获取它们的可行途径，并选择一个最佳方案行动，从而既能减轻个人的心理负担，又能收到事半功倍之效。

4.适当变换环境

一个人在一个缺乏竞争的环境里容易滋生惰性，不求有功，但求无过，过于安逸的环境反而更易引发心理失衡。而新的环境，接受具有挑战性的工作、生活，可激发人的潜能与活力，变换环境进而变换心境，使自己始终保持健康向上的心理状态，避免心理失衡。

5.正确认识自身与社会的关系

要根据社会的要求，随时调整自己的意识和行为，使之更符合社会规范。要摆正个人与集体、个人与社会的关系，正确对待个人的得失、成功与失败。这样，就可以减少心理失衡。

扭曲了的自尊心——虚荣心理

虚荣心就是以不适当的虚假方式来保护自尊心的一种心理状态，是为了取得荣誉和引起普遍注意而表现出来的一种不正常的社会情感。简单地说，所谓虚荣心就是扭曲了的自尊心。

人为什么会产生虚荣心呢？这与人的需要有关。人类的需要有很多种，包括生理需要、安全需要、归属和爱的需要、尊重的需要、自我实现的需要等。一个人的需要超过了自己的担负能力，就会想通过不适当的手段来达到自尊心的满足，这就产生了虚荣心。虚荣者在虚荣心的驱使下，往往只追求面子上的好看，不顾现实条件，最终造成危害，有时甚至产生犯罪动机，带来非常严重的后果。虚荣者的内心其实是空虚的。他们表面的虚荣与内心的空虚总是在不断地斗争：没有满足虚荣心之前，因为自己不如他人的现状而痛苦；满足虚荣心之后，又唯恐自己的真相败露而受折磨。虚荣者的心灵总是痛苦的，完全不会有幸福可言。虚荣心男女都有，但总的来说，女性的虚荣心比男性强。有的少女甚至为了满足物质的欲求而牺牲自己最宝贵的贞操，是值得深思的。虚荣心带给女性的痛苦比男性大得多。

总之，虚荣心是要不得的，应当加以克服。

1.提高自我认知

提高自我认知，正确认识自己的优缺点，分清自尊心和虚荣心的界限。

2.做到自尊自重

诚实、正直是做人最起码的要求。我们绝不能为了一时的心理满足而丧失人格。只有做到自尊自重，才不至于在外界的干扰下丧失人格。我们要珍惜自己的人格，崇仰高尚的人格可以使虚荣心没有抬头的机会。

3.树立崇高理想，追求真善美

人应该追求内心真实的美，不图虚名。一个人追求真善美就不会通过不正当的手段来炫耀自己，就不会徒有虚名。很多人能在平凡的岗位上作出不平凡的成绩，就是因为有自己的理想。同时，要正确评价自己，既看到长处，又看到不足，时刻把实现理想作为主要的努力方向。

4.正确对待舆论

要正确对待舆论，正确看待他人的优越条件，不要因此影响自己的进步，而应该将其作为自己前进的动力。要通过自己的努力满足自己的需要。只有这样的自信和自强，才能不被虚荣心所驱使，才能使自己成为一个高尚的人。

5.克服盲目攀比心理

横向地去跟他人比较，心理永远都无法平衡，只会促使虚荣心越发强烈。如果一定要比，就跟自己的过去比，看看各方面有没有进步。

为何觉得自己不如人——自卑心理

自卑，即一个人对自己的能力、品质等作出偏低的评价，总觉得自己不如人、悲观失望、丧失信心等。自卑是一种消极的心理状态，是普遍存在的一种负性情绪，是实现理想或某种愿望的巨大心理障碍。在人际交往中，自卑的人很想得到别人的肯定，又害怕别人的轻视和拒绝，常常很敏感地把别人的不快归咎为自己的错误；自卑的人过于自尊，为了保护脆弱的尊严而表现得非常强硬，难以让人接近。

造成自卑心理的原因因人而异，基本上可以分为两种情况：一是客观存在的某种缺陷或挫折引起自卑，如五官不够端正、过胖过瘦、口吃等生理缺陷，出身农村、经济条件差、学历低等社会环境缺陷，内向、孤僻等性格缺陷，情场或商场失意、当众出丑、被人嘲弄等生活挫折等；二是出自一种不如他人的主观感觉，与事实并不相符。

如何防治自卑心理呢？可以参考以下建议。

1.改变认识，培养自信

"金无足赤，人无完人"，每个人都有其优缺点。要善于发现自己的长处，肯定自己的成绩，不要把别人看得十全十美，把自己看得一无是处，认识到他人也有不足。可以试试这样做：经常回忆那些经过努力，做成功了的事情；对一些做得不好的事情，进行积极的自我暗示。另外，注意发现他人对自己好的评价。事实上，不会所有的人都对自己做较低的评价。赏识、了解、理解自己的人总是有的，关键是要自己用心去捕捉，将捕捉到的好的评价作为自我评价的系数，以增强自信心理。

对于自身的一些生理缺陷，如相貌丑、身高矮等，自渐形秽也是没有用的，倒不如充分发展和发挥自己其他的优点以弥补缺陷。要知道，生物学上有个"生理补偿"的概念，即盲人失明，耳朵就特别灵，腿有毛病，手就特别灵巧，所以不妨这样暗示自己："虽然我的眼睛看不见，但我的耳朵比你灵，我并不比你短半截"。一个身体健康的人，如果头脑空虚，那他也不过是空有躯壳；一个病残的人，如果内心世界丰富，正如阴暗背景的闪光，更显得耀目，更能得到人们的爱戴。

2.培养良好的性格

要改变内向、孤僻等性格缺陷，培养良好的性格。不能只想到自己的优点和长处，不能对别人要求太严。即使自己在某一方面有一得之见、一技之长，也不能因此看不起别人。每个人都有自尊心，别人不会特别哀求于你，相反，会因之瞧不起你。有怪癖的人要努力改变自己的生活习惯，使自己成为一个受别人欢迎的人。不过要记住，改变性格缺陷不是一朝一夕所能成的，要有一种恒心、一种坚忍不拔的毅力。

3.要正确地与人相比

自卑心重的人老是用别人的长处和自己的短处比，定会越比越泄气，从而贬低、否定自己。人各有所长，自己不可能事事都强过别人，同样，自己也不会事事不如别人。

4.增强心理素质

要加强心理素质的培养，锻炼自己的心理承受能力，不要因为一次失败而一蹶不振，或因自己某一方面的过失而全盘否定自己。

5.不要对自己提出过高的要求

要防止和克服自卑感，还要注意不可对自己提出过高的要求，在选择目标时除考虑其价值和自身的愿望外，还要考虑其实现的可能性。如果追求那些不切实际的东西，只会使自己越来越自卑。

为何觉得生活"没劲"——空虚心理

空虚是指百无聊赖、闲散寂寞的消极心态，即人们常说的"没劲"，是心理不充实的表现。空虚心理其实是一种社会病，极为普遍。当社会失去精神支柱或社会价值多元化导致人们无所适从时，或者个人价值被抹杀时，就极易出现这种不良心理。

心理空虚的人不思进取，没有人生的奋斗目标，自然不会有奋斗的乐趣和成功的欢愉。他们无所事事或不愿做事，就会感到生活无聊、心灵空乏虚无、寂寞难忍。空虚者常常寻求刺激，比如抽烟、喝酒、赌博、闹事等，以此来打发时间、摆脱心理寂寞。严重的情况下，空虚者会偷盗、抢劫、奸淫等，从而走上犯罪的道路。

人们通常是因为下述两种情况而空虚。

（1）物质条件优越，没有生活忧虑。此类人习惯了满足与享受，看不到或懒得思考人生的意义所在，没有也不想有积极的生活目标，从而整日安逸奢靡、无所事事、空虚度日。

（2）人生目标不切实际，遭受现实打击。有的人心比天高，目标不切实际却又不屑追求，当目标无法实现时，感觉饱受挫折，心灵便虚无空荡，一蹶不振。

如何矫正空虚心理呢？可以参考以下建议。

1.社会认知要现实

社会既有积极的方面，又有消极的方面，要看主流发展方向，不能以偏概全，只看到消极面，而不求上进、萎靡不振，要接受现实、正视现实，并改造现实。

2.要有一定的志向

有志向才会有追求并为之拼搏，才会体验到拼搏的乐趣和成就感，才会珍惜生命。但是要注意志向的现实性：志向太低了无需努力，也不会去努力，志向太高了难以奋斗，也无从奋斗，到头来仍然是没有努力和奋斗，难免空虚度日。所以志向一定要与自身的实际能力相符合。

3.要改变懒散的习惯

因为懒散，不想有所追求，无所事事或不愿做事，就会胡思乱想，寻求消极刺激，自然也会空虚。因此要在生活中消除不切实际的幻想，逐渐养成勤劳的习惯，从劳动中获得乐趣，心灵才会充实而不空虚。

4.要磨炼意志，提高战胜挫折的心理承受能力以及把握自己命运的能力

"不以物喜，不以己悲"，正确对待失误和挫折，在逆境中锻炼成长。

5.要培养读书兴趣

读书能使空虚者获得智慧、汲取力量，使空虚的心灵不断得到充实，摆脱狭窄经验的束缚，从而情绪高涨、精神饱满。要多读名人传记，以名人的奋斗史作为人生的楷模，确立"积极有为"的人生态度。

6.要多与人交往

与人交往，相互启示、相互激励、相互帮助，心灵将受到熏陶和充实。但要注意，交际对象不能也是空虚者，这样的人只能使自己更加空虚，甚至造成严重的后果。

7.丰富自己的生活

积极参与社会实践，学习琴棋书画，让自己忙碌起来，生活丰富起来，就会找到心灵的寄托和活力的源泉。

有的人只考虑自己的利益——自私心理

处处以自我为中心，无视社会法律、道德规范、良心风尚和他人感受及利益，不顾大局，只知道满足自己的各种私欲的人就是具有自私心理的人。自私者只讲索取，不讲奉献，争名夺利，甚至损人利己。自私是一种较为普遍的不良心理现象。严重地讲，自私是万恶之源，贪婪、嫉妒、报复、吝啬、虚荣等很多其他不良心理都是由自私衍生的。

自私是一种近似本能的欲望，处于一个人的心灵深处。自私心理潜藏较深，它的存在与表现便常常不为个人所意识到，有自私行为的人并非已经意识到他在干一件自私的事，相反他在侵占别人利益时往往心安理得，所以，我们可以将自私看作一种病态社会心理。

各种复杂的原因造成了人的自私心理。缺乏满足个人需求的资源，是自私的本质原因。病态文化的积淀和社会控制不严，是客观原因。个人的自我敏感性、价值取向与社会行为之间存在着一定的内在联系。所谓自我敏感性，是指一个人关心他自己的问题，感到需要别人的帮助，以及的确得到别人的帮助后的心理感受。高度的自我敏感性可以外化为对他人的敏感性，即"人人为我，我为人人"，但也可能成为一种只顾自己的倾向。自私自利之人往往自我敏感性极高，以自我为中心，对社会及他人的依赖与索取性也高，但缺乏责任感。

可尝试下列方法调适自私心理。

1.自我反省

依据社会公德与规范的客观标准，经常对自己的心态与行为进行自我观察，加强学习、更新观念、强化社会价值取向，总结改正错误的方式方法。

2.回避性训练

凡下决心改正自私心态的人，只要意识到自私的念头或行为，就可用缚在手腕上的一根橡皮弹环弹击自己，从而意识到自私是不好的，促使自己纠正。

3.为他人服务

多一些利他行为，通过利他行为改变心态。有些人通过参加志愿者活动，改变了一心只考虑自己的自私心理，净化了心灵。

有的人总想投机取巧——浮躁心理

浮躁，是指轻浮、不安分、脾气大、见异思迁、做事无耐心、总想投机取巧、成天无所事事等不良情绪体验。浮躁是一种普遍的不良心理表现，其主要特点有：心神不宁；焦躁不安；盲动、冒险。

浮躁心理的产生有两个方面的原因：一是社会原因。目前我国正处在社会变革时期，原有社会制度和结构受到很大冲击，每个人都面临一个重新定位的问题，感到很难把握自己的未来。于是患得患失、焦躁不安、迫不及待等就不可避免地成为一种社会心态。二是个人原因。个人攀比是产生浮躁的直接原因。我国的改革开放"允许一部分人先富起来"，有的人较早获得成功，有的人却迟迟没有什么进步，于是攀比在所难免，往往形成浮躁心理。

浮躁使人失去对自我的准确定位，使人随波逐流、盲目行动，与我们所倡导的艰苦创业、脚踏实地、励精图治、公平竞争的精神相对立，对社会、国家和个人的发展极为有害，必须加以克服。

浮躁心理的自我调适方法如下。

1.做到知己知彼

比较是个体获得自我认识的重要方式，"有比较才有鉴别"，但比较要做到"知己知彼"，要从个人的能力、知识、技能等许多方面进行合理的比较，既要看到长处也要看到短处，才不致产生心神不宁、无所适从的浮躁心态。

2.遇事要善于思考

考虑问题应从现实出发，不能随波逐流，盲目崇尚拜金主义、个人主义、盲从主义等社会不良之风。站得高才能看得远。

3.要有务实精神

做事要有开拓、创新、竞争的意识，更要有持之以恒、任劳任怨的务实精神。

 有的人疑心特别重——猜疑心理

《三国演义》中曹操错杀无辜好友的故事大家不陌生吧：曹操刺杀董卓败露后，与陈宫一起逃至吕伯奢家。曹吕两家是世交。吕伯奢见曹操到来，本想杀一头猪款待他，可是曹操因听到磨刀之声，又听说要"缚而杀之"，便大起疑心，以为要杀自己，于是不问青红皂白，拔剑滥杀无辜。

曹操就是一个猜疑心理特别重的人。猜疑心理是一种由主观推测而对他人产生不信任感的复杂情绪体验。猜疑心重的人往往整天疑心重重、无中生有，每每看到别人议论什么，就认为人家是在讲自己的坏话。猜忌成癖的人，往往捕风捉影，节外生枝，说三道四，挑起事端，其结果只能是自寻烦恼，害人害己。猜疑心理是人际关系的蛀虫，既损害正常的人际交往，又影响个人的身心健康。

猜疑心理的产生原因主要有四个方面：一是错误的思维定势。喜欢猜疑的人，总是以某一假想目标为起点，以自己的一套思维方式，依据自己的认识和理解程度进行循环思考。这种思考从假想目标开始，又回到假想目标上来，如蚕吐丝做茧，把自己包在里面，死死束缚住。二是相互间缺乏信任。

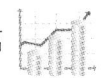

一个人对别人越缺乏信任，产生猜疑心理的可能性也就越大。三是不良的心理品质。猜疑心理重的人通常也是狭隘自私、自尊心过强、嫉妒心强烈的人。四是受流言蜚语的影响。听信谣言，也会产生猜疑心理。

那么，应该怎样克服猜疑心理呢？可参考以下建议。

1.培养理性，防止感情用事

猜疑者在消极的自我暗示心理下，会觉得自己的猜疑顺理成章、天衣无缝。"疑人偷斧"的故事就是典型的例子。遇事保持冷静，多观察、分析和思考，克服"当局者迷"的认知误区，是消除猜疑的重要途径。

2.培养自信心

每个人都应当看到自己的长处，相信自己会与周围的人处理好人际关系，会给别人留下良好的印象。当我们充满信心地工作和生活时，就不用担心自己的行为，也不会随便怀疑别人是否会挑剔、为难自己。

3.加强交流，拉近心理距离

了解是信任的基础，信任是感情的纽带和猜疑的坟墓。和他人之间应该加强交流、相互了解、相互信任，在情感上产生共鸣，才会有效地消除猜疑。

4.完善个性品质

加强个性品质的改造，培养高尚的道德情操，净化心灵，拓宽胸怀，提高精神境界，冲破封闭思维的桎梏，排除不良个性品质的消极影响，可以有效消除猜疑。

5.学会自我安慰

一个人在生活中，遭到别人的非议和流言，与他人产生误会，没有什么可值得大惊小怪的。在一些生活细节上不必斤斤计较，可以糊涂些，这样就可以避免自寻烦恼。如果觉得别人怀疑自己，应当安慰自己说不必为别人的闲言碎语所困扰，不要在意别人的议论。

有的人待人冷漠——孤僻心理

孤僻心理是指因缺乏与人的交流而产生的孤单、寂寞的情绪体验。孤僻的人一般为内向型性格，主要表现为不愿与他人接触、待人冷漠，对周围的人常有厌烦、鄙视或戒备心理，猜疑心较强，容易神经过敏，办事喜欢独来独往，但也免不了为孤独、寂寞和空虚所困扰。心理上的孤僻并不等于一个人独处。孤僻的人不管是置身于人群，还是独居一室，都同样孤僻和冷漠。

孤僻会使人产生挫折感、狂躁感，令人心灰意冷，严重的还会厌世轻生。

孤僻心理的产生原因有以下几点：第一，青年期的心理特点，使孤僻心理在青年人中比较多见。青年人正处在生命发展过程中的准成熟状态，世界观和人生观刚开始建立，自认为已经长大成人，常常委屈地感到自己不被理解，有一种莫名其妙的孤独感。第二，缺乏事业心。一个有强烈事业心的人，一般不会孤僻。第三，性格特点。内向型性格的人容易孤僻，因为他们的自我中心观念比较强，内心深处有比较强烈的抗拒感，往往对外界事物和周围人群表现得很淡漠，喜欢把自己封闭在一个狭小的天地里。第四，幼年的创伤经验。父母离婚、父母的粗暴对待、伙伴欺负等不良刺激，使儿童过早地接受了烦恼、忧虑、焦虑不安等不良情绪体验，从而产生消极心境，进而变得畏畏缩缩、自卑冷漠、过分敏感、不相信任何人，最终形成孤僻的性格。第五，交往挫折。有些人缺乏必要的社会交际能力，在人际交往中遭到拒绝或打击，自尊心受到伤害，便把自己封闭起来。越不与人接触，社会交往能力就自然就越得不到锻炼，结果就越孤僻。

如何消除孤僻心理呢？应注意做到以下几点。

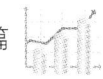

1.完善个性品质

孤寂封闭的性格，是在生活环境中反复强化逐渐形成的。具有自我封闭性格的人，兴趣狭窄、清高孤傲，难以融入集体。要努力克服孤傲的心理、增加心理透明度，以开放的心态主动与人交往，吸纳别人的长处，享受、体会人际交往的情意和欢乐。

2.正确评价自己和他人

孤僻者一般不能正确地评价自己，要么总认为自己不如人，怕被别人讥讽、嘲笑、拒绝，从而把自己紧紧地包裹起来，保护着脆弱的自尊心，要么自命不凡，认为别人不配与自己交往。孤僻者需要正确地认识别人和自己，多与别人交流思想、沟通感情，享受朋友间的友谊与温暖。还要正确认识孤僻的危害，敞开闭锁的心扉，追求人生的乐趣、摆脱孤僻的烦扰。

3.培养健康情趣

健康的生活情趣可以有效消除孤僻心理。利用闲暇潜心钻研一门学问，或学习实用技术，或写写日记、听听音乐、练练书法，或种草养花养宠物等等，都有利于消除孤僻。

4.学习交往技巧

看一些交往方面的书籍，学习交往技巧，同时多参加正当、良好的交往活动，在活动中逐步培养自己开朗的性格。要敢于与别人交往，虚心听取别人的意见，同时要有与任何人成为朋友的愿望。这样，在每一次交往中都会有所收获，纠正认识上的偏差，丰富了知识经验、获得了友谊、愉悦了身心，会重树你在大家心目中的形象。可以从先结交一个性格开朗、志趣高雅的朋友开始，处处跟着他学，并请他多多提携。

5.树立坚定的事业心和奋斗目标

一个有所爱、有所追求的人，不会孤寂；一个为事业而忙碌的人，也不会孤僻。因此，只要树立了坚定的事业心和奋斗目标，并为之努力拼搏，孤僻自然就会被热情所埋没。

话未开口脸先红——羞怯心理

羞怯既指害羞，也指胆怯。人们总以为那是未成年人的心理特征，随着年龄、阅历的不断增长，会自然地克服。然而根据斯坦福大学的心理学家所做的调查，在抽样调查的1万多名成年人中，约40%有不同程度的羞怯心理，且男女人数比例基本持平。几乎所有的人都有或曾经有过某种程度的羞涩和胆怯，而且有些人表现得特别严重。羞怯心理较重的人在人际交往中表现为：话未开口脸先红、话语低沉心发跳，遇到困难宁可憋在肚子里，也不好意思向他人请教。羞怯心理会影响人的正常交往，不利于发展自己的聪明才智和适应社会环境。

羞怯心理的产生有以下三方面的原因：

（1）青春期生理变化引起的感应性反应。人在青春期生理、心理发育最旺盛，激素分泌较多，遇到外界刺激时会打破体内的平衡而变得紧张，表现为冒汗、脸红、心慌等感应性反应。

（2）自卑心理的影响。具有羞怯心理的人羞于与他人交往，特别是不敢与陌生人交往，是因为对自己信心不足，害怕出错。

（3）成长中的环境影响。如果在童年、少年期交往中曾经受到过他人的训斥、嘲笑或戏弄，心里会形成阴影，以后进入类似环境或新环境就会表现出胆怯。

那么，应该如何克服羞怯心理呢？可以参考以下建议。

1.培养自信心

每个人都有缺点，也必然有优点。不必为自己的某些短处而自惭形秽，要看到并发挥自己的长处，克服自己的缺点，摆脱与人交往的自卑阴影。遇事多采取主动态度，当你勇敢地说出第一句话，勇敢地迈出第一步

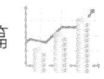

时，你可能感到羞怯，但羞怯不等于失败，胜利者比失败多的往往就是一份勇气。

2.努力用知识充实自己

知识可以丰富人的底蕴、增加人的风度、提高人的气质，也是克服羞怯心理的良药。俗话说"艺高人胆大"，知识储备丰富自然会增加吸引力，使人际交往轻松自如。所以，我们要勤奋学习，努力拓宽知识面，掌握一些社交知识和技巧。

3.做个有心人

这是极有效的自我心理治疗方法。做个有心人，记下你感到不安的事情，你会觉得这些害怕和担心不可思议，而且完全没有必要，从而预先做好克服它们的准备。比如去面试，也许你担心交谈当中自己缺乏应变能力，那么你不妨在交谈前先猜想对方将怎样提问，把要回答的话想好，甚至自言自语地进行不懈的练习。这样就能临场不惧，应付自如。

4.加强交往能力的锻炼

要充分利用一切机会积极锻炼自己，学会同各种各样的人打交道，善于在关键时刻表现自己。遇到聚会、联谊时，要善于寻找时机与周围的人攀谈。

5.保持松弛

松弛是克服羞怯心理的关键。羞怯的人常常过于关心他人对自己的看法，而常处于紧张状态，此时应尽量用玩笑或幽默来自我解脱。如果你能把注意力集中到你所应注意的人或事上，你就会渐渐忘记自己的不自在。

6.学会微笑

人际交往的身体语言中，最具魅力的是微笑。微笑是友善的表示、自信的象征。微笑可以使你摆脱窘境，可以缩短你与他人之间的感情距离，可以化解朋友间的误会，同时微笑还可以减少羞怯的感觉。

有的人喜欢吹毛求疵——完美主义心理

追求完美其实是一种普遍的心态，也不能说是错误的。但凡事都有个度，如果追求完美过于僵硬、不懂得变通，就成了完美主义者，将承受巨大的心理压力。

完美主义者在日常生活中通常有如下表现：

（1）不愿冒险，生怕任何微小的瑕疵损害了自己的形象。

（2）不能尝试任何新的东西。

（3）神经紧张得连一般工作都不能胜任。

（4）因为有些事情还不完善而寝食不安。

（5）对自己诸多苛求，毫无生活乐趣。

（6）对别人吹毛求疵，人际关系糟糕。

心理学研究证明，完美主义者与他们可能获得成功的机会恰恰成反比。开始的时候，他们担心失败、辗转不安，于是妨碍了全力以赴去取得成功；遭到失败之后，他们就异常焦虑、沮丧和压抑，想尽快从失败的境遇中逃避出去，但他们并没有真正从失败中总结教训，想的只是如何避免尴尬。完美主义者背负着如此沉重的精神包袱，又怎么能取得事业上的成功呢？而且，他们往往在家庭、人际关系等方面也很不如意。

如何克服完美主义心理呢？可以参考以下建议。

1.接受"瑕疵"

没有"瑕疵"的事物是不存在的，盲目地追求一个虚幻的境界只能劳而无功。生活绝不可能一帆风顺，遇到挫折和处于低谷时，自信和乐观尤为重要，切不可自暴自弃。学会换个角度看问题，正因为生活中有让你感到沮丧、绝望的问题，你才会付出更多努力，才更懂得珍惜所得到的，即便事情

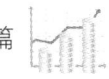

不尽如人意，即便失败，但那和成功一样构成你丰富的人生体验，那才不枉活一世。人只有经受住失败的悲哀才能达到成功的巅峰。不要为了一件事未做到尽善尽美的程度而自怨自艾。

2.正确认知自我

既不要把自己的能力估计得太高，也不必过于自卑。如果事事要求完美，将成为你做事的障碍。要在自己的长处上培养起自尊、自豪和工作兴趣，不要在自己的短处上去与人竞争。

不要对自己太苛刻，不要为了让周围每一个人都对你满意而处处谨小慎微，要有点"我行我素"的气魄，做事只要对得起自己的努力和良心就行了，不要太在意他人对自己的评价。否则，遇到挫折就可能导致身心疲惫。

3.设定短期合理目标

实际上，当你不追求完美，而只是希望表现良好时，往往会出乎意料地取得最佳成绩。寻找一件自己完全有能力做好的事，然后去把它做好。这样你的心情就会轻松自然，行事也会较有信心，感到自己更有创造力和更有成效。你的生活也会因此而充实起来，变得富有色彩。

4.学会放松和排解不快情绪

情绪的过分紧张和焦虑，会影响一个人解决问题的能力；而生活中常常会遇到一些始料不及的事，应学会调节自己的情绪，保持生活的规律和睡眠的充足，以饱满的精神状态面对问题并解决问题。学会倾诉和寻求帮助来排解不愉快，生活中绝大多数人都有一颗助人为乐的心，找一个听你诉苦的朋友不会是太难的事。

恨人有，笑人无——嫉妒心理

所谓嫉妒，一般是指个人在意识到自己对某种利益的（潜在）占有受到

（潜在）威胁时产生的一种情绪体验。嫉妒心理总是与不满、怨恨、烦恼、恐惧等消极情绪联系在一起的，构成嫉妒心理的独特情绪。不同的嫉妒心理有不同的嫉妒内容，在名誉、地位、钱财、爱情四个方面表现得尤为突出。还有的嫉妒者，只要是别人所有的，都在其嫉妒之内。

嫉妒心理有以下几个具体特征：一是进攻性。古希腊斯葛多派的哲学家认为："嫉妒是对别人幸运的一种烦恼。"嫉妒心理的攻击目的在于颠倒被攻击者的形象。二是指向性。嫉妒心理的指向性往往产生于同一时代、同一部门的同一水平的人中间，因为曾经"平起平坐"或"不如自己"的人，如今成功超过了自己，于是产生抵触和对抗。三是发泄性。大多数嫉妒者都伴随着发泄性行为，如言语上的冷嘲热讽、行为上的冷淡、人身攻击等。四是伪装性。嫉妒心理被大多数人所不齿，使嫉妒者千方百计地伪装，企图使人不易察觉。

嫉妒其实是人类的一种普遍情绪，关键在于你怎样处理。轻微的嫉妒使人意识到一种压力，产生一种向他人学习并超越的动力，促使人去拼搏、奋进。我们应该将嫉妒的消极心理转为竞争的积极心理，以自己之优势胜过对方之劣势。但是，如果面对嫉妒导致的焦虑和敌意，觉得别人使自己难堪，由此而产生痛苦，甚至向他人发出攻击性的言行，就会成为个人成长和人际交往中的障碍，严重者还会导致人间悲剧。

产生嫉妒的原因有二：一是自己的需要得不到满足时容易产生嫉妒；二是在与他人比较来确定自身价值的过程中也容易产生嫉妒。如果别人的价值比重增加，就会觉得自己的价值在下降，从而就会产生一种非常痛苦的情绪体验。尤其是比较对象和自己不分上下或不如自己时，这种情绪很容易转化为对别人的不满或嫉恨，在行为上表现出从对立的立场上寻找对方的不足，或认为对方之所以成功只是由于外部原因，通过诋毁对方达到自我心理上的暂时平衡。即使控制自己不表现出上述行为，但是原来无拘无束的交往气氛也会变得紧张起来。因嫉妒引起的人际关系疏远、紧张乃

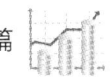

至冲突的事例很多很多。

如何克服嫉妒情绪呢？可以参考以下建议。

1.充分认识嫉妒心理的危害性

嫉妒是社会生活的腐蚀剂，腐蚀人的品质、损害人的事业、形象和身心健康。要克服偏激、增强自信，待人力求不受个人心境、情绪的干扰。

2.调整自我价值的确认方式

简单地与别人比较往往会导致片面的看法。研究表明，自我价值确认越是倾向于社会标准（通过周围的人、社会流行观念等），就越容易引发嫉妒；越是以自己的思考、内在的准则为参照，就越能减少嫉妒。能够体现出个人价值的方面很多，而每个人的优势和劣势又不尽相同。所以，用统一的标准衡量人的价值是不准确的。人生更重要的事是不断超越自己，而不是超过别人。

3."想开些"

人生总有不如意之事，所谓"家家都有一本难念的经"。如果正处在愤怒、兴奋或消极的状态下，能较平静、客观地面对现实，就可以达到克服嫉妒的目标。

4.自我驱除

嫉妒是一种突出自我的表现。无论什么事，应先考虑到的是自身的得失，因而引起一系列的不良后果。当出现嫉妒苗头时，即行自我约束，摆正自身位置，努力驱除嫉妒心态，可能就会变得"心底无私天地宽"了。

5.减少自己嫉妒心的同时，学会如何消解别人的嫉妒心

在与人交往时，尤其在不如意者和不如自己的人面前，应采取谦虚谨慎的态度，不要经常去谈自己得意的事情，也不要过分夸大自己的成绩；应有意识地暴露自己的一些不足和苦恼，避免引起他人心理失衡，以赢得更多的朋友。

为何感到处处不如意——悲观心理

人人都会有一点悲观情绪，只是程度不同而已。如果悲观太甚，就有麻烦了。有的人长时间感到悲伤、忧郁，有很凄凉和痛苦的感觉，常常唉声叹气、焦虑不安；有的人感到处处不如意，遇到亲友、同事不想打招呼，对任何事情都提不起兴趣；有的人看见别人高兴、嬉笑，自己反觉得更加痛苦，而且自卑感相当严重；有的人甚至对生活和前途失去信心，有自杀的念头和行动。这样的人悲观心理很严重，已经严重妨碍了其正常的生活、工作和学习，需要加以克服。

严重悲观者还可能出现一些躯体症状，如失眠、头痛、头晕、心烦、胸闷、腹泻或便秘、乏力，性欲下降、月经不调等。

此类人大多具有一些共同的性格特征，如内向、孤僻、依赖性强、情绪不稳定、抑郁质或胆汁质气质等。

他们为何会如此悲观厌世呢？他们大多经历过生活不幸、工作困难、事业挫折等明显的精神创伤，具体地说，如亲人死亡、车祸、夫妻分离、失恋、考试失败、失业、生活困难、工作条件不满意、人际关系紧张等。

如何克服这种严重的悲观心理呢？应注意以下几点。

1."乐观、悲观对照表"法

在医生的指导下做一张"乐观、悲观对照表"：在一张大白纸上画一条竖线，分成左右两栏，左边写上乐观，右边写上悲观，然后把它贴在床头；每天睡觉之前，把心中乐观的感觉和悲观的感觉如实地写在表的左右两栏，全部写完以后，把悲观的部分用黑笔一个个地划掉，同时把悲观的感觉从心中赶出去，然后看着乐观的部分，出声念一次，这样心中就会和这张表一样，充满乐观的感觉。

有时虽然会发现悲观的因素占多数，但这也无妨，只要你有勇气把它划掉，你就能够战胜它，同时还能增加你的自信。掌握了诀窍，不写在纸上也可以，"写"在脑中、在心里也有效。

2.医学治疗

对严重悲观厌世者可行心理治疗、社会治疗、药物治疗、运动治疗（坚持每天运动，时间为20～30分钟）等。

3.笑疗

可以尝试每天大笑三次，方法是看喜剧、听相声等，很快便会有悲观情绪减轻的感觉。

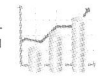 有的人"有仇必报"——报复心理

所谓报复心理，是指当人们受到强烈破坏性刺激后，产生的某种与对方行为相对抗的"以牙还牙"的反应性心理。

报复心理是有某种积极意义的，它可以变成个人或群体进步的动力，促使自己由弱小变得强大。但无论如何，报复心理都是具有破坏性的，是一种不健康心理，是心胸狭隘、道德修养差的表现。报复心理不仅会对报复对象造成这样或那样的"伤害"，而且有害于自己的心理健康。存在报复心理的人，容易误解别人的意思，对别人怀有一种戒备和防范心理，很难与人相处。有时报复了别人，自己的良心也会不安，甚至自责自惩。这种人自我意识卑劣、行为极端、瞧不起别人，也不愿与人交往，因此没有良好的人际关系。其实，报复心理是自卑心理的极端表现。为了维持心理平衡，这种人无法从行动上去实现某种欲望，于是便从心理上自我发泄，诅咒社会对自己不公平，对比自己地位高的和曾经给自己带来不幸的人，都怀着一种惩治的心理，有时甚至采取诽谤、侮辱、侵犯人权、违法乱纪等不正当手

段进行报复。严重情况下，这种人会愤世嫉俗、玩世不恭，甚至对社会都深怀敌意。

如何克服严重的报复心理呢？应注意以下几点。

1.学会换位思考

生活中与他人发生矛盾冲突在所难免，对此要有心理准备，不能回避，也不能"以暴制暴"。学会换位思考，可以尽量减少矛盾的产生，减轻报复心理的折磨。

2.认识报复心理和行为的危害性

实施报复者，短暂的快意之后，到头来是"众叛亲离"，还要整天担心遭到报复；被报复者，虽然得到了大家的同情和帮助，但所受的伤害始终是一个心理阴影。所以说，报复行为的最终结果只能是两败俱伤，没有胜利者。报复心理是要不得的，它会让你的内心越来越狭隘，身心疲惫。

3.学会宽容、感动与关爱

世界上没有完美的东西，有阳光就会有阴影，要学会用辩证的眼光看待这个世界。不要仇视他人，试着去发现他人的优点，试着从小事里学会感动，你会发现别人没有想象的那么可恶，社会也没有想象的那么昏暗。学会关爱他人，你必然会收到爱的回报；宽容了他人，你也善待了自己。我们的心就像一个容器，当充满爱的时候，哪里会有怨恨的容身之处呢？

有的人总喜欢和他人"对着干"——逆反心理

前苏联心理学家普拉图诺夫在《趣味心理学》一书的前言中，特意提醒读者请勿先阅读第八章第五节的故事。大多数读者却采取了与告诫相反的态度，先翻看了那些内容。这就是逆反心理在作怪。所谓逆反心理，就是指人们出于维护自尊的目的，对他人的要求偏偏采取相反的态度和言行的一种心

理状态。在逆反心理的作用下，人们常与要求者"顶牛"、"对着干"，常作出以反常的心理状态来显示自己"高明"、"非凡"的行为。

青少年的逆反心理尤为严重，常有如下多种表现：对宣传做不认同、不信任的反向思考；对先进人物、榜样无端怀疑，甚至根本否定；对不良倾向持认同感，大声喝彩；对思想教育蔑视对抗，等等。

逆反心理的产生原因包括以下几点。

1.强烈的好奇心

当某事物被禁止时，尤其是在不加任何解释的情况下，最容易引起人们的好奇心和探索欲望，于是逆反行为就出现了。

2.自我肯定的心理需求

对于青少年来说尤其如此。他们正处于性格形成和自我认识的时期，通过否定权威和标新立异可以满足自我肯定的心理需求。青年人不会满足于适应社会，他们还希望社会承认他们的价值和地位，因此他们往往有意采取逆反行为，以引起别人的注意。

3.施教者的不足

施教者的可信任度、教育手段、方法、地点的不适当，更容易引发受教者的逆反心理和行为。

4.不良精神刺激

有的人遭受过种种挫折，受到了不良精神刺激，逆反心理变得十分严重。比如，有的人多次失恋，便认为人世间没有真正的爱情，如果谁说爱情美，他们就会大加否定。

逆反心理虽然算不上一种变态心理，但带有变态心理的某些特征，会使人（尤其是青少年）出现多疑、偏执、冷漠、不合群的病态性格，使之信念动摇、理想泯灭、意志衰退、工作消极、学习被动、生活萎靡等，进一步发展还可能使人出现犯罪心理。所以，很有必要施以防治。

5.正确认识自己，努力升华自我

提倡自我教育，要求人们（尤其是青少年）学会把自己作为教育对象，经常思考自己、主动设计自己，并自觉能动地以实际行为努力完善或造就自己。

6.自我完善，提高文化素质，丰富生活阅历

这是克服逆反心理的根本途径。广闻博见能使我们避免固执和偏激；一个广闻博见的人，会很理智地处理问题，而不会一味逆反。

7.运用社会力量，提高素质培养

要把对青少年的思想情操等各方面的培养同社会政治生活、经济文化活动以及社会道德风尚联系起来，以提高其心理适应能力，使他们更好地适应社会，不至于迷失方向。

8.实现社会风气的根本好转

社会大环境的影响对人们逆反心理的产生往往起着重要的作用。在一个风气败坏、腐败盛行的社会里，人们无论如何也做不到"百依百顺"。实现社会风气的根本好转，对防治人们的逆反心理大有裨益。

9.培养想象力

逆反者通常缺乏多渠道解决问题的想象力。我们的思想一旦被逆反心理控制住，那么我们就会变得狭隘、短视和愚蠢。逆反心理使我们无法进行正确的思维和判断。对总是怀有逆反心理的人来说，努力培养自己的想象力十分有必要，它有助于开阔思路、摆脱偏执。宽容的思想方式和想象力可以通过自我思维训练来获得。

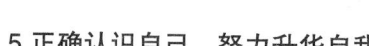 ## 莫说能撑船，小肚如鸡肠——狭隘心理

狭隘是一种心胸狭窄、气量狭小的心理和人格缺陷。狭隘者常常表现

为：吝啬小气，斤斤计较，吃不得亏，会想方设法弥补"损失"；不能容忍他人的批评，不能受到一点点委屈和无意的伤害，否则便耿耿于怀、伺机报复；人际交往面窄，追求少数朋友间的"哥们义气"，只同与自己意见一致或不如自己的人交往，容不下那些与自己意见有分歧或比自己强的人。

形成狭隘心理的原因包括以下方面：一是家庭因素。家庭不良因素的影响与狭隘的产生有很大关系，如有些人的狭隘心理完全是父母的翻版。另外，优越的生活环境、溺爱的教育方法往往使子女任性、骄傲、自私，受不了半点委屈，容不下"异己"分子，十分狭隘。二是认识水平。有些人阅历浅、经验少，容易把事情想得过于困难或复杂，加之对自己的能力估计不足，对事情感到无能为力，因此容易紧张、焦虑、心胸狭隘。心胸狭隘有百害而无一利，必须加以克服。

1.树立正确的人生观，确定积极的生活目标

人活在世，如何才能体现自己的价值？要充分地挖掘生命的潜能，为社会作出贡献，给后人留下点有价值的东西。当一个人把眼光放在大事上，为自己确立了一个积极的生活目标时，他就不会计较一时的得失，眼光就从狭隘的个人圈子里放出去。抛开"自我中心"，就不会遇事斤斤计较，"心底无私"才能"天地宽"。

2.正确处理人际关系

要培养集体主义精神和高尚的情感，进行正常的人际交往。与人相处应热情、直率，善于团结互助，融"小我"于"大我"之中。交往的增多，可加深彼此的了解与沟通，更透彻地了解别人与自己，开阔心胸。如果认识不到这一点，不愿结交意见相歧或强于自己的人，那你永远只能在你的小圈子中徘徊。

3.积极应对挫折

人生在世，困难挫折在所难免，痛哭流涕时有发生。一味地焦虑、忧愁解决不了问题，反而对身心健康有害。我们要学会以解决问题的方式积极应

对挫折：遇到挫折，冷静分析原因，想想应该如何解决，选择最好的方法，然后制订计划贯彻执行。如此，我们就会在行动中发现到自己的进步，哪有时间伤心悲叹？

4.丰富业余文化生活

拓宽兴趣范围，多参加各种文娱、体育活动，使自己时刻感受到生活、学习中的新鲜刺激，感受到生活的美好，从而在健康向上的氛围中增强精神寄托，消除心理压力。

5.开阔视野，拓宽心胸

在闲暇时，不妨走出校园、家门，到大自然中去领略它的博大、美丽。大自然会让你感到自己的渺小，培养豪迈气概，有利于走出狭隘的内心世界。

总提当年勇，老想昔日好——病态怀旧心理

怀旧是一种常见的心理现象，一个人适当怀旧是正常的，也是必要的，比如思念故乡、故人的怀旧，"举头望明月，低头思故乡"、"月是故乡明"等等，能激发人的热情；回忆过去的美好经历，可以使人心情舒畅。但是，如果因为怀旧而否认现在和将来，生活在今天，而志趣却滞留在昨日，一言一行与现实生活格格不入，那么就成了病态怀旧。病态怀旧心理通常是不能适应环境的表现和结果。

病态怀旧心理有以下明显的症状：

（1）沉溺于对过去的追忆。依恋过去的事情、友人或恋人以及经历，不厌其烦地重复述说，将过多的时间放在追忆上，以至于严重地影响了正常的生活。

（2）对现状不满。

（3）追忆持续的时间相对较长，一般反复出现的时间和频率都较高。

病态怀旧心理往往是由不适应造成的，而他们又不肯承认根源在于自己，而是将挫折合理化，把原因和责任全推给环境或变化。但这样会造成更大的挫折和不适应，继续强化怀旧心理，逐步扩大与环境、条件或事物的隔阂。

有病态怀旧心理的人很难与时代同步，这有碍于他们自身的进步与发展，应进行适当的调节。病态怀旧心理的自我调适方法有以下几种。

1.增强自信和心理承受力，消除不适应，是治疗的关键所在

让病态怀旧者知道此心理疾病的危害，要求其积极接受治疗；让其保持适度的紧张，不得逃避；树立期望，建立信心；获得家庭的支持、提醒；教给他们适应的方法，通过对适应技巧的学习可以迅速填补空白，逐步改变观念；将治疗计划明确写在纸上，在治疗过程中严格遵循计划。

2.积极参与现实生活

积极获取社会信息，参与改革的实践活动，了解并接受新生事物，学会从历史的角度看问题，顺应时代潮流。

3.寻找最佳突破口

立即接受一个新鲜事物是有困难的，不妨在新旧事物之间寻找一个最佳突破口。

4.发挥怀旧的积极性

正常的怀旧有一种寻求宁静、维持心灵平和、返璞归真的积极功能，积极功能越强，病态怀旧心态就会越弱，因此，要提倡正常的怀旧。